JN117795

学生のための
コンピュータサイエンス

杉本雅彦 編著

庄内慶一／櫻井広幸／佐久本功達

國吉正章／小菅英恵 共著

ムイスリ出版

まえがき

現在は、情報通信技術や情報メディア技術の発展にともない、AI（人工知能）やVR（仮想現実）の技術を使ったコンピュータが身の回りのさまざまなところに組み込まれ、誰もが利用できるようになってきました。そして、あらゆるモノがネットにつながるIoTや、AIの普及にともない、膨大なデータが世界各地で毎日生み出されています。

データは企業や国・社会などの組織的活動はもとより、一人ひとりの生活や行動に至るまでビッグデータとして記録・分析され、使い方次第では人類の存在をも左右する可能性とリスクを併せもっています。しかし、目まぐるしく変化するデジタル技術の進化は、仮想空間と現実空間を連携し、モノ・情報・人をつなぎ、AI等の活用を通じてオープンにイノベーションを起こし、人々の幸せと豊かさを享受する社会の創出に大きな影響を及ぼすことが言われています。特に生成系AIは、生活、産業、教育、健康などデータ化されている多くの分野で利活用が進み、物事を根底から変えていく可能性が想定されています。

本書では、AIやVRの技術を使うためのコンピュータの基礎に関して、コンピュータの原理、情報の形態と収集、情報の伝達、情報の発信、コンピュータの活用、プレゼンテーション、コンピュータセキュリティ、そして、ビッグデータとデータサイエンスなどの情報の基礎的な科学・技術的事項の概念の習得を目指しています。

本書は、情報学系、社会科学系、心理学系、教育学系の1年次の学生を対象とした一般教養科目情報科学概論の教育用テキストとして著作しました。そして、文系の情報科学初学者にも理解できるように、具体例を用いながら情報科学の基礎知識について概説しています。

本書は全体で10章の構成をしています。まず、第1章と第2章は、身の回りで使われているコンピュータの基本的な原理の説明として、ハードウェアとソフトウェアおよびアプリケーションについて解説します。次に、第3章では情報の形態や収集する方法として、文字情報および音声や画像といった非文字情報の形態とその特徴を理解し、情報を必要なときすぐに取り出せるための情報の整理についても説明します。第4章ではインターネットにおける情報の伝達方法について説明し、第5章ではその他の伝達方法として、レポート作成やWebページ作成について説明します。第6章と第7章ではコンピュータを活用した、情報のデータ化と分析・マイニング、およびモデル化とシミュレーションを説明します。第8章は大学やビジネスの場で、研究成果の報告や企画、提案、調査結果などを伝達する手段の一つとして話し手が聞き手にわかりやすく正確に提示し、聞き手がそれを理解するためのプレゼンテーションとその方法を説明します。第9章は、私たちがインターネットやコンピュータを安心して使い続けられるように、大切な情報が外部に漏れたり、ウイルスに感染してデータが壊されたり、普段使っているサービスが急に使えなくなったりしないように、必要な対策をするための情報セキュリティについて説明します。そして、第10章ではビッグデータとデータサイエンスについて概説します。

最後に、本テキストの作成にはムイスリ出版株式会社の橋本有朋氏に、多くの要望を受け入れていただきました。この場をお借りして、深く感謝申し上げます。

2024 年 1 月

東京未来大学モチベーション行動科学部　教授

杉本　雅彦

目 次

第1章

パソコンの基本的なハードウェア

私たちの身の回りには、さまざまなコンピュータが使われています。パソコンやスマートフォン、タブレット端末は身近なコンピュータとしてよく知られています。そのほかにも、エアコンは室内の温度に合わせて冷房暖房の強弱を調整するためにコンピュータが使われ、そして、自動ドアは人を感知し扉の開閉を行うためにコンピュータが使われています。

さらに、デジタルカメラはセンサで手ブレを補正してピントを合わせることにより、自動的にきれいな画像を撮影できます。自動車はアクセルを踏むとスピードを加速することができ、炊飯器は希望する時間に好きな硬さでおいしくご飯を炊いてくれます。冷蔵庫は暑い日でも寒い日でも一定の温度で食材を冷やしてくれます。自動改札機はICカードをタッチすると交通費を計算してくれます。

そして、人工知能、機械学習、自然言語処理により、チェスや囲碁をプレイするプログラムのゲームや、AlexaやSiriなどの音声認識・合成、機械翻訳、画像認識・コンピュータビジョン、自動運転車などを含むロボットシステムで大きな成功を収めています。特に生成AI（対話型AI）とよばれる人工知能は急速に普及し、ChatGPTやBingなど、誰もが手軽に使える身近なツールとなっています。PCやスマホで質問やキーワードを打ち込めば、たちどころによどみのない文章で答えが生成されることから、すでに国や自治体、企業をはじめ、さまざまな分野で生成AIを導入する動きも出ています。

このように、いまでは私たちはコンピュータなしでは生活が困難なほど多くの場所で使われています。

1.1 ハードウェアとは

コンピュータは、すべてハードウェアとソフトウェアで構成されています。ハードウェア（Hard Ware）とは、コンピュータを構成しているパーツや設備、機材などの総称です。つまり、パソコン本体や各部品などの物理的なマシンやパーツそのものを指します。

それに対して、ソフトウェア（Soft Ware）は、コンピュータに記憶されるもので、コンピュータを動かすためのプログラムやデータのことをいいます。つまり、ソフトウェアには物理的な形はありません。

ハードウェアは機械そのものになるため、パソコン、CPU、HDD、メモリなど、マウスやキーボードもハードウェアです。一方、ソフトウェアはデータのことで、実態のないものです。一般にプログラムのことをソフトウェアということも多いですが、プログラムではなくてもデータはすべてソフトウェアになります。Excelで作った計算書データもソフトウェアです。

例えば、ピアノやギターはハードウェアですが、楽譜はソフトウェアです。正確には、楽譜に書かれている音符の羅列がソフトウェアで、紙に印刷された楽譜そのものはハードウェアになります。また、家やビルはハードウェアですが、その設計図はソフトウェアです。同様に設計図に書かれている内容がソフトウェアなのであって、紙そのものはハードウェアになります。

1.1.1 コンピュータの構成

コンピュータにはおもに、入力、出力、記憶、演算、制御の5つの機能があります。以下にそれぞれの機能と役割について説明します。

（1）５つの機能と装置

コンピュータを構成する基本要素とその機能は、人間の各器官のもつ機能に対応することができます。コンピュータの5つの機能と人間の機能を、表1-1に説明します。

表1-1 コンピュータと人間の機能

コンピュータ	機 能	人 間
入力装置	情報を読んだり聞いたりして頭脳に送る。	五 感
出力装置	コンピュータで処理された結果を出力する。	五 体
記憶装置	コンピュータで処理する情報を記憶する。	頭 脳
演算装置	記憶されている情報に対してさまざまな演算を行う。	頭 脳
制御装置	ほかの機能全体を制御する。	頭 脳

すなわち、人間の記憶部に相当する記憶装置、計算や比較、判断を行う演算装置、中枢部に相当する制御装置、五感に相当する入力装置、五体に相当する出力装置になります。これらを合わせてコンピュータの五大機能、五大装置といい、装置間のデータの流れと制御の流れは、図1-1のようになります。

また、コンピュータの五大装置以外にも、主記憶装置に格納しきれないプログラムやデータを保管しておく補助記憶装置があります。

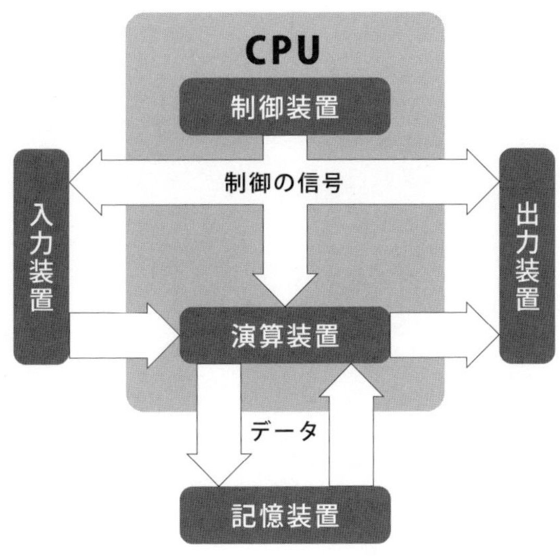

図 1-1 コンピュータの五大装置（五大機能）

（2）演算装置（CPU）

演算装置である CPU は、メモリやハードディスクと並んでパソコンの部品としてはよく耳にする言葉です。CPU とは Central Processing Unit の略で、別名としてプロセッサーともよばれます。車で例えるとエンジン、人間の体で例えると頭脳にあたります。そして、パソコンには必ず搭載されている部品で、マウス、キーボード、ハードディスク、メモリ、周辺機器などからデータを受け取り、計算・処理・制御・命令などを行います。図 1-2 はインテル社の CPU のイメージです。

図 1-2 インテルの CPU

（© Intel Corporation 提供）

CPU を製造しているメーカーとして、Intel（インテル）と AMD（エーエムディー）が有名です。これらはともにアメリカの会社で、特にインテルは Windows や Mac など世界中のパソコンに搭載されています。インテルなら Pentium（ペンティアム）、Celeron（セレロン）、Core 2 Duo（コアツーデュオ）、Core i（コアアイ）シリーズなどがブランド名として有名です。また、そのほかにも AMD なら Athlon（アセロン）、Dulon（デュロン）、Sempron（センプロン）、Turion（テュリオン）などがあります。

CPUの処理速度を表す単位としてMHz、GHzがあります。これは、例えば1GHzであれば1000MHzを示しており、この数字が大きければ性能も高いといえます。CPUそのものは手のひらより小さいのですが、その働きぶりはパソコン随一です。ですから、CPUの性能はパソコンの性能や値段に大きく関わってきます。

CPUの性能は クロック周波数でも知ることができます。CPUは、クロックという周期的な信号で動作しています。クロック周波数とは、1秒間でどれだけクロックがあるかを表しています。図1-3はクロック周波数の波形を示しています。

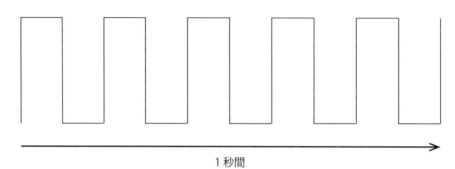

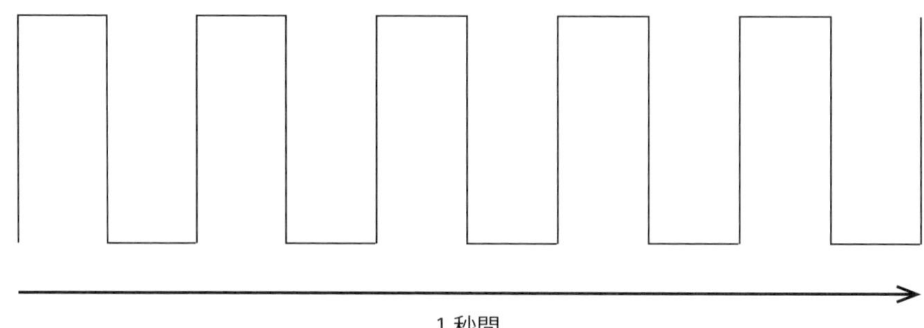

図1-3　クロック周波数の波形

例えば3GHzのCPUなら、1秒間に約30億回のクロックがあります。CPUは このクロックに合わせて処理や作業を行います。したがって、クロック周波数が高いほど処理できる量や回数が多く、処理スピードが速くなります。

（3）記憶装置（メモリ）

記憶装置であるメモリ（図1-4）とは、コンピュータ内でデータやプログラムを記憶する装置のことです。

図1-4　メモリ

記憶装置の広義には、ハードディスクやフロッピーディスクなどの外部記憶装置（補助記憶装置）も含まれますが、単に「メモリ」といった場合には、CPUが直接読み書きできるRAMやROMなどの半導体記憶装置のことを意味する場合がほとんどです。RAMとは、コンピュータのメモリ装置の一種で、データの消去・書き換えが可能で、装置内のどこに記録されたデータも等しい時間で読み書き（ランダムアクセス）することができる性質をもったものです。特に、RAMを利用したCPUの作業領域は主記憶装置（メインメモリ）とよばれ、コンピュータの性能を大きく左右する重要な装置です。

一方ROMとは、半導体などを用いた記憶素子および記憶装置の1つで、製造時などに一度だけデータを書き込むことができ、利用時には記録されたデータの読み出しのみが可能なものです。

（4）補助記憶装置（ストレージ）

補助記憶装置とは、コンピュータの主要な構成要素の1つで、データを永続的に記憶する装置です。ストレージには、磁気ディスク（ハードディスク）や、光学ディスク（CD/DVD/Blu-ray Discなど）、フラッシュメモリ記憶装置（USBメモリ/メモリカード/SSDなど）、磁気テープなどがあります。図1-5は、デスクトップパソコンに内蔵するハードディスクを示します。

図1-5 デスクトップパソコンに内蔵するハードディスクドライブ

一般的には通電しなくても記憶内容が維持される記憶装置を指し、コンピュータが利用するプログラムやデータなどを長期間に渡って固定的に保存する用途に用いられます。コンピュータ内にはこれとは別に、半導体素子などでデータの記憶を行う主記憶装置（メインメモリ、メモリ）が内蔵されており、利用者がプログラムを起動してデータの加工を行う際にはストレージから必要なものをメモリに呼び出して使います。同じコンピュータに搭載される装置同士で比較すると、ストレージはメモリに比べて記憶容量が数桁（数十～数千倍）大きく、容量あたりのコストが数桁小さいが、読み書きに要する時間が数桁大きいです。

最近では、オンライン・ストレージとして、ネット上でサーバーのディスクスペースを貸し出すサービスがあります。これはクラウドサービスとよばれることが多くなりましたが、別名オンライン・ストレージともよびます。容量や保存期間・法人向けなどの利用制限がある場合が多いです。

（5）入力装置

入力装置とは、コンピュータ（や実行中のプログラム）にデータや情報、指示などを与えるための装置です。一般的には人間が操作して、コンピュータに入力を行う装置のことを指し、典型的には人間の手指の動きや打鍵を特定の信号に変換してコンピュータに伝える、キーボードやマウス、タッチパネルなどが該当します。図1-6はキーボード、図1-7はマウスを示します。

また、広義には、ビデオカメラ、マイク、イメージスキャナなど、外界の情報を画像や音声、動画などの形で取り込んで、デジタルデータに変換してコンピュータに伝える装置も含まれます。さらに広義には、直接は人間の指示に拠らず、自動的に外界の情報を取り込んでコンピュータに伝えるセンサーシステムなどを含めることができます。図1-8はWebカメラを示します。Webカメラはパソコンなどを使用して撮影された画像に、リアルタイムにアクセスできるカメラのことといいます。

図1-6　キーボード

図1-7　マウス

図1-8　Webカメラ

（6）出力装置

出力装置とは、コンピュータからデータや情報を受け取って、人間に認識できる形で提示する装置です。典型的には、画面表示を行うディスプレイやプロジェクタ、紙などに印字・印刷を行うプリンタやプロッタ、音声を発するスピーカやイヤフォンなどが含まれます。図 1-9 はディスプレイ、図 1-10 はインクジェットプリンター、図 1-11 にはアンプ内蔵スピーカをそれぞれ示します。

図 1-9 ディスプレイ

図 1-10 インクジェットプリンター

（キヤノン インクジェットプリンター PIXUS XK80）

図 1-11 アンプ内蔵スピーカ

（SoundLink Mini Bluetooth speaker II ボーズ合同会社 提供）

1.1.2 コンピュータに使われている単位

コンピュータの世界では、情報量の単位として、KB（キロバイト）、MB（メガバイト）、GB（ギガバイト）、MHZ（メガヘルツ）などの単位をよく耳にします。また、一見中途半端な数字の、256、512、1024 なども よく出てくる数字です。表 1-2 は、コンピュータに使われている単位を示した表です。

表中のビット（bit）とは、コンピュータで扱う基本的な単位の最小値です。これは「0」か「1」かの情報になり、この 1 つが 1 ビットになります。

表 1-2 コンピュータに使われている単位

単 位	英語名（省略形）	情報量
ビット	bit（b）	
バイト	Byte（B）	1B = 8b
キロバイト	Kilo Byte（KB）	1KB = 1,000B $= 10^3$ = 1,000 Byte
メガバイト	Mega Byte（MB）	1MB = 1,000KB $= (10^3)^2 = 10^6$ = 1,000,000 Byte
ギガバイト	Giga Byte（GB）	1GB = 1,000MB $= (10^3)^3 = 10^9$ = 1,000,000,000 Byte
テラバイト	Tera Byte（TB）	1TB = 1,000GB $= (10^3)^4 = 10^{12}$ = 1,000,000,000,000 Byte
ペタバイト	Peta Byte（PB）	1PB = 1,000TB $= (10^3)^5 = 10^{15}$ = 1,000,000,000,000,000 Byte
エクサバイト	Exa Byte（EB）	1EB = 1,000PB $= (10^3)^6 = 10^{18}$ = 1,000,000,000,000,000,000 Byte
ゼタバイト	Zetta Byte（ZB）	1ZB = 1,000EB $= (10^3)^7 = 10^{21}$ = 1,000,000,000,000,000,000,000 Byte
ヨタバイト	Yotta Byte（YB）	1YB = 1,000ZB $= (10^3)^8 = 10^{24}$ = 1,000,000,000,000,000,000,000,000 Byte

コンピュータの世界では、0 と 1 だけを使って数を表す「2 進法」が使われています。私たちがいつも使っている「10 進法」は、0 から 9 までの 10 種類の数字を使い、9 の次は 1 桁上がって 10 になります。

しかし、2 進法では、0 と 1 の 2 種類の数字を使い、1 の次は 1 桁上がって 10 になります。 つまり、10 進法の(0)＝2 進法では 0、(1)＝1、(2)＝10、(3)＝11、(4)＝100、(5)＝101、(6)＝110、(7)＝111、(8)＝1000 …となります。

表 1-3 は、10 進数、2 進数、8 進数、16 進数の対応表を示しています。

表1-3 10進数、2進数、8進数、16進数対応表

10進数	2進数	8進数	16進数	10進数	2進数	8進数	16進数
0	0	0	0	9	1001	11	9
1	1	1	1	10	1010	12	A
2	10	2	2	11	1011	13	B
3	11	3	3	12	1100	14	C
4	100	4	4	13	1101	15	D
5	101	5	5	14	1110	16	E
6	110	6	6	15	1111	17	F
7	111	7	7	16	10000	20	10
8	1000	10	8				

ここでビットの説明に戻ります。

1ビットでは、2進数の1桁で、0、1の2通りの状態を表すことができます。

2ビットでは、2進数の2桁で、00、01、10、11の4通りの状態を表すことができます。

3ビットでは、2進数の3桁で、000、001、010、011、100、101、110、111の8通りの状態を表すことができます。

4ビットでは、0000から1111までの16通り、8ビットでは、00000000から11111111までの256通りの状態を表すことができます。つまりnビットでは、「2のn乗」の情報量を表すことができることになります。16ビットでは、「2の16乗」の65536通りの情報量を表すことができるということです。

コンピュータで扱われるファイルのサイズやディスクの容量は、バイト（Byte）という単位で表されます。バイトとは、情報量を表す単位で、コンピュータ内部では情報を8ビットずつまとめて扱うため、8ビットを1バイトとよび、基本的な単位になっています。表1-2で示したように、コンピュータで使われている単位は、1000メートルを1キロメートルという単位で表すように、キロ（K）は千倍を、メガ（M）は百万倍を、ギガ（G）は十億倍を表す単位です。

しかし、コンピュータは2進法を使っているため、1000倍単位ではなく2の10乗にあたる1024倍ごとに、キロバイト（KB）、メガバイト（MB）、ギガバイト（GB）となります。

したがって、

1キロバイト（KB） ＝ 1024バイト

1メガバイト（MB） ＝ 1024キロバイト ＝ 1,048,576バイト

となります。

文字をコンピュータで扱うために、それぞれの文字に数値を対応させます。この数値を文字コードといい、日本語に対応したコード体系にはJISコード、シフトJISコード、EUCユニコード（Unicode）などがあります。文字コードはコンピュータ内では2進数ですが、桁数が多くなってわかりにくいため、4ビットずつをまとめて16進数で表すのが一般的です。16進数は表

1-4 に示した通り、0〜9 の 10 個の数字と A〜F の 6 個の英字を使用します。

例えば、半角の「H」は下の JIS コード表から、文字コードが $(48)_{16}$ となることがわかります。これは 4 ビットずつまとめて 16 進数で表されており、2 進数表記では 16 進数の各桁を 4 桁の 2 進数に置き換えて $(01001000)_2$ となります。図 1-12 は文字コードを 2 進数で表しています。

表 1-4 JIS コード表

	0	1	2	3	4	5	6	7
0	Null	DLE	空白	0	@	P	`	p
1	SOH	DC1	!	1	A	Q	a	q
2	STX	DC2	“	2	B	R	b	r
3	ETX	DC3	#	3	C	S	c	s
4	EOT	DC4	$	4	D	T	d	t
5	ENQ	NAK	%	5	E	U	e	u
6	ACK	SYN	&	6	F	V	f	v
7	BEL	ETB	’	7	G	W	g	w
8	BS	CAN	(	8	H	X	h	x
9	HT	EM	)	9	I	Y	i	y
A	LF	SUB	*	:	J	Z	j	z
B	VT	ESC	+	;	K	[	k	{
C	FF	FS	,	<	L	\	l	¦
D	CR	GS	—	=	M	]	m	}
E	SO	RS	.	>	N	^	n	~
F	SI	US	/	?	O	_	o	DEL

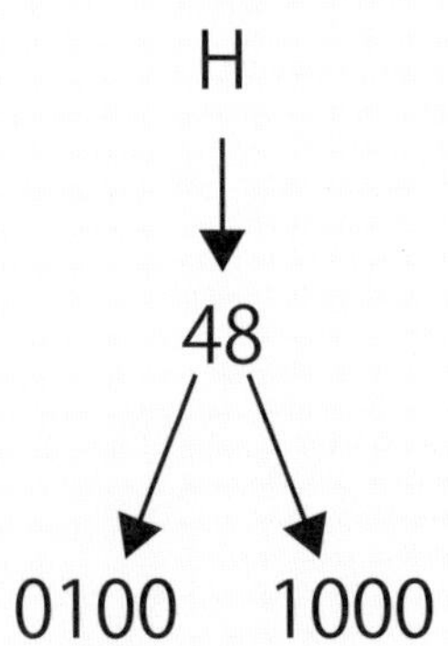

図 1-12 文字コードを 2 進数で表す

1 バイト文字とは、1 つの文字を表すのに、必要なデータ量によって分類しているもので、1 バイトで表せることができる文字を指します。前述のように、1 バイト（8 ビット）では、256 通りの表現ができるため、英小文字、英大文字、数字、記号などを割り当てています。これらの文字 1 つのデータ量は 1 バイトということになります。言語が英語などの場合、アルファベットや数字など、使う文字数が少ないため、1 バイト（256 通り）で表現することができます。

2 バイト文字とは、英語などは、数字や記号も含め 1 バイトで表現できるのに対し、漢字だけでも何千種類もある日本語では、1 バイトで表現することができません。そのため、2 バイト（2 の 16 乗＝65536 通り）を使って表現します。したがって、日本語 1 文字のデータ量は 2 バイトということになります。

メモ帳などのテキストエディタに、1 バイト文字である半角英数字を 1000 文字入力すれば、おおむね 1000 バイトの情報量となります。また 2 バイト文字である全角文字を 1000 文字入力すれば、おおむね 2000 バイトの情報量となり、ファイルサイズは 2000 バイト（2000/1024＝1.95 キロバイト）になります。

1.1.3 コンピュータインターフェース

インターフェースとは、一般的には「境界面」や「接点」を意味する英語であり、IT 用語としては、ハードウェアやソフトウェア、人間（ユーザー）といった要素が、互いに情報をやり取りする際に接する部分のことです。あるいは、その情報のやり取りを仲介するための仕組みのことです。

インターフェースという語は、広く「接点」を示す言葉として、抽象的な意味から物理的な意味まで、さまざまなものに対して用いられます。人間とコンピュータとの接点に始まり、ハードウェアとコネクタ、アプリケーションソフトウェアとオペレーティングシステム（OS）など、インターフェースが着目される場面は多様です。また、コンピュータにおける各種装置や周辺機器、ネットワーク機器などのような、ハードウェアを相互に接続するための、コネクタ形状や通信の形式などを指してインターフェースとよぶこともあります。

図 1-13 は、コンピュータ背面のインターフェースを示します。アナログ CRT ポート（VGA）とディジタル CRT ポート（DVI）、HDMI はコンピュータ本体とディスプレイを接続するためのインターフェースです。VGA は古くから存在するインターフェースで、通常のアナログディスプレイやプロジェクタなどに接続できます。DVI や HDMI は、ディジタル画像信号を扱うインターフェースで、比較的新しい高画質のディスプレイなどに採用されています。また、HDMI は映像と音声の情報が 1 本のケーブルで一緒に送信できます。

USB ポートは、現在では最も一般的なインターフェースで、マウスやキーボード、プリンタ、外付けハードディスク、USB メモリなど、さまざまな用途に使われます。しかし、USB はデータの転送速度が比較的低速であるという欠点があるため、高速大容量のデータ転送には不向きです。現時点では USB を高速化した規格の USB2.0 が主流になっていますが、さらに高速化した USB3.0 も搭載されてきています。

ライン出力端子は、スピーカやヘッドホンを接続すると音楽や音声を聞くことができます。

また、マイク端子とライン出力端子にヘッドセットを接続し、Web カメラを USB 接続することで、パソコンをテレビ会議に使用することができます。

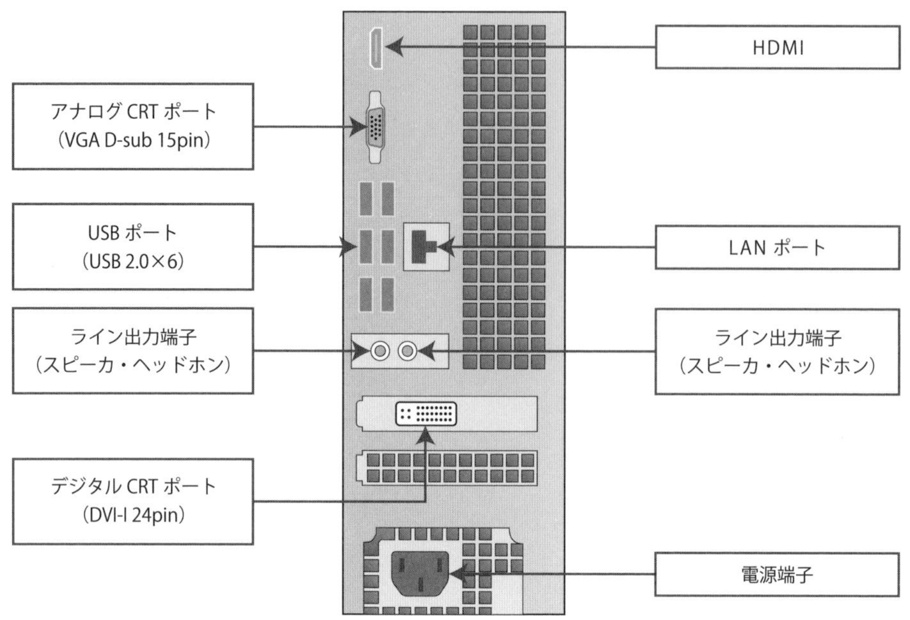

図 1-13　コンピュータ背面のインターフェース

USB コネクタの USB とは、Universal Serial Bus（ユニバーサル シリアル バス）の略字で、パソコンと周辺機器の接続で、最も普及した汎用インターフェースの規格のひとつです。コネクタの形状が規格統一されており、USB ポート 1 つで、周辺機器とのデータ転送と、電源供給が可能です。電源を入れたまま端子を接続するホットプラグ（hot plug）や、周辺機器を自動検出し、ドライバーのインストールや設定を自動で行うプラグアンドプレイ（Plug and Play ; PnP）を行うことができます。

図 1-14 は、USB コネクタの形状一覧を示します。USB Type-C は USB のコネクタ形状の規格です。端子は上下どちらでも挿入可能な小さな楕円形の形状です。パソコン側（ホスト側）でも、周辺機器側（デバイス側）でも、使える様にコネクタが 1 種類に統一されました。サイズの小型化が図られ、スマホ、タブレット、ノート PC などの電子機器の充電/通信ケーブルに採用されています。

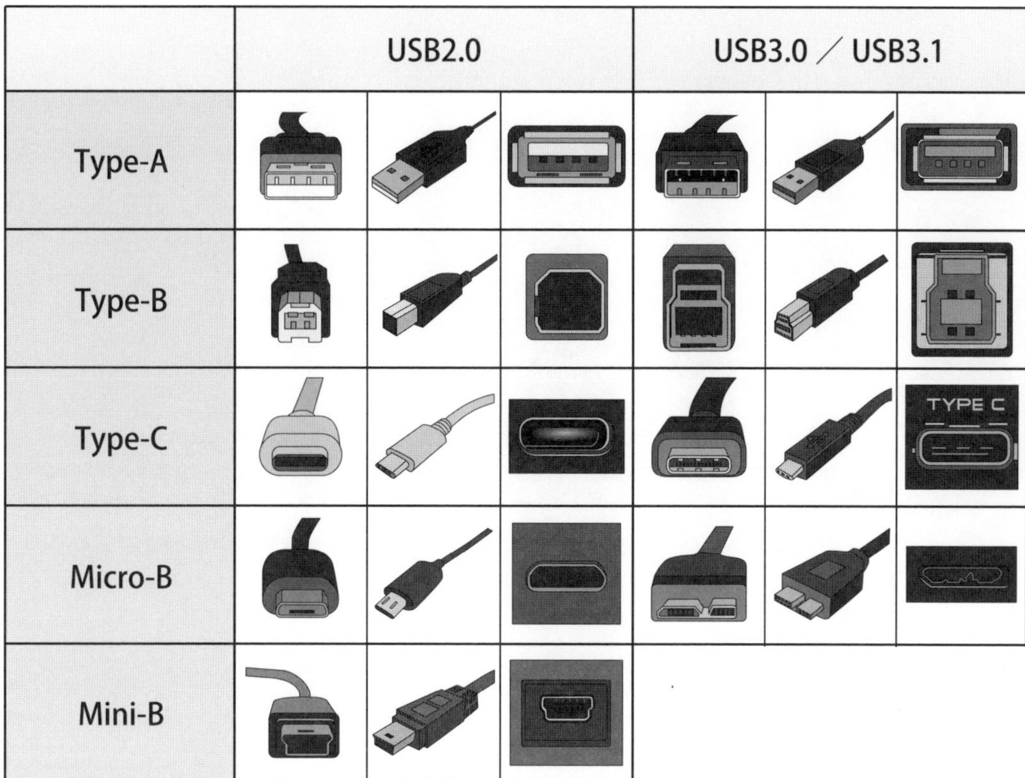

図 1-14　USB コネクタの形状一覧

（パソコン工房 NEXMAG（ネクスマグ）の HP を参考）

https://www.pc-koubou.jp/magazine/55745

第2章

パソコンの基本ソフトウェアとアプリケーション

パソコンなどのコンピュータ、つまりハードウェアを動かすソフトウェアには、大きく分けて「基本ソフトウェア」と「アプリケーションソフトウェア」があります。

2.1 基本ソフトウェア

基本ソフトウェアは、オペレーティングシステム（Operating System）を略して OS といわれ、コンピュータのハードウェアに動作を指示するソフトウェアです。OS は、入出力装置や主記憶装置（メインメモリ）、外部記憶装置（ストレージ、ディスク）の管理、そして外部の別の装置やネットワークとのデータ通信の制御などがおもな役割です。コンピュータに電源が投入されると最初に起動し、電源が落とされるまで動作し続けます。そして、OS はユーザからの指示に従い、記憶装置内に格納されたソフトウェアを起動したり終了させたりします。

OS の機能を利用して、OS の上で動作するソフトウェアをアプリケーションソフト（application software、応用ソフト）といいます。OS が提供する機能を利用することによって、アプリケーションの開発者は、開発の手間を大幅に省くことができ、操作性を統一することもできます。図 2-1 は、ソフトウェアの階層図を示しており、OS の上でアプリケーションが動作している関係がわかります。

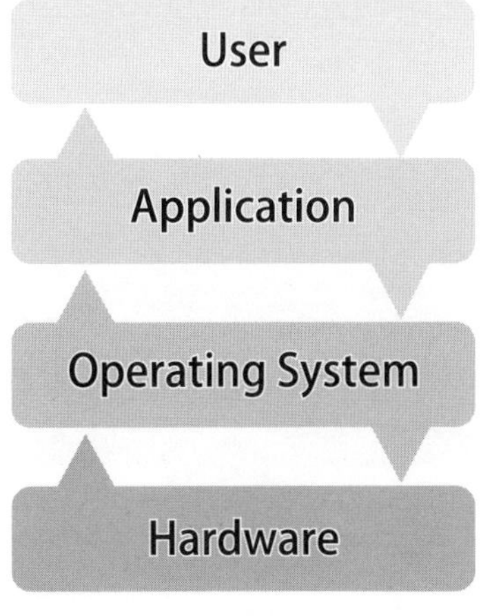

図 2-1 ソフトウェアの階層図

また、ハードウェアの仕様の細かな違いは OS が吸収してくれるため、ある OS 向けに開発されたソフトウェアは、基本的にはその OS が動作するどんなコンピュータでも利用することができるようになります。

パソコン向けの OS として広く利用されているものには Microsoft 社の Windows シリーズや Apple 社の Mac OS X などがあり、企業などが使うサーバー向けの OS としては Linux などのいわゆる UNIX 系 OS や、Microsoft 社の Windows Server シリーズがよく使われています。また、スマートフォンやタブレットなどでは Google 社の Android OS や Apple 社の iOS が用いられることが多いです。図 2-2〜図 2-6 にパソコンやスマートフォンに搭載している各 OS を示します。

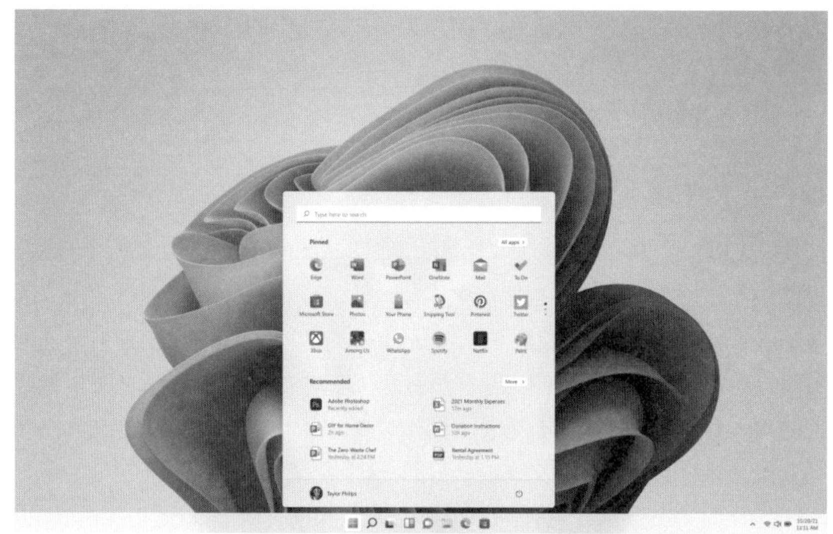

図 2-2　Microsoft 社の Windows11 の画面

（Microsoft 社の HP より。https://www.microsoft.com/）

図 2-3　Apple 社の macOS Mojave の画面

（Apple 社の HP より。https://www.apple.com/jp/）

図 2-4 Vine Linux の画面

（Vine Linux の HP より。https://vinelinux.org/index.html）

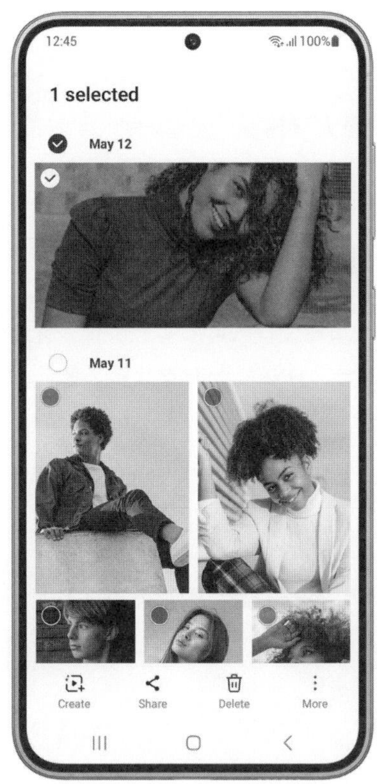

図 2-5 スマートフォン（Galaxy）に搭載された Android OS

（サムスン 提供）

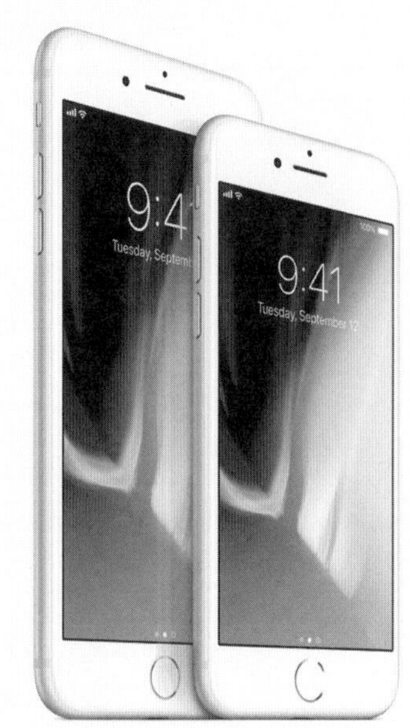

図2-6 スマートフォン（iPhone 8、iPhone 8 Plus）に搭載しているiOS 12

（Apple社のHPより。https://www.apple.com/jp/）

2.2 アプリケーションソフト

アプリケーションソフトとは、OSの上で動作するソフトウェアで、ある特定の機能や目的のために開発・使用されるソフトウェアです。「アプリケーション」（application）あるいは「アプリ」（app、apps）と略されたり「応用ソフト」と訳されたりすることもあります。

アプリケーションソフトには、用途や目的に応じて多種多様なものがあります。日常的に利用される代表的なものとして、ワープロソフトや表計算ソフト、画像閲覧・編集ソフト、動画・音楽再生ソフト（メディアプレーヤー）、ゲームソフト、Webブラウザ、電子メールソフト、カレンダー・スケジュール管理ソフト、電卓ソフト、カメラ撮影ソフト、地図閲覧ソフトなどがあります。

ワープロソフトとは、文書を作成するためのアプリケーションソフトで、文字のフォントや大きさを調整したり、文章の合間に罫線や表、図を埋め込んだり、字送りや行間の調整をしたりといった機能をもっています。大学ではレポートを作成する場合に、ワープロソフトを活用することを義務付けることもあります。

世界的にはMicrosoft社の「Microsoft Word」が事実上の標準ソフトウェアのようになっており、日本国内ではかつて市場のほとんどを占有していたジャストシステムの「一太郎」も根強く利用されています。図2-7は、Microsoft Wordの画面の例を示します。

表計算ソフトとは、縦横に並んだマス目（セル）の広がる表を用いて、各セルにデータや計算式などを入力することにより、自動的に計算し結果を表示したり、グラフを描画したりしてくれるアプリケーションソフトです。また、表計算ソフトのことをスプレッドシートとよぶこともあります。

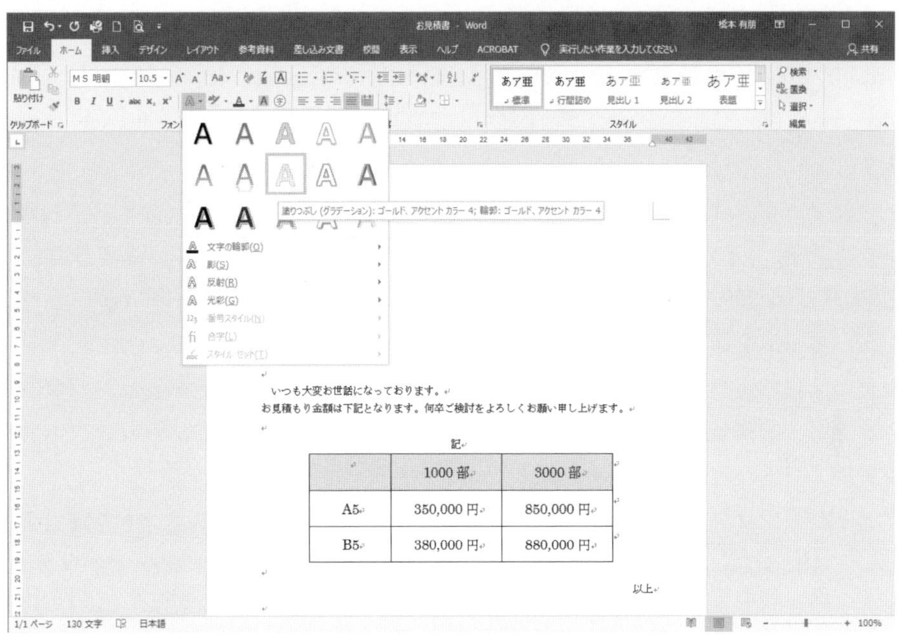

	1000 部	3000 部
A5	350,000 円	850,000 円
B5	380,000 円	880,000 円

図 2-7 Microsoft Word の画面例

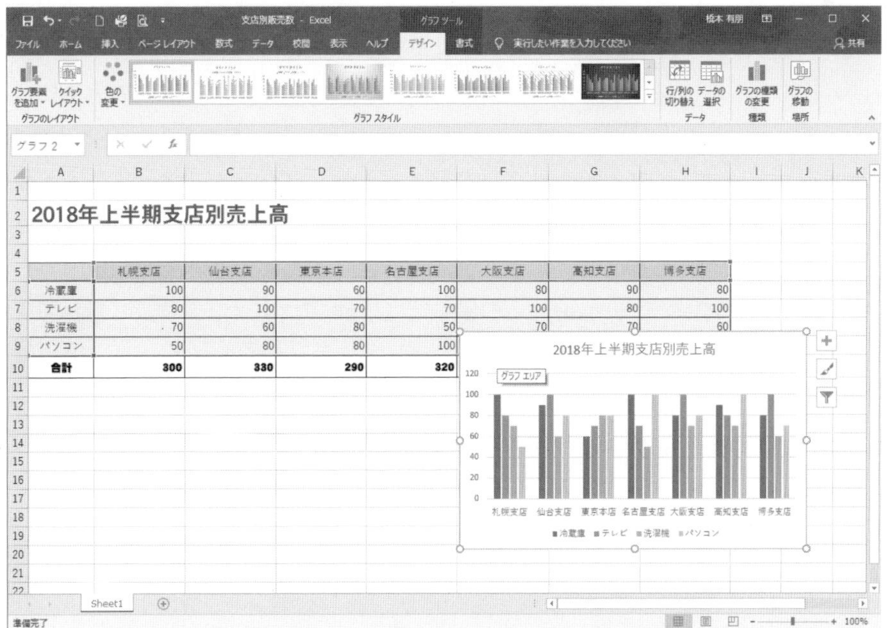

2018年上半期支店別売上高

	札幌支店	仙台支店	東京本店	名古屋支店	大阪支店	高知支店	博多支店
冷蔵庫	100	90	60	100	80	90	80
テレビ	80	100	70	70	100	80	100
洗濯機	70	60	80	50	70	70	60
パソコン	50	80	80	100			
合計	**300**	**330**	**290**	**320**			

図 2-8 Microsoft Excel の画面例

計算式には合計や平均を算出するといった単純なものから、関数や統計関数、財務関数などさまざまな種類が利用でき、その表をもとに折れ線グラフや棒グラフ、円グラフ、散布図などを描くことができます。大学で研究論文を作成する場合には、表やグラフを作成するときによく活用するアプリケーションソフトです。

パソコン向けの表計算ソフトとしては、Microsoft 社の Microsoft Office の一部として提供される「Microsoft Excel」が最も有名でシェアも高いが、ほかにも Apple 社の「Numbers」、OpenOffice.org や LibreOffice の「Calc」などがあります。図 2-8 は、Microsoft Excel の画面の例を示します。

ワープロソフトや表計算ソフト、プレゼンテーションソフトなどのようなオフィス業務向けのソフトウェアを、1 つにまとめたソフトウェアとしてオフィススイーツがあります。また、Google 社の「Google Sheets」（日本名は Google スプレッドシート）のように Web ブラウザなどからインターネットを通じて利用するネットサービスなどもあります。

企業などの業務で使われるアプリケーションソフトには、プレゼンテーションソフトやデータベースソフト、財務会計ソフト、人事管理ソフト、在庫管理ソフト、プロジェクト管理ソフト、文書管理ソフトなどがあります。

アプリケーションソフトを使用するためには、ユーザがパッケージのソフトを購入するなどで入手して OS に組み込む作業を行うことで可能となります。この作業を「インストール」（install、installation）といいます。OS 製品の中にはいくつかのアプリケーションソフトがあらかじめ組み込まれているものもあります。

2.3 ソフトウェアの販売

OS やアプリケーションソフトなどのソフトウェアは、商用ソフトウェアと非商用ソフトウェアに分けられます。商用ソフトウェアは、有料のソフトウェアです。購入の方法には、一般的な商品のように CD や DVD などに格納されてパッケージとして販売されている場合と、Web サイトからダウンロードして購入する場合などがあります。ソフトウェアは、そのままでは容易にコピーができてしまうため、通常の商用ソフトウェアは、ソフトウェアを暗号化してシリアルナンバーを付随することによって、シリアルナンバーを入力しない限り利用できない、あるいは利用に制限があるように工夫されています。ユーザはシリアルナンバーを購入することにより商用ソフトウェアを利用することができ、このような販売のことをソフトウェアライセンス販売といいます。こうした方法により、ソフトウェアを Web サイトからダウンロードして購入することができます。図 2-9 は、Web サイトから購入できるアプリケーションソフトウェアの例を示します。

非商用ソフトウェアはフリーソフトウェアとよばれ、従来の商業ベースのソフトウェアとの対比で「無料で利用できる」ソフトウェアのことです。図 2-10 は、Web サイトから無料で使用できるアプリの例を示します。

フリーソフトウェアのなかでも、無料で利用できるだけでなくソフトウェアの設計図にあたるソースコードが公開されているソフトウェアのことを「オープンソースソフトウェア」とよぶことがあります。

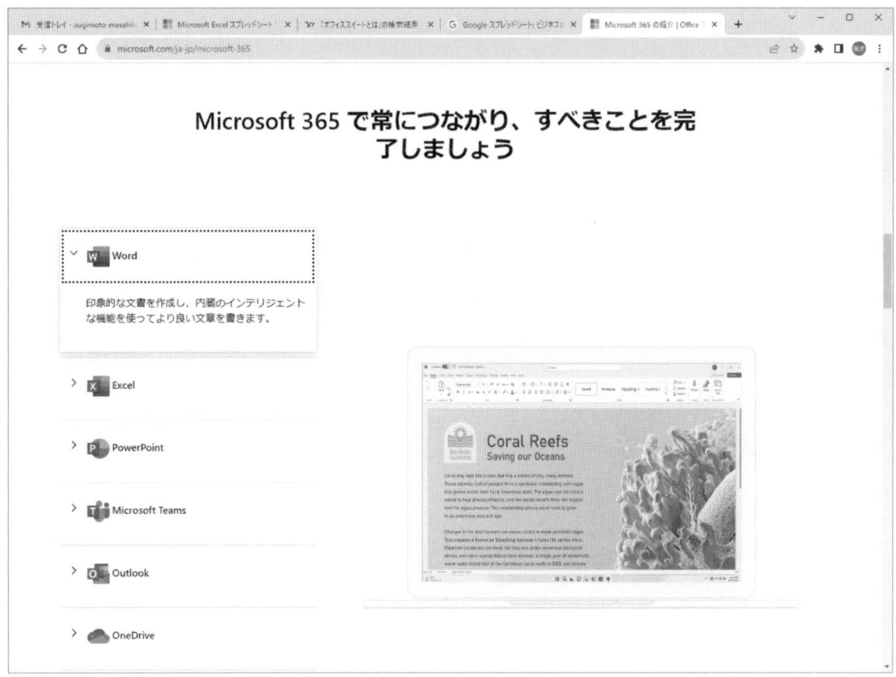

図 2-9 Web サイトから購入できるアプリケーションソフトウェアの例

(Microsoft 社の Office 365 より。https://www.microsoft.com/)

図 2-10 Web サイトから無料で使用できるアプリの例

(Google Play のアプリより。https://play.google.com/store/apps)

Webの仕組みを利用したアプリケーションとしてWebアプリケーションがあります。これは、Webブラウザを使用し、さまざまなタスクを実行するためのコンピュータプログラムです。オンライン小売から、持ち帰り料理の注文、旅行の予約まで、あらゆる種類の異なる目的に使用することができます。また、Webサイトのオンライン計算機や問い合わせフォームのようなシンプルなものもあります。

Webアプリケーションの代表的な例としては、Webメールとワードプロセッサ、スプレッドシートです。ビデオや写真の編集、ファイルのスキャン、ファイル変換などもWebアプリケーションです。GmailやYahooの有名なメールソフト、そしてインスタントメッセージサービスもWebアプリケーションです。また、Microsoft Office Suiteも、Microsoft OfficeのWebアプリケーションとしてオンラインで利用されています。図2-7は、Microsoft OfficeのWebアプリケーション例を示します。

2.4 ヒューマンインターフェース

ヒューマンインターフェースとは、人間とコンピュータとの接点に関する総合的な考え方のことです。人間が使用する機械やシステムを、人間の知覚や、認知、行動に合わせて、ユーザと機械をシステムとしてとらえて構築や研究する分野です。したがって、人間からシステムへの入力、システムから人間への出力がスムーズかつ確実に行われるようにするための具体的なデータの入力方法や、処理結果の出力方法を意味します。また、インターフェースを人間と外界との相互作用と考えると、機械と人間だけでなく、日常の生活空間の設計などあらゆる分野にわたる考え方でもあります。図2-11は、ヒューマンインターフェースによる研究例を示します。

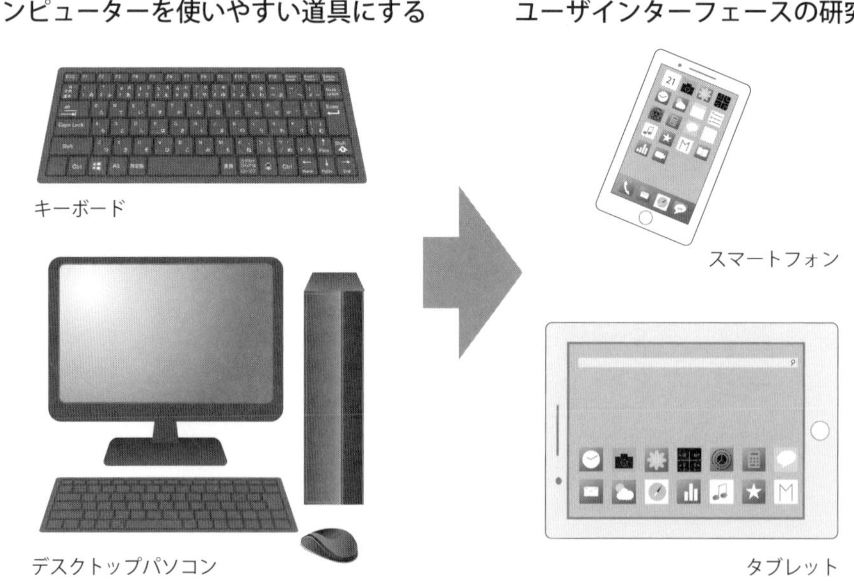

図2-11 ヒューマンインターフェースによる研究

2.4.1 コンピュータとヒューマンインターフェース

パソコンの普及により、ヒューマンインターフェースの概念は、機械との接点からコンピュータとの接点まで拡張され、コンピュータを使いやすい道具にするため、人間研究が盛んに行われるようになりました。

当初は、情報入力用のキーボードを使いやすいものにすることが研究の重点分野でしたが、コンピュータが対話システムとして使われるようになってからは、情報入力方式はもちろんのこと、情報出力方式や、メニューなどのインタラクション系の設計にも力が注がれるようになってきました。

インターフェースのうち、人間がコンピュータを扱うために必要な操作方法、表示方法などを指す場合は、特にユーザーインターフェース（UI）とよばれることが多いです。ユーザーインターフェースを構成する要素には、画面表示から入力装置まで多様な要素が含まれます。代表的な区分として、文字情報（テキスト）による命令（コマンド）をキーボードから入力することでコンピュータを操作するキャラクターユーザーインターフェース（CUI）と、グラフィックスを多用することによって視覚的に操作がわかったり、直感的に何を操作すべきかが理解できたりする、アイコンを中心としたポインティングデバイスを使って操作するグラフィカルユーザーインターフェース（GUI）という区分があります。図 2-12 に CUI と GUI を示します。

図 2-12 CUI と GUI

2000 年代になってから、Apple 社はポータブル音楽プレーヤーiPod、タブレットコンピュータ iPad、さらにスマートフォン iPhone のタッチスクリーン向けのジェスチャーによるインターフェースなど、モバイル情報機器向けの新しいインターフェースを次々と開発しました。これらも、GUI が基本になり、ポインティングデバイスをさまざまな形態に進化させたものです。

2.4.2 情報入力系

ユーザの外側にある情報は、カメラやバーコードリーダーのように、直接入力装置を通じてコンピュータに入力される場合と、ユーザがいったん自分の頭の中に取り込んで、運動器から音声や手の動きなどを通じてコンピュータに入力される場合とがあります。感覚器や運動器などから入力されたり出力されたりする音声やジェスチャー、視線などの情報伝達様式はモダリティとよばれます。図 2-13 にさまざまな情報入力デバイスを示します。

キーボードは、大型コンピュータの端末からノートパソコンまで、幅広い種類の情報機器のためのテキスト情報や数値情報の入力デバイスです。キーボードのキーの配列は、アメリカの新聞編集者 C.ショールズとその知人の発明家 C.グリデンのタイプライタ特許に基づく QWERTY レイアウトが最も普及しており、デファクトスタンダード（事実上の標準）になっています。QWERTY の呼び名は上段のキーを左から 6 つ横に並べた文字列にちなんだものです。

スマートフォンやタブレット型端末では、ソフトウェアキーボードが、かさ張らない文字入力インターフェースとして一般的に利用されています。マルチタッチの実現により、複数の指を用いてハードウェアキーボードと同様の感覚で文字入力を行うことも可能です。特に、スマートフォンではフリック入力などの方式が普及しており、片手で端末を持ちながら親指だけで日本語入力を行うことができます。

図 2-13　さまざまな情報入力デバイス

図 2-14 は、Windows 8.1 のタッチ操作に対応した PC 用のソフトウェアキーボードを示します。

図 2-14 PC 用のソフトウェアキーボード

(Microsoft 社の HP より。https://www.microsoft.com/)

ポインティングデバイスは、コンピュータ上で位置を示したり動かしたりするための入力装置のことで、おもにカーソルとよばれるマークを動かすことによって、アイコンや文字を指定したり、操作対象の範囲を指定したりすることができます。代表的なポインティングデバイスはマウスであり、GUI のユーザーインターフェースにおける主要な入力装置として利用されています。マウスのほかにも、タッチパッドやスタイラスペン、トラックボールやペンタブレットなどがポインティングデバイスに該当します。

音声認識は、人間の声などをコンピュータに認識させることであり、話し言葉を文字列に変換したり、あるいは音声の特徴をとらえて声を出している人を識別したりする技術のことです。この技術により、キーボードの代わりに音声で文字を入力したり、家の鍵の代わりに音声により本人確認したりすることができるようになります。

音声認識の難しいところは、周りの雑音が大きかったり、残響音が大きかったりする場合は、認識精度が低下することです。また、自分の声でなく他者の発話による音声でも認識精度が低下します。特に、話し方がいい加減で主語、助詞などが略されたものや、「え～」、「あ～」などの口癖などでも低下の要因となり、構文解析や意味解析をするため日本語に対する音声認識の難しさがあります。

画像認識は、画像データの画像内容を分析して、その形状を認識する技術のことです。画像認識では、画像データから対象物となる輪郭を抽出し、背景から分離したうえで、その対象物が何であるかを分析します。この処理は人間なら無意識に行われている行為ですが、コンピュータにとっては高度で複雑な処理となります。また、画像認識では、ピクセルの集合である画像データから、ある種のパターンを取り出して、そこから意味を読み取るという処理を行います。パターンの分析によって対象物の意味を抽出することをパターン認識とよびます。画像認識を応用した技術としては、OCR や、顔認証、虹彩認証などをあげることができます。

2.4.3 情報出力系

コンピュータは、ユーザに情報を提示するために、人間が情報を受け取ることができる感覚器官を使い、文字や画像のような視覚情報や、音声や音響、音楽のような聴覚情報、あるいは、手や指などの触覚情報を出力します。

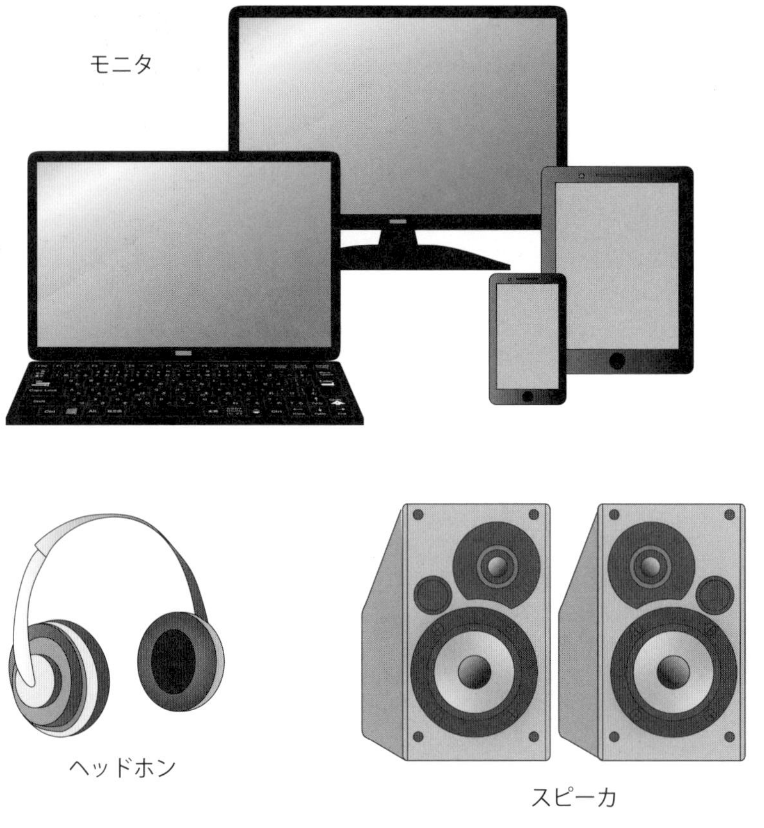

図 2-15　情報出力系

視覚情報は、直接ユーザに提示するデバイスとして、ディスプレイ装置があげられます。これはモニタともよばれています。コンピュータの操作画面を映像として映し出し、処理状況やユーザの操作を即時に表示させることができます。また、データとして記録された動画像を再生することもできます。

ディスプレイ装置の画面は、格子状に規則正しく並んだ細かな点からなり、その発光状態を電気的に制御してコンピュータから受信した映像信号を表示します。発光状態には光の 3 原色（RGB）があり、その組み合わせで色の点を表示し、その点のことを画素（ドット、ピクセル）とよびます。この画素が集まって絵や画面を表示することができます。

ディスプレイ装置の種類には、画面となる画素そのものが発光する方式としてCRTディスプレイ、有機ELディスプレイなどと、画面の背後に設置した蛍光灯やLEDなどの光源からの光の透過度を制御して前面に光を発する方式として透過型液晶ディスプレイや、太陽光など前面からの光の反射を利用する方式として反射型液晶ディスプレイなどがあります。

最初に実用化されたのはCRTディスプレイで、筐体奥の電子銃から電子線を発射し、蛍光面に衝突させて発光させるブラウン管を利用したものでした。これは奥行きのある箱型の形状で重量が重く、消費電力が大きいが、発色が鮮明で視野角が広く、応答速度が速いという特徴がありました。近年では、高い臨場感を得るためのディスプレイ技術も開発されています。3Dディスプレイは、ユーザが画像を3次元の立体として認識できるディスプレイ装置の総称です。図2-16は、3Dディスプレイのイメージを示します。3次元ディスプレイの種類には複数の方式があり、ユーザが左右の見え方の異なるメガネを着用するタイプのものから、画面上にわずかにずれた映像を重ねて映し、左右の視差によって裸眼のまま立体感が得られるタイプのものもあります。

図2-16　3Dディスプレイのイメージ

ヘッドマウントディスプレイ（HMD）は、ゴーグルやヘルメットのような形状をしたウエアラブル型のディスプレイ装置で、頭部に装着すると左右の目のすぐ前に画面が1つずつセットされ、左右のディスプレイに少しずつ違った映像を表示することにより立体感を表現することができます。図2 17はヘッドマウントディスプレイ（HMD）を示します。

また、装着者の頭の移動に応じて画面を変化させることで、まるで仮想空間に入ったかのような視界を提供するなど、バーチャルリアリティのための装置として研究・実用化が進められています。

3Dプリンタは、3次元のデータをもとに樹脂などによって立体物を作成できるプリンタのことです。3Dプリンタは、3DCADで作成された3次元データを読み込み、多くの場合は平面的に出力される材料を積み重ねていくといった方式で立体を造形します。熱可塑性樹脂を使用する方式や、光硬化樹脂を使用する方式などがあります。

図 2-17　ヘッドマウントディスプレイ（HMD）

聴覚情報を提示するデバイスには、おもなものとしてスピーカがあります。スピーカは、電気信号を空気の振動に変えて、音楽や音声などの音を伝える装置です。パソコンに用いられるスピーカは、アンプが備えられているアクティブスピーカとよばれるタイプのものが一般的です。また、最近では電源を本体から供給し、USB ポートに接続するスピーカや、Bluetooth に対応したワイヤレススピーカなども使用されています。

音声合成は、コンピュータを用いて人間の音声や言葉を機械的に合成して作り出す技術で、音声合成ソフトを使い、テキストなどによって入力した文字を言葉で読み上げさせることができます。

合成音声を作りだす技術としてさまざまな技法がありますが、あらかじめ記録されている音声データを入力した文字から呼び出し、それらをつなげることで音声を作り出すものが代表的です。例えば『こんにちは』と入力すると、それを『こ』『ん』『に』『ち』『は』と分解した単語にします。これらを分析してソフト内に記録された『こ』、『ん』、『に』、『ち』、『は』の音声を呼び出し、それらを順に並べてくっつけ『こんにちは』という音声を作り出します。ただし、ただ単語と単語をくっつけただけの『こんにちは』のままでは音のつなぎ目や強弱、抑揚や発音などが不自然になってしまうので、比較的自然に聞こえるよう内部処理をして『こんにちは』という音を作り出しています。

音声を合成する技法や、使用している音源によって各社さまざまなソフトが存在し、VOCALOID や UTAU のように歌唱をさせる専用のソフトウェアも存在します。

第3章

情報の収集と共有

情報は私たちの身の周りにさまざまな形態をなし、混在しています。情報を活用するためには、必要となる情報を入手して、それを必要なときにすぐに取り出せることが求められます。ここでは、文字情報および、音声や画像といった非文字情報の形態とその特徴を理解します。さらに、情報を必要なときにすぐに取り出せるために、情報の整理についても学習します。

3.1 情報の形態

3.1.1 情報の概念・性質

情報を有効に活用するために、ここでは情報の特徴や性質について確かめましょう。

（1）情報の特徴

私たちは多くの情報を記憶し、必要に応じて取り出します。このような情報は知識といいます。また、私たちは知識をもとに、行動や判断をしています。行動や判断の過程で重要な役割をはたすものは知能といいます。

私たちが一般的にいう情報とは、受け手が必要としている知識です。例えば、気温について「寒い」という言葉は、「5℃」という数値でも表現できます。このような言葉や数値をデータまたは情報といいます。一般には「データ　＝　情報」と解釈されます。ただ、データや情報は、他人へ伝達できるので、送り手にとって価値あるデータ（または情報）であっても、受け手にとっては単なるデータ（価値あるデータではない）に過ぎない場合があります。またその逆の場合もあります。

データと情報を区別する必要がある場合、次のようなものを情報といいます。

① 特定の状況において価値判断を加えたもの

例えば、屋外で長時間にわたる活動予定のある状況では、天候に関するデータに関心をもちます。予想される気温が「5℃」と聞けば、寒い状況であることを把握して、温かい服装を準備できます。この場合、活動に携わる人にとって、屋外の気温データは重要な情報です。

② データを整理して別の形で表現したもの

例えば、1か月の家計支出の変化を調べるためには、一定の時間間隔で記録した支出金額が必要です。記録した支出金額のデータを整理してグラフ化すると、週末に出費が多いことなど、新たなことがわかるかもしれません。この場合、ある間隔の支出金額はデータであっても、グラフ化したものは情報となります。

（2）情報の性質

前述のとおり、情報は価値の判断をともないます。情報の価値は、情報の出所（発信源)、受け取り手、情報が伝わるのに要する時間（伝達時間)、情報が届いてからの経過時間などの要因によって変化します。

一般に情報は次のような性質があります。

① 情報は物質ではなく、情報自身は大きさも重さももたない

例えば、落書きの紙と、文章を書いたノートの紙は、それぞれの紙が伝える情報には明らかな差があります。しかし、物質として差がありません。

② 情報は複製可能であり、複製しても、もとの情報は損なわれない

例えば、読んだ後に次の人に渡す必要のある回覧板があげられます。

③ 情報は伝えられる過程で内容が変化する場合がある

例えば、途中の情報変化を楽しむ伝言ゲームがあげられます。

④ 情報には金品のような価値がある

例えば、ゲームソフトの攻略本があげられます。

（3）情報伝達の特徴

情報を伝えるものは、メディア（媒体）といいます。メディアは受け手の感覚器に適合した形で選びます。例えば、言葉を伝えるメディアは、聴覚が音声、視覚が文字、触覚が点字となります。

メディアの種類により、情報の伝わる範囲や時間は異なります。空気中を伝わる音声を例に示します。

① 伝達範囲

音源から遠ざかるほど音は小さく聞こえます。大声でも確実に音声が届く範囲には限度があります。

② 伝達時間

音の伝わる速さは約340メートル／秒です。山で谷に向け大声を発し、反響するやまびこのように時間を要します。

③ 多重性

雑音の中でも会話ができるように、同時に複数の音声を伝えることができます。

④ 保持時間

音声は届いた瞬間に失われるので、保持時間がありません。

情報は伝達範囲を拡大したり、伝達時間を短縮したりするために、別のメディアに変換する方法が考えられてきました。例として、書籍や新聞などの印刷メディア、ラジオやテレビなどの放送メディア、Web ページやブログなどのインターネットがあげられます（一方向伝達)。他方、電話は遠くの人と1対1の会話をする手段です（双方向伝達)。このほか、メッセージ共有やビデオ通話は、1対1のみならず、1対多、多対多の会話をする手段もあります。

3.1.2 文書の構造とコンピュータ

情報は、書籍や新聞、ラジオやテレビ、あらかじめ整理・加工されたデータベースやインターネットからの間接的な情報などにより、さまざまな表現形態があります。ここでは、情報を記録するには、どのような表現形態が適しているかを考えます。

（1）文書の表現

文書には構造があります（図 3-1）。頭書きで、表題は何を伝えたい文書であるかを簡潔に表します。その下に、本文を書きます。本文で、話のひとかたまりを章に分けます。各章はさらに細分され、節、段落に分かれます。

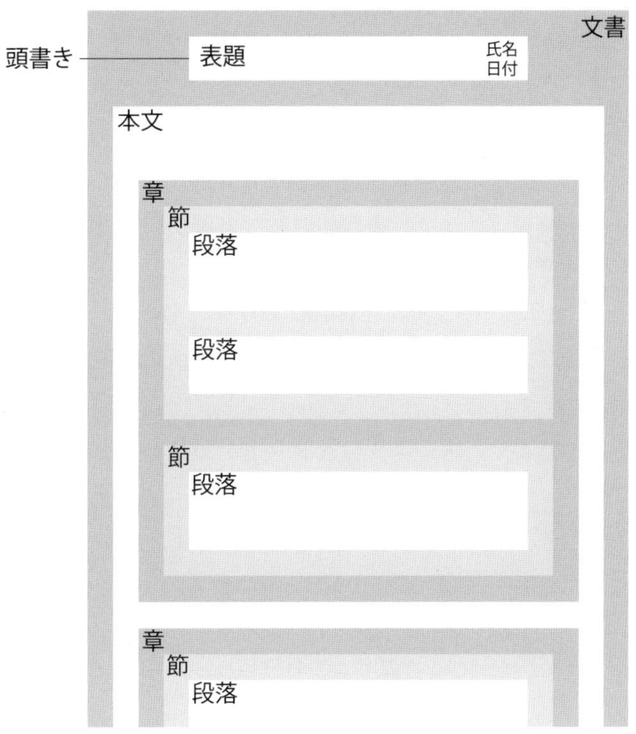

図 3-1 文書の構造

文書の作成には、コンピュータを使う機会が増えてきました。図 3-1 に示すような構造をもつ文書は、ワープロソフトで作成できます。ワープロソフトを用いる方法は、文書のレイアウトや文字の大きさなどの文書構造を画面上で直接編集し、画面上で見ているものがそのまま印刷イメージとして出力されます。これを WYSIWYG（What You See Is What You Get；ウィジウィグ）とよんでいます。ただし、ワープロソフトごとに文書のファイル形式が異なるため、互換性がないという問題もあります。

ほかの構造は例えば、画像や文字などの情報が自由にレイアウトできるホームページで、HTML というマークアップ言語で表現する方法があります（図 3-2）。HTML はタグで文書の構造を作ります。表題や、本文の階層構造、画像などに対し、それぞれのサイズやレイアウトなどを指定します。機種や OS に依存しないので、ブラウザによりいずれの利用環境でもほぼ同様に文書を表示できます。

```
<html lang="ja">
    <head>
        <title>デモ・ページ</title>
    </head>
    <body>
        デモ・ページの記述
    </body>
</html>
```

図 3-2　HTML 記述の例

3.1.3 音声情報

（1）音声情報のデジタル化

今日、デジタル情報は、その信号処理技術が進展し、高品質になっています。その恩恵で、インターネットの利用や、テレビ、ラジオ、書籍の講読などが便利になりました。

デジタル情報は、例えば温度の計測値を数値で表示する温度計があります。摂氏という単位の温度情報を、数値で表示します。このように不連続に変化する量は、デジタル量とよびます。

一方、連続的に変化する量は、アナログ量とよびます。アナログ情報は、例えば水銀柱の高さによる温度計の表示があります。

情報をデジタル化することにより、次のようなメリットがあります。

① 情報の正確な再生・再現

デジタル方式では、多少のノイズ（元の波形などの情報を劣化させる要因）が入っても情報を元通りに再現することができます（図 3-3）。

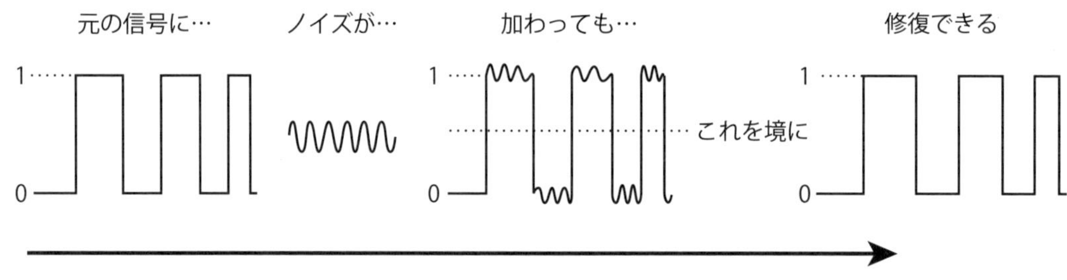

図 3-3　情報の正確な再生・再現

② データの圧縮

デジタル方式では、一定のルールでデータ量を減らす（圧縮という）ことができます。例えば、「AAAAAAAA」のようにデータが並んでいる場合、8 個の記憶領域が必要ですが、A×8 とすれば領域を減らすことができます。圧縮するとデータ量が減るので、情報を短時間で送信したり、小さなサイズで保存したりすることができます。

圧縮には、情報が失われない可逆圧縮と、不必要な情報を除く非可逆圧縮があります。音声データでは、可逆圧縮にはMPEG4-ALSがあり、CDの約1／2の容量に圧縮します。

非可逆圧縮は、不必要な情報を特定して捨てるので、元に戻せなくなります。ATRACとMP3があり、ATRACはCDの約1／10の圧縮が可能です。MP3は動画圧縮方式のMPEG-1の音声用圧縮法で、CDの約1／10の容量になります。

（2）音声のデジタル化の例

アナログ情報をデジタル情報に変換することを、A/D（エーディー）変換とよびます。その逆の変換は、D/A（ディーエー）変換とよびます。図3-4は、音声を伝送するデジタル化の例を示します。音声はマイクによりアナログ信号となります。A/D変換によってデジタル信号で伝送されます。D/A変換によって元のアナログ信号に変換し、スピーカで元の音声が再現されます。

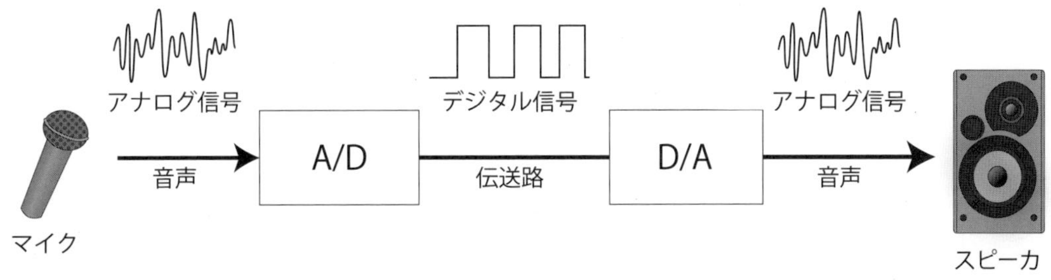

図3-4　A／D変換とD／A変換の例

A/D変換は、標本化、量子化、符号化の3段階で行います。音声のアナログ情報を例に、A/D変換の手順を以下に示します。

① 標本化

図3-5に音声のデジタル化を示します。音声は連続的に変化するアナログ量です。その変化した値は、一定の時間で読み取ることによって、デジタル化することができます。この作業は標本化とよびます。標本化で読み取る一定の時間は、標本間隔とよびます。

デジタル化された信号は、元のアナログ信号を復元できるためには、標本化周波数の条件があります。この条件は、元のアナログ信号の最大周波数の2倍以上の周波数（標本化周波数）で標本化するという、シャノンの標本化定理です。例えば、人間の聞こえる上限の周波数が20kHzであるとすれば、標本化周波数は40kHz以上となります。

標本化周波数は例えば表3-1に示すように、人間が音を聞く用途によります。電話は通話目的なので人間の声を対象とします。CDやハイレゾ音源は人間の声だけでなく楽器の音色など多様な音声を対象とするので、電話よりも標本化周波数が高くなります。

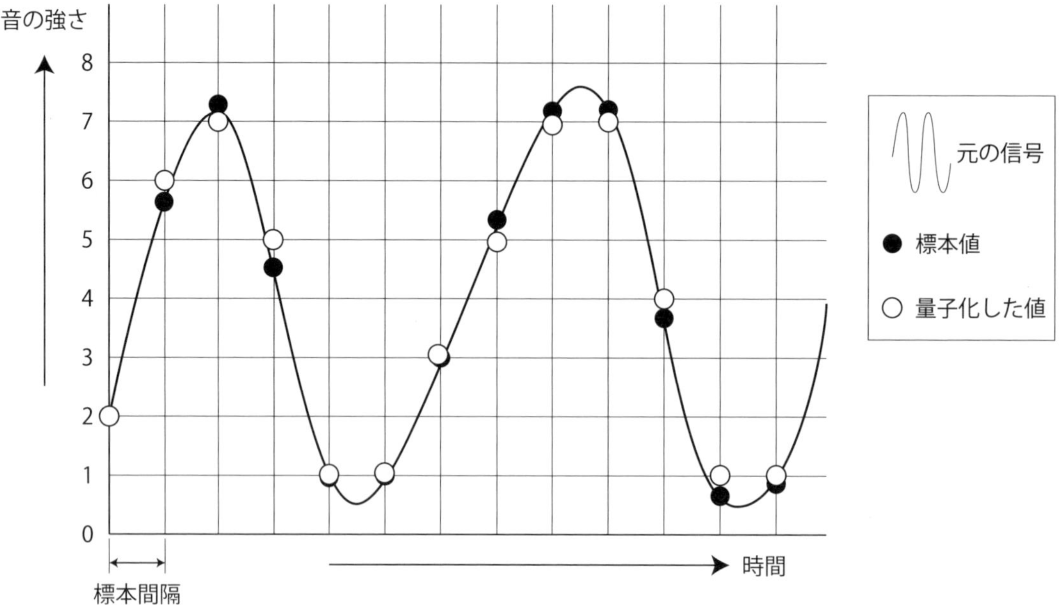

図 3-5　音声のデジタル化

表 3-1　デジタル化の例

Skype などの音声通話	人の音声周波数の約 400Hz～3.4kHz より 2 倍以上の 8kHz で標本化
音楽配信の音声データ	MP3 や AAC で圧縮され CD 程度だが、近年は 96kHz でも標本化
Blu-ray の音声データ	CD や DVD より高い 48～192kHz で標本化

② 量子化

量子化はアナログ信号の大きさを数値で表します。その数値は、連続しているアナログ信号を複数段階の飛び飛びの値（離散的）に区切られます。この数値の個数は、1 秒間で標本化周波数に等しくなります。図 3-5 に示す音声の例では、離散的な値として最大値から最小値までを 7 等分して、8 段階で表します。量子化の段階数は量子化数とよび、各段階の値は量子化レベルとよびます。

③ 符号化

②による離散的な値は、2 進数のデジタル情報として扱います。これを符号化とよびます。図 3-5 に示す符号化は、音の強さを 8 段階に区切るので、3 ビットの 2 進数値で表すことができます。

3.1.4 画像情報

（1）静止画

1）画像・図形の表現

画像情報のデジタル化についても音声情報と同様に行われます。

① 標本化

色の明るさは連続的に変化しています。画像情報のデジタル化は、色の明るさを離散的な点で表します。この点は画素（ピクセル、ドット）とよびます。明るさは、ある領域の明るさの平均値などで定めます。以上の操作は画像情報の標本化とよびます。

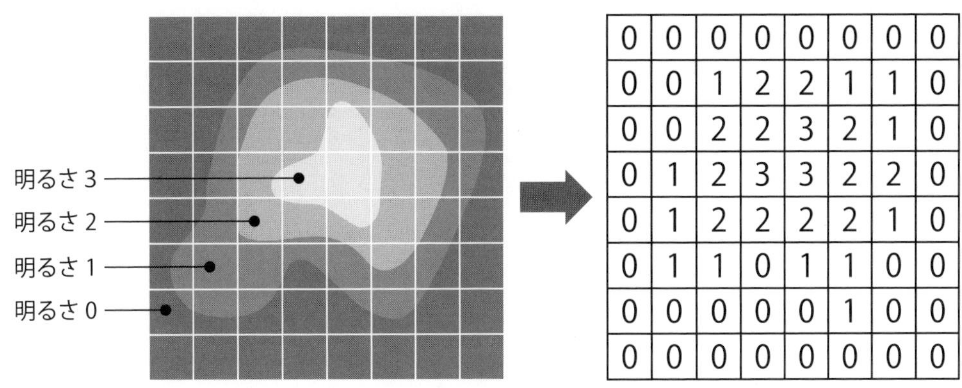

0	0	0	0	0	0	0	0
0	0	1	2	2	1	1	0
0	0	2	2	3	2	1	0
0	1	2	3	3	2	2	0
0	1	2	2	2	2	1	0
0	1	1	0	1	1	0	0
0	0	0	0	0	1	0	0
0	0	0	0	0	0	0	0

図 3-6 画像情報のデジタル化

② 量子化

画素の明るさは離散的な値で表現します。これを量子化とよびます。例を図 3-6 に示します。画素の実際の明るさと量子化された離散的な値との差は、量子化誤差とよびます。量子化で明るさの段階を増やすと精度が上がります。しかし、情報量が多くなります。

③ 符号化

量子化された値は 2 進数値で表します。これを符号化とよびます。図 3-6 の明るさは 4 段階なので、2 ビットの 2 進数値で表すことができます（図 3-7）。

2 進数値：	11	10	01	00
10 進数値：	3	2	1	0

図 3-7 2 進数値で符号化

2）画像を表現する仕組み

画像は光の 3 原色で表現します。光の 3 原色は、R（赤）、G（緑）、B（青）の 3 色です。このうち互いの色を重ねると、R と G が黄色、G と B が水色（シアン）、R と B が赤紫（マゼンタ）になります。R と G と B を重ねると白になります（図 3-8）。

R	G	B	色	番号
0	0	0	黒	0
0	0	1	青	1
0	1	0	緑	2
0	1	1	水色	3
1	0	0	赤	4
1	0	1	赤紫	5
1	1	0	黄	6
1	1	1	白	7

図 3-8　色番号の例

何色かは、色番号で効率よく指示できます。例えば色番号 6 は、R と G を重ねた黄色です。図 3-8 の例で色番号は 8 段階なので、3 ビットで表現できます。実際の画像は色の種類で 256 段階以上あります。256 段階の色番号は 8 ビットで表現できます（表 3-2）。

表 3-2　表現可能な色数とビット数

色の表現方式	インデックスカラー	ハイカラー	フルカラー
色数	256 色	65,536 色	16,777,216 色
ビット数	8 ビット	16 ビット	24 ビット

インデックスカラーの色数計算：

インデックスカラーは 1 バイトでさまざまな色を割り当てます。24 ビットの約 1670 万色から任意の 256 色が抽出されています。したがって、各色は 1 バイト（8 ビット）のデータをもちます。各色の扱いは、ビットではなく、インデックスとして名前が付きます。

ハイカラーの色数計算：

各色に 5 ビットの割り当てを基本としています。そのうえで緑（G）は、赤（R）や青（B）と比べて人間に敏感であるため、6 ビットが割り当てられています。

5 ビット（2^5） ＝ 32 諧調　　6 ビット（2^6） ＝ 64 諧調

32 諧調（R） × 64 諧調（G） × 32 諧調（B） ＝ 65,536 色

フルカラー（トゥルーカラー）の色数計算：

8 ビット（2^8） ＝ 256 諧調

256 諧調（R） × 256 諧調（G） × 256 諧調（B） ＝ 16,777,216 色

3）画質

画像は目との距離が近いほど粗く見えます。目と画像との距離が同じでも、画像を拡大すれ

ば粗く見えます。これは目で見る一定の範囲で、画素数が変化するためです。

目で見る一定の範囲で、画素数が多いほど、粗さを感じなくなります。この画素数は1インチ当たりで数え、DPI（Dot Per Inch）とよびます。

画像データのサイズは、画素が多いほど大きくなります。ビットマップ（BMP）形式は圧縮されていないので、サイズが大きいままとなります。異なるファイル形式では、ファイルサイズも異なります。静止画のJPEG形式は圧縮されているので、BMP形式よりもファイルサイズが小さくなります。ただし、非可逆圧縮なので、画質が劣化することと、元に戻せないことになります。これらファイル形式の種類は、拡張子とよばれるファイル名の末尾に付く文字列によって識別します（表3-3）。

表3-3 画像データのファイルサイズの例

ファイル形式	ファイル名	ファイルサイズ
ビットマップ形式	ビットマップ形式.bmp	1330KB
PNG形式	PNG形式.png	260KB
JPEG形式	JPEG形式.jpg	100KB

（2）動画

1）動画の表現

人間には、見た映像がしばらく見え続ける残像現象があります。動画はこの特性を利用して表現します。静止画1枚1枚を素早く切り替えて表示します。1秒間に何回切り替えるかの数は、フレームレートとよびます。フレームレートの単位はfpsです。一般的に最低30fpsで切り替えます。

2）データ形式

データ形式は、一般的には映像と音声を組み合わせたものです。このように複数のメディアを組み合わせたデータは、マルチメディアとよびます。組み合わせは用途に応じて複数の形式があります（表3-4）。

表3-4 動画形式と特徴

MP4	多くのデジタル基盤やデバイスに採用されているファイル形式
MOV	アップルコンピュータ標準のファイル形式。高画質のために比較的多くのメモリ領域を要する
FLV	Adobe Flash Playerに使われるファイル形式。ファイル容量が比較的小さいため、YouTubeなどのビデオ・ストリーミングにも適している
AVI	Windows標準のファイル形式
AVCHD	ハイビジョン画質の録画と再生に適したファイル形式

動画は多数の静止画を用います。そのため、静止画と比べデータ量が多くなるので、圧縮することによってデータ量をできるだけ少なくします。圧縮方式は、動画の用途により選択します。例えばWebに公開したり、表示する画面の解像度に合わせたりします。MPEG-1やMPEG-2は、もとのデータ量よりも数十分の1程度にまでデータ量を少なくできます。

3）3D画像

人は立体を見ると、2次元の平面ではなく3次元（3D）の立体を認識します。右目と左目それぞれの見ている像は互いに少し違い、脳内で演算による立体が構成されるからです。3D画像を生成するには、人の左右それぞれの目に異なる像を呈示する仕組みが必要です。

従来、偏光で投影する方法があります。左右の見え方の差（視差）から距離を計算し、左目用と右目用の光に分離して、それぞれの光の振動する向きを傾けます。プラスチックタイプの3Dメガネが使用され、パッシブステレオ法とよばれます。さらに扱う映像の情報量を増やしたアクティブステレオ法は、投影する画像を高速に切り替えて、同期するメガネは切り替え用のシャッターが備わるので構造は複雑かつ重くなります。

近年は、3Dメガネが無くても3D画像を見ることができます。インテグラル立体映像とよばれ、実際の被写体が放つ光線と同じ光線を再現する方式です［1］。見る位置に応じて映像が変化する特徴ももちます。少しずつ異なる角度に配置された多数のレンズ（レンズアレー）により撮影した画像を、表示用レンズアレーで投影します。ただし、被写体の再現性を高めるためには多くの情報量を必要とします。一般の家庭用テレビとは異なる投影装置が必要になるため、用途はいまだ限定されています。

3.1.5 量子コンピュータの利用

従来のコンピュータでは何百年もかかる計算が、わずか数秒ですむほど、量子コンピュータは高速に演算を行います。量子力学はCPUなどの半導体製品に活用されます。ナノサイズ（1mmの100万分の1）の物理法則である量子力学を原理とします。それら製品に、ソフトウェアや計算の方法そのものに量子力学の原理を導入したものが、量子コンピュータとよばれます。

一般的なコンピュータでは「0」と「1」で扱うデータ数が多いほど、計算時間が膨大になります。量子コンピュータでは「0」と「1」の状態を同時に表すことができます。これは量子情報とよばれ、情報が多くなっても量子ビットという単位で全てを同時に処理することで、大幅な時間短縮を図れます。

近年の量子計算用のハードウェアは、備わる量子ビット数とその操作の忠実度が99%程度となるほどに、性能が向上しています。2019年には、従来のコンピュータ（古典コンピュータ）では数日から1万年かかる処理が、量子コンピュータを使うと200秒でできることが主張されました［2］。量子コンピュータ利用の黎明となった2010年代はじめ頃は、与えられた条件を満たすような組み合わせ集合の中から最もよい組み合わせを探す問題（組み合わせ最適化問題）を解く手法によって、実用化が試みられました。最短となる経路を求める問題は、量子力学で問題を表して、並列計算で解を求めます。陸路や空路などの最短経路計算や、医療面で画像診断の高速化など、実社会での応用範囲は幅広いです。

3.2 情報の収集

3.2.1 文書情報の検索技術

（1）文書の要約技術

私たちが日常に使っている言葉を自然言語とよびます。年々情報化が進み、私たちの関わる物事には自然言語で書かれた電子文書が大量に存在しています。こうした状況において、文書に含まれる情報を検索したり要約したりする技術が重要になります。

文書の要約技術は、大規模なテキストデータ（コーパス）の整備と、それを処理する計算機の進歩により、言語知識の抽出が可能となっています。コーパスから言語知識を抽出する過程は、コーパスに対して、既存の言語知識を用いて何らかの解析を行い、目標となる新たな言語知識を獲得します（図 3-9）[3]。

例えば、人工知能（AI）を用いてがん関係の医学論文を学習させ、治療薬の候補を探す作業に活用されています。この作業は 2 週間以上かけていましたが、10 分以内に短縮されました。膨大な論文のためにかかる時間と費用の削減は、医薬品開発にも期待されています。医薬品開発は、以下の理由により、生産性の低下が指摘されています。

- 新薬開発の対象が、原因未解明の複雑な疾病にシフト
- 新薬開発の成功率の低下（20 年前：1／1.3 万 → 現在：1／2.3 万）
- 研究開発費の高騰

開発の失敗には、動物実験頼りの創薬ターゲット選定や不十分な患者層別化によるものが一因と考えられています。これを受けて、大学や製薬会社は共同研究として、ゲノム情報等を用いた AI 創薬ターゲット探索プラットフォームを構築し、ヒトデータに基づく AI を活用した新たなアプローチを推進しています [4]。

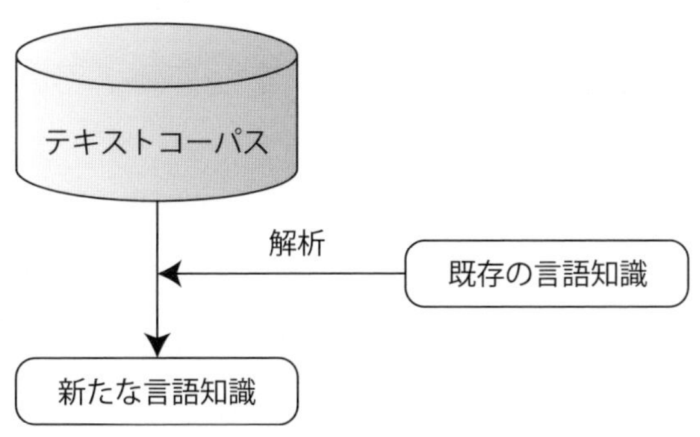

図 3-9 コーパスから言語知識獲得の過程

（2）音声認識技術

音声認識技術は、音声信号を文字データに変換します（図 3-10）。例えば「電話を掛ける」という音声を文字データに変換します。音声信号から「で」「ん」「わ」などの音を切り出し、

次に切り出した音をつなげて、「かける」ならば「欠ける」「書ける」「駆ける」「掛ける」などを判定して、文字データとします。

音声信号からの音の切り出しには音響モデルが用いられます。音響モデルは、日本語では、日本語の母音や子音の音色の変化を表現したモデルです。

出力文字データの判定には言語モデルが用いられます。言語モデルは、日本語では、日本語としての単語のつながりを表現したモデルです [5]。

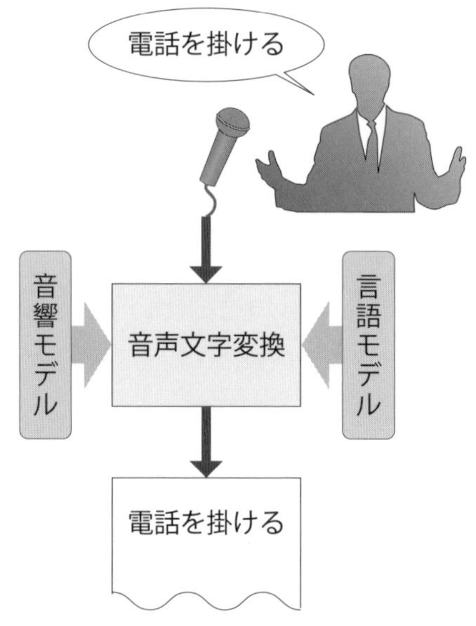

図 3-10　音声認識の仕組み

図 3-11　音声で機器操作を容易に

機器の操作は手を使うことが普通ですが、音声でも可能となれば、操作が容易になります。例えば、料理で材料を扱うために両手を使っている状況で、レシピを確認することができます。車の運転では、電話をしたり、カーナビを設定したりできます。身体に障害のある方のパソコン操作では、音声で操作を補助することもできます（図 3-11)。

（3）情報の検索技術

学術論文では、読み手に到着するまでに印刷物では時間がかかるため、迅速さが求められる問題を抱えていました。その解決策として、論文の電子化の技術が注目され、WWW や HTML といったインターネット技術により、電子ジャーナルが多くの出版者に採用されています。電子ジャーナルの特徴は、以下の通りです [6]。

- 自分の研究室から利用できる
- 図書館の開館時間にかかわらず、24 時間利用できる
- 複数の利用者が同時に利用できる
- キーワードや著者名などからの検索機能も備えている
- データベースからリンクし、フルテキストを直接参照することができる
- プリンタから出力する場合でも、印刷物とほぼ同じレイアウトで利用できる
- 利用している文献の参考文献情報から、さらにフルテキストをたどれる場合もある

電子ジャーナルは、おもに 2 種類のファイル形式で提供されています。

PDF … Adobe 社が提唱しているファイル形式。フリーソフト「Adobe Reader」で閲覧できる。

HTML … Web のページを作成する際に使用するファイル形式。標準的なブラウザで閲覧でき、ファイルサイズが小さい。目次や参考文献などにリンクが付き、該当部分や別文献をたどれる場合がある。

また、インターネット技術では検索エンジンの Web ページを使って、目的の Web ページを検索することができます。検索エンジンは、クローラとよばれるプログラムが自動的にインターネット上のコンテンツを収集・分析し、検索結果を表示します。キーワードを入力して検索します。

キーワードを入力する検索方法は、検索エンジンの Web ページのキーワード入力欄に、知りたい情報に関する言葉を入力します。入力後、その言葉を含む Web ページのリストが表示されます。リストはそれぞれの Web ページへのリンクとなっていて、選択することができます。(図 3-12)。

図 3-12　Google による検索結果

特定のキーワードを調べるには、次の 3 つがポイントとなります。

① AND 検索

キーワードとして複数の言葉があり、それらすべての言葉を含めて検索したいときは、並べた言葉の間に空白を挟みます（図 3-13）。これにより、扱う言葉のすべてを含む検索ができます。これを AND 検索といいます。

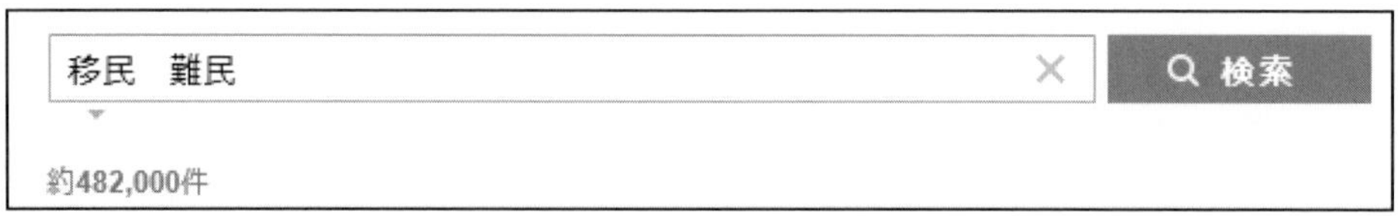

図 3-13　AND 検索

② OR 検索

複数の言葉の間に、大文字の「OR」を挟みます（図 3-14）。これにより、検索対象は扱う言葉のいずれかを含むこととなります。これを OR 検索といいます。

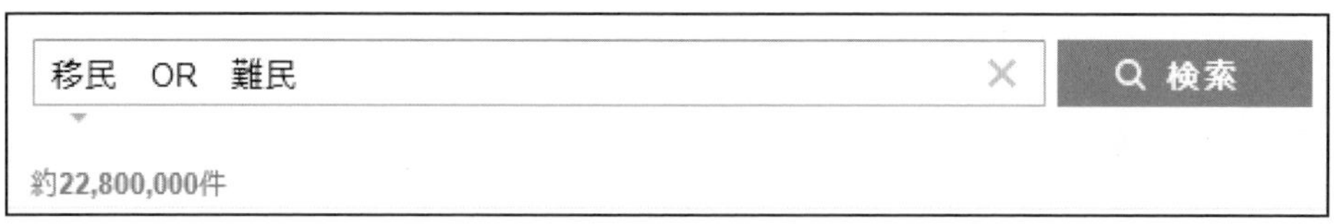

図 3-14　OR 検索

③ NOT 検索（マイナスオプション）

-（マイナス）をキーワードの前に置いて、その言葉を検索対象から外せます。例えば図 3-15

の場合、「移民」というキーワードは含みますが、「難民」というキーワードを外して検索結果を表示します。

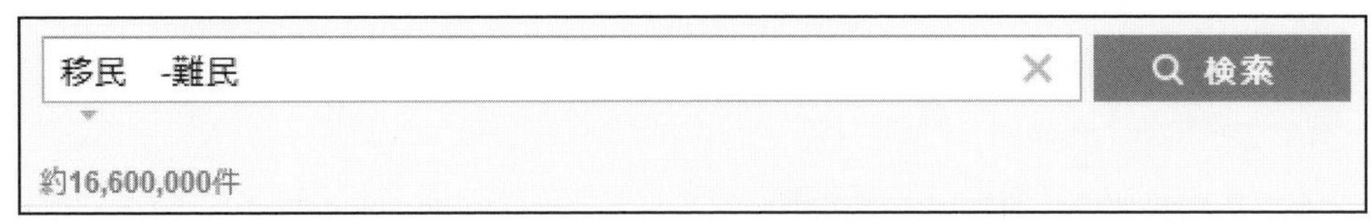

図 3-15　NOT 検索

以上の AND、OR、NOT は、集合と論理演算により成り立っています。集合（グループ）同士の関係を視覚的に、ベン図で表現してみます（図 3-16）。ここで、移民を A、難民を B とします。上記の AND、OR、NOT による検索結果は、次の図の網掛け部分に対応します。

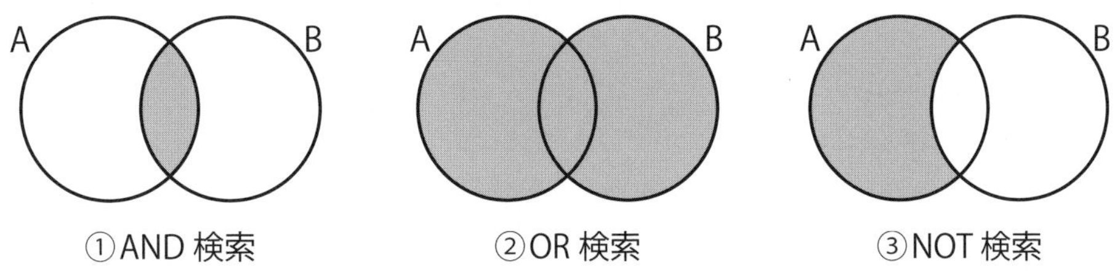

図 3-16　ベン図による論理演算結果の例

検索エンジンは、利用者が提示された検索結果のどれをクリックしたか、利用する人のクリックする情報を大量に集めれば、問い合わせに対する学習データとして利用できることになります。こうした情報は、click through データとよばれ、画像・映像の認識と理解の研究も進められています [7]。

3. 2. 2　音声情報と画像情報の検索技術

（1）画像認識技術

画像認識技術は、現在では人間が取り扱えないほどに精緻な半導体回路の画像検査や、指紋・静脈パターンなどの認証が可能になっています。人間の判断を支援したり大量の画像を解析したりすることで、車の運転支援や医用画像診断支援も可能になってきました [8]。

産業界では人の計測に関する研究が盛んに行われています。画像認識の分野では、集団的な人の動きや特定の人物の検出が注目されています。集団的な人の動きに対しては、監視カメラでの人の流れの計測があります。これは 2 次元画像だけではなく、距離（Depth）を含めた RGB-D 画像を用いた人流追跡研究があります [9]。特定の人物の検出は、あらかじめ設計した特徴量やその改良型が有効であるとする 2 次元画像処理の顔認識技術があります。

一方で、画像は一般にスマートフォンなどを用いて、インターネットに画像を気軽にアップロードし、知人や他人とも共有できます。それらの画像には撮影日時、撮影場所、撮影者などの情報が付加されます。このように人物が撮影した一連の画像を解析すると、その人物の民族や性別、さらにどこで誰と何をしているかなどがわかります。このようにして顔認識は、人間のつながりを把握することもできます [7]。

（2）AI画像診断と検索技術

2018年、米国食品医薬品局（FDA）は、医用画像を自動分析して診断を下す医療機器を初めて認可しました。この医療機器は、眼底画像から、主な失明要因である糖尿病網膜症を自動診断するものです。既に実用化されている診断支援（CAD：Computer-aided Diagnosis）システムは、AIが疾病や病変を自動判別・自動検出しますが、医師が最終判断する必要がありました。自動診断型のAIは、診断の責任の所在を考えて画期的なものとされています [10]。

眼科は、眼底画像をはじめ視力、眼圧などの多様で大量の検査データを用いるため、ビッグデータになり得、AIを開発しやすい分野とされています。日本国内では、AI開発を視野に入れた医療情報データベースの構築が進められ、診療支援や類似症例検索などのサービスも検討されています。

3.2.3 情報収集のポイント

情報収集は目的に沿って行います。目的を達成するための課題を定め、必要な情報の収集方法を決めます。収集方法は、人の意見を参考にするためにアンケートをとることがあります。収集した情報は、課題に沿って整理・加工し、新しい情報として活用できます。

アンケート用紙に記入してもらった場合、収集した情報は表計算ソフトウェアなどを使って、もう一度入力しなおす必要があります。この手作業では、入力を間違えたり作業が遅れたりすることがあります。これに対し、Webで記入してもらった場合は、回答をもらうと同時に集計可能となるため、正確で短時間に集計結果を得ることができます。

図3-17はWebページ上のアンケートの例を示します。アンケートで情報を収集するとき、扱う用語に問題のないことを確認しましょう。専門用語はその分野のことをよく知っていなければ理解できません。また方言は、その言葉を日常的に使っていなければ理解することが難しいものです。年代による用語の理解にも差があります。例えばSNSという言葉は、成人が理解できても、小学生には理解できないかもしれません。こうした用語の問題は、情報を収集するとき、自分で判断できるようにしなければなりません。

情報収集の方法は、アンケート以外に、書籍やWebページなどを調べる方法もあります。これらにより具体的に詳細に情報を収集することができます。しかし、これらの情報は、常に正しいとは限りません。収集した情報が正しいかどうかは、情報の信ぴょう性とよびます。次の観点で確かめましょう [11]。

① 情報の発信者名が書かれているか
② 引用された図・表の出典が書かれているか
③ 参考文献が書かれているか
④ 情報作成日が書かれているか

①〜③は、情報の発信元が信頼できるところかどうかを判断できます。④は、発信された時期が古すぎないか、または適当であるかを判断できます。

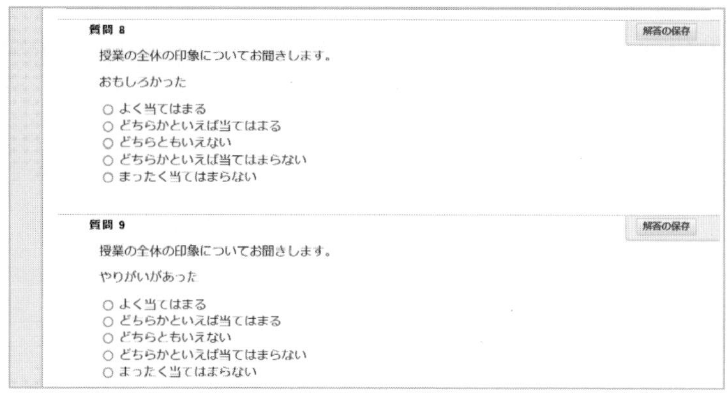

図 3-17 Web ページ上のアンケート

3.3 情報の共有

3.3.1 データの蓄積とファイル

収集した情報は、不要であったり重複したりするため、そのままでは使いにくいことがあります。収集した情報は、すぐに使えるように整理しなければなりません。情報の整理は、それぞれの情報をデジタル化しておくと便利です。デジタル化することによって、ファイルとして保存しやすくなります。また、ファイルを加工することによって新たな価値を得ることができます。

（1）基本ソフトウェアと応用ソフトウェアの基本的動作

コンピュータのハードウェアは、コンピュータ本体と、本体に接続する周辺機器で構成されます。コンピュータ本体は、演算、制御、記憶の働きをします。周辺機器は、文字、画像、音声などのデータを入出力します。

コンピュータのソフトウェアは、基本ソフトウェアと、応用ソフトウェアで構成されます。基本ソフトウェアは、オペレーティングシステム（OS）ともよびます。コンピュータの電源を入れたときにまず起動します。応用ソフトウェアは、OS に指示することによって、データの表示、印刷、読み込み、保存などの基本的な動作をします。例えば Web ブラウザ、ワープロソフト、表計算ソフトがあげられます。また、文字、画像、音声などのデータは、ファイルとして保存されることによって、別のソフトウェアでも利用できます。

（2）ファイル

「名前」、「性別」、「住所」、「電話番号」など表形式でまとめられるデータは、定型データとよびます。これらはデータベースで効率よく整理・保管することができます。他方、画像や音声のように、表形式にまとめられないデータは、非定型データとよびます。非定型データはファイル単位で管理します。

ファイル名は、必要なときに探してわかりやすいことを考えて、ファイルの内容が想像しやすい名前を付けます。このようにしておけば、ファイルをわざわざ開いて見る必要がなくなります。ただし、含めることのできない文字（¥ / , ; : ＊ ? “ < > | といった記号）があります。長さは半角文字で250文字程度まで付けられますが、画面上にすべて表示することができないので、20文字程度が目安です（図3-18）。全角文字（日本語）では10文字程度までに収めましょう。

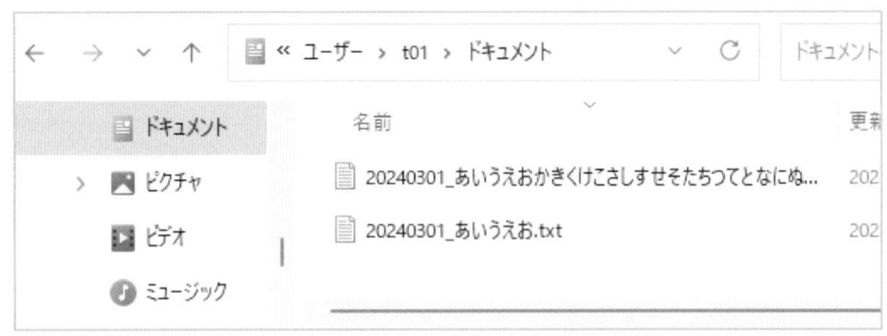

図3-18　省略されてしまう長いファイル名

（3）フォルダー

ファイルは1箇所に数多く保存されていると、必要なファイルを見つけることが難しくなります。必要なときにすぐに取り出せるように、整理・分類して保管します。このように保管できる入れ物は、フォルダーまたは、ディレクトリとよびます。

ファイルを整理する方法は、①書類の種類で整理したり、②ファイルを作成した日時を基準にしたり、③科目／学科／所属などの属性で整理することもできます（図3-19）。ファイルが多数存在する場合は、フォルダーの中にフォルダーを作成する階層構造によって、情報を整理できます。また、上記①②③などの分類方法を組み合わせて整理する場合もあります。

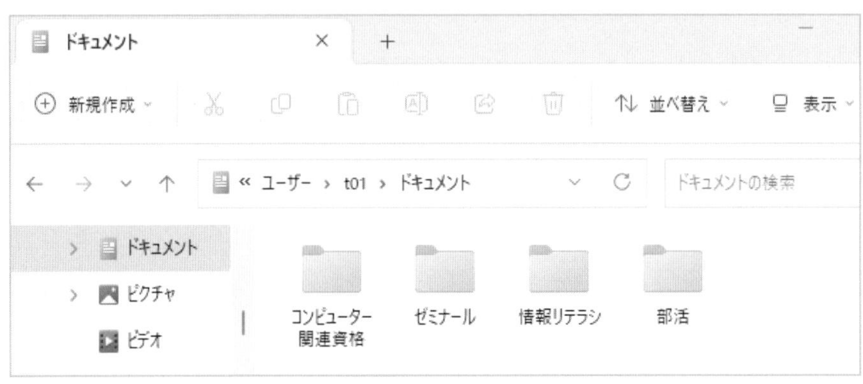

図3-19　フォルダーを使ったファイルの整理

（4）ファイル検索

パソコンを使用しているとき、ファイル名を忘れてしまったり、保存場所がわからなくなったりするかもしれません。このようなとき、ファイル検索機能（図 3-20）を用いて探すことができます。

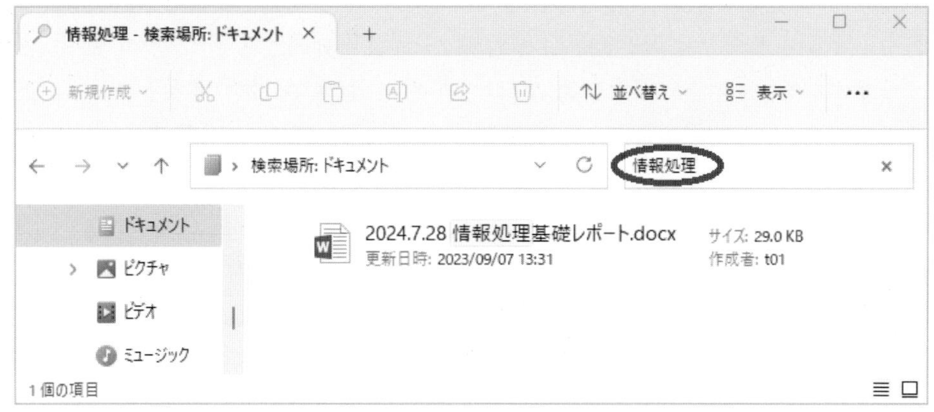

図 3-20 ファイルが扱う用語で検索

（5）ファイルの性質

ファイルは、性質として、ファイル名のほかに、大きさや種類など（図 3-21）があります。Windows のエクスプローラーを使うと、「名前」「更新日時」「種類」「サイズ」を閲覧できます。

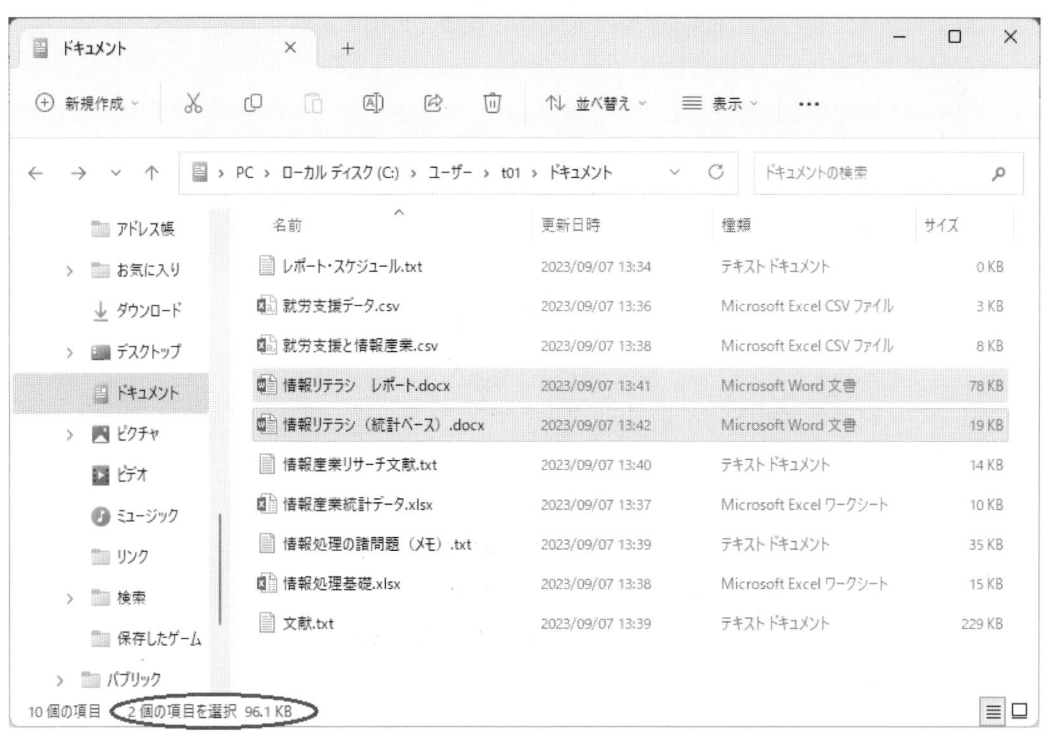

図 3-21 ファイルの名前・更新日時・種類・サイズを知る

「サイズ」はファイルの大きさを表す情報です。バイトという単位で表されます。半角文字1文字をファイルに保存するのに必要な大きさです。1000倍ごとに単位が変わります。容量の小さな文書は、詳細情報でサイズが 50KB（キロバイト）などと表示されます。音声や画像を扱うと、ファイルサイズは大きくなります。

「種類」は、そのファイルを開くアプリケーションを示します。拡張子によって区別されます。拡張子はファイル名の「.（ピリオド）」より右側に付く文字列のことで、アプリケーションによってファイルを保存するときに自動的に付けられます。拡張子はアプリケーションによってさまざまな形式があります。例えば、文書作成ソフト Word のファイルの拡張子は、「docx」です。代表的なファイルの種類は、Word のほかに、拡張子「txt」のテキストドキュメントや、拡張子「xlsx」の Excel などがあります。

ユーザが拡張子を知れば、開かれるアプリケーションの種類だけでなく、ファイルの形式やバージョンも把握することができます。しかし、Windows の標準では表示されません。拡張子を表示するには、コントロールパネルで設定を変更します。

選択した複数ファイルの合計サイズは、フォルダーウィンドウ左下に表示されます。複数ファイルを選択するには、キーボードの Ctrl キーを押しながら、該当するそれぞれのファイルをクリックします。

3.3.2 ネットワーク上の情報共有

システムとは、関連をもつ要素が組み立てられた構造体です。特に情報を取り扱うためのシステムは情報システムとよびます。情報が関連ある複数人の間に適切に伝達できるために、情報を保存・管理・流通する機能を有します。今日、パソコンやスマートフォンなどは、OS にネットワーク接続機能が標準で備わり、インターネットなどのネットワークサービスを簡単に利用できます。電子メールや WWW といったサービスだけでなく、ファイルやディレクトリを共有（ファイル共有）することも可能になっています。

（1）P2P による情報共有

ネットワークサービスの仕組みは、サーバの有無で分かれます。サーバのある仕組みは、クライアント・サーバ型とよびます。例えばファイル共有サービスがあげられます。ユーザがサービスを受けたいとき、サーバと通信をします。しかし、回線能力の限界によってサービスが停止してしまうことがあります。

一方、サーバなしにユーザのコンピュータ（ピア）同士が通信をする仕組みは、P2P（Peer to Peer；ピアツーピア）とよびます（図 3-22）。通信帯域などに余裕がある限り通信ができるので、対故障性および拡張性が高くなります。しかし、P2P はコンピュータ間で直接通信を行うため、不正なアクセスを受けやすくなります。不正アクセスに遭わないために、適切なアクセス制限を設定する必要があります。

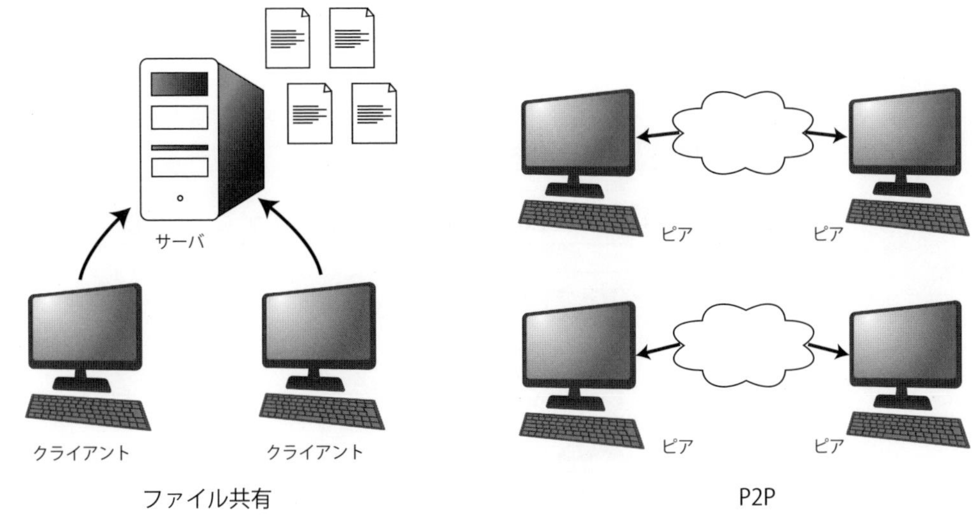

図 3-22　ネットワーク上の情報共有

（2）クラウド環境の情報共有

クラウドとは､インターネットでコンピュータ処理のサービスを利用できる環境をいいます。分散した複数のサーバを、あたかも独立したサーバとして利用できます。クラウドという呼称は、さまざまなサービスをまとめて雲で表現したものといわれています。

クラウド環境は一例として、名前や住所などによって本人を特定していた作業を容易にする用途があります。このサービスは個人番号（マイナンバー）制度とよばれ、徴税事務の効率化と、社会保障関連事務の効率化をおもな目的として 2015 年から全国で開始されました。所得や年金支給額、住民登録、健康保険、介護保険、公営住宅の賃貸、奨学金など公的機関に係る個人の情報は、日本で 1 つしかない 12 桁の個人番号で結び付けられます。このサービスを提供するサーバはインターネット上にあり、利用者がその運用を意識する必要はありません。また、個人番号カードは希望すれば誰でも入手でき、運転免許証のように公的な身分証明書として使うこともできます。

近年では住民票などの行政情報を国の機関と全国の自治体間でやりとりされ、住民票や家族の所得証明の書類も、コンビニで取得できます。行政の効率化だけでなく、住民の利便性も向上する段階に入りました。例えば、医療費控除を申告する際、マイナポータルというマイナンバー確認システムを利用して、マイナンバー付きの医療費支払情報を入手できます。この情報と電子申告システム（e-Tax）を使って申告することによって、医療費の領収書を貼り付ける手間を省くことができます。

医療機関、薬局では、読み取り機があれば、健康保険証としても使えます。受付、支払、診療および薬剤処方の際に、メリットが認められています。

運転免許証とマイナンバーカードの一体化も進められています。令和 6 年度末から運用が開始される予定です。住所変更手続のワンストップ化、居住地外での迅速な運転免許証の更新手続等が可能となります（図 3-23）。

図 3-23　マイナンバーカードでできること

出典：https://www.kojinbango-card.go.jp/card/advantage/ を参考に作成

（３）知識やルールの発見

クラウドに存在する多量のデータは、社会的・経済的に利用し得るデータが内在しているとみて、ビッグデータとよびます。ビッグデータを用いて、社会的あるいは経済的に隠れた知識やルールを発見することが期待されています。

企業社会においてビッグデータは、データ分析により知識やルールを発見して、ビジネスに役立てます。例えば、消費者の購買履歴を分析して、ニーズに合った商品やサービスを生産し、利益向上を図ります。

多量のデータを人が扱えるようにするためには、データマイニングの技術が必要になります。データマイニングの代表的な技術は、推薦技術と機械学習技術とがあります。推薦技術は、購買履歴をもとに購入してもらえそうな商品を推薦します。これは、オンラインショップでよく利用されています。機械学習技術は、データの隠れた構造と分類方法を学習します。消費者と商品の分類などで利用されています。

（４）データの保存場所

写真や動画の画像情報、録音や音楽などの音声情報、ワープロ文書やメモ帳などの文字情報は、電子的なデータとして、一般にはパソコンやスマートフォンに保存されます。一時的に、または自分だけで使うデータは、端末のハードディスクに保存していれば問題ありません。長期的に、または他人と共有、および他の端末でも使うためには、自分の端末の外側に保存しなければ不便です。USB メモリや、クラウドストレージなどを利用します。それぞれの特徴を表3-5 に示します。

表 3-5　データの保存場所とその特徴

保存場所	特徴
端末内蔵のハードディスク	データは特定の端末のみで使用する
USB メモリ	ネットワークを用いず、複数端末でデータ使用可
共有フォルダ	特定の端末を複数ユーザで共有可
ファイルサーバ（ファイル転送システム）	遠隔地の端末にデータを転送可
クラウドストレージ	大規模な保存領域で多様な端末がデータ共有可
グループウェア	ビジネス文書などデータの保存、共有が可能
e ラーニング・システム	教材などデータの保存、共有が可能
電子メール（添付ファイル）	文書など小容量のデータを添付送信可

第4章

情報の伝達

— インターネットの世界 —

4.1 ソーシャルメディア

ソーシャルは「社会」、メディアは「媒体」と訳せます。「媒体」というとかえって聞きなれないかもしれません。「さまざまなメディアを使って伝える」という場合を考えてみましょう。つまりここでメディアとは、具体的には、テレビ、インターネット、新聞、ラジオ等々を指します。ここで、テレビはテレビ、ネットはネットですが、これらに共通することは何でしょうか？　そう、「媒体、メディア」とは、“情報を伝える何か”ということです。

（1）メディアとは

1）メディアの種類

メディアにはおもに3つの意味があります。

- **表現するためのメディア** 〈情報を伝えるための表現〉
  — 文字・数値、音や音声、静止画・動画
- **媒体としてのメディア** 〈何を通じて情報を伝えるか〉
  — 新聞、ラジオ、テレビ、インターネット
- **記録のためのメディア** 〈情報の記録・保存先〉
  — 紙、テープ、CD、SD カード、USB、ディスク

私たちが伝えあいたいと頭の中にもっているもの、本書でいう“情報”は、そのままでは相手に伝わりません。つまり、相手にわかるカタチ（形式）にする必要があります。この、情報を表現するための形式のことをメディア（媒体・手段）といいます。

上で述べたように、メディアは手段や媒体の意味であり、手段という意味では、音声、文字、写真、音楽、動画、また媒体という意味では、紙、DVD、USB、新聞、テレビ、ラジオ、映画、ユーチューブ、などがそれにあたります。次の図は、昔にあった通信手段の例です。

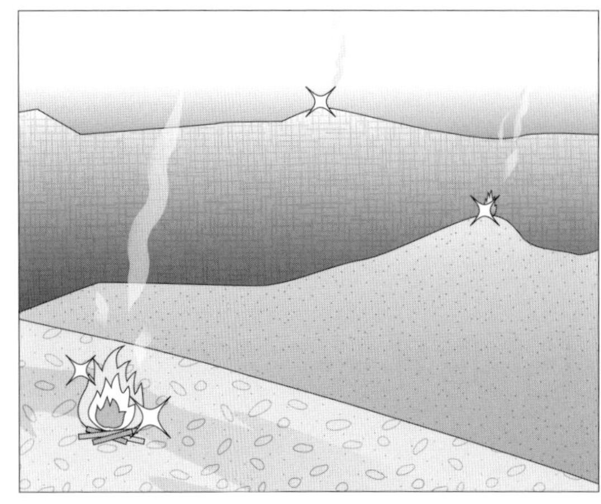

図4-1　通信内容と通信手段 <のろしと、ホラガイ>

のろしとは、火を焚いて“非常事態”などを遠くまで伝えた煙です。現代からすればいささかのんびりした通信手段のように思えますが、煙だけではなく、火が放つのは光でもある、と考えると現代最速の光通信と根本は変わらないかもしれません。
ホラガイは、“進め”や“退却”、を音で合戦などその場の仲間に瞬時に知らせるための道具です。見栄えもしましたが、それだけではなく、低音が最もよく周囲に伝わるという特性を利用していました。

（2）新しいメディアはインタラクティブ

これまで、インターネットを利用した情報伝達では、基本的に1対1方式である電子メールや、基本的に発信方向のみであるWebサイトからの情報提供が主流でした。しかし、音声による会話や電話を考えてみると、例えば質問の仕方によって返ってくる答えが異なってくることが当たりまえです。すなわち、新しいメディアはインタラクティブ性（あるいは双方向性）を備えるようになることは、当然の成り行きであったといえるでしょう。

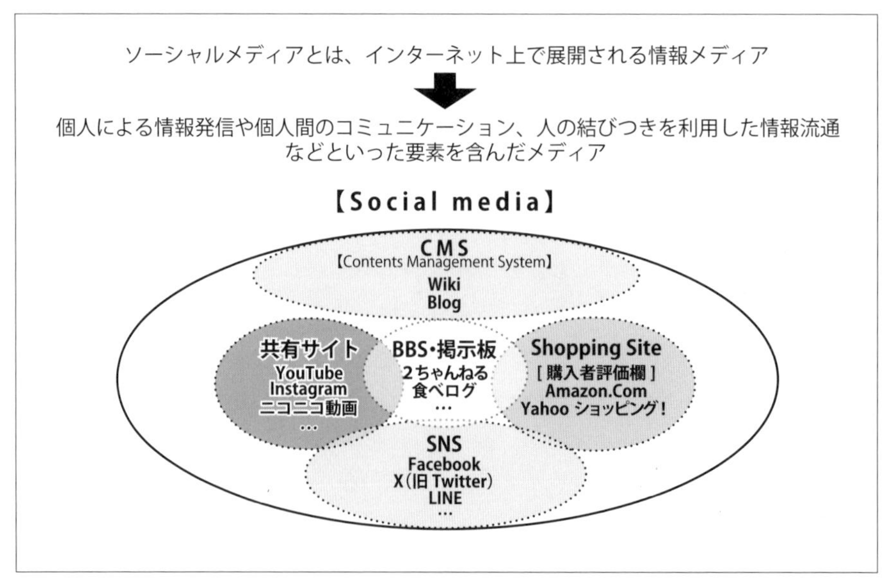

図4-2　ソーシャルメディア

（3）さまざまなコミュニケーション

近年、CMS とよばれる Web コンテンツマネージメントシステムが非常に発達しました。これは、Web ブラウザからユーザーが指示すれば、システムが自動的に Web ページのデザインや作成を行ってくれるもので、Web コンテンツマネージメントシステムは元々の作成者だけでなく、それを見ているユーザにも Web ページを作り変えていくことを可能とします。ブログや SNS などにも用いられている技術ですが、インターネット上の会話や日常生活の情報発信だけでなく、人々の知の財産形成にも寄与しています。

この CMS の一種で、一定のユーザからだけではなく、不特定多数の人からも、Web ページの内容を作成したり、編集したり（ときには削除したり）することのできるシステムを Wiki とよびます。これを利用して、人々の知の生産活動に用いられている有名なものが Wikipedia です。いわば、書き込み自由の百科事典であり、同時にこれらは、知の生産活動に貢献しようとする、誠意あるユーザーの行動に信頼をおいてはじめて成立します。情報技術でありながら、いわばインターネットの世界で求められているのは、実はそれを支える人たちの人間性であるということは、いい意味でちょっと意外かもしれませんね。こうしたことは、人とインターネットとの関わりを象徴する例ともいえるのではないでしょうか。

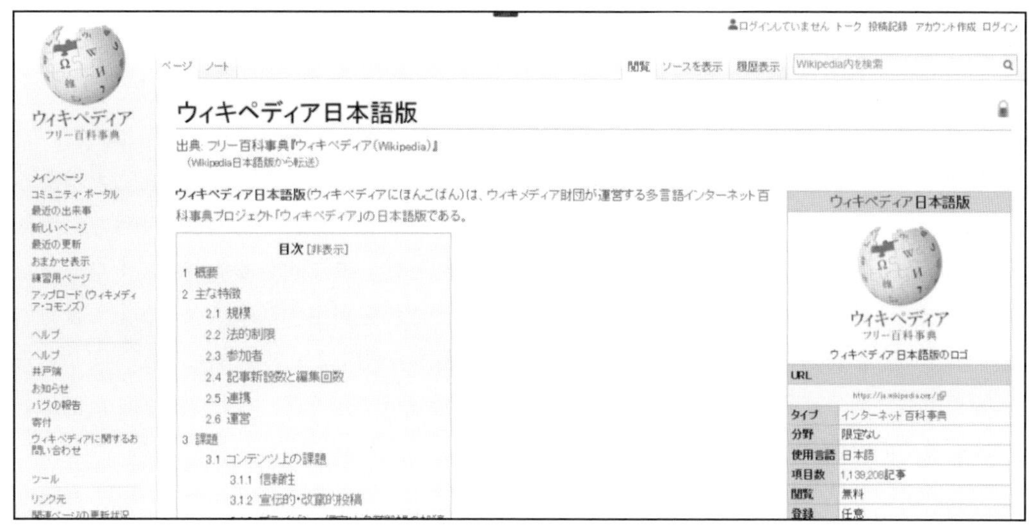

図4-3 Wikipedia

4.2 ブログ

4.2.1 ブログとは

ブログは、ウェブログともいい、ウェブ（Web）とログ（Log：記録）との造語です。ほかのさまざまな言葉同様に短縮されて、ブログといわれるようになりました。簡単にいえば、ウェブ上に公開する個人の日記です。個人ベースのコメントが、インターネットという巨大な通信網で、全世界へ瞬く間に発信できる、訴えかけられるようになったことは、驚くべきことです。もともと日記といえば、鍵がかけられるような普通は誰にも見せないようなごくプライベートなものが一般的なものでしたが、全世界が相手という破壊的発信力がブログにはあり、それがプライベートな内容であっても公開へのハードルを一気に押し下げたのかもしれません。自分を皆に知ってほしい、この世界に自分がいることを少しでも伝えたい、そんな気持ちや、こういう大切なことをぜひ皆に知ってもらいたい、誰かの助けになりたい、といった思いがブログ隆盛の原動力かも知れません。以前はほぼ心理学用語だった”承認欲求”という言葉も、今ではずいぶん広く知られるようになりました。一方で、何をどこまで載せるかはもちろん本人の考えですが、自分の日常行動を載せる場合は、関係する他者の情報まで漏れることに繋がりますので、書く内容には、責任と慎重さが最大限求められます。

ブログとしては、ヤフーブログやアメーバが有名です。また、ブログを作成し、公開している人のことをブロガーとよびますが、無名の一市民だけでなく逆に有名な世界的著名人も思い立ったらすぐブロガーになれるわけですから、世界規模で超有名ブロガーも誕生するわけです。

現在は、自分たちの体験を文字ではなく、動画、例えばユーチューブで公開する人々も増えました。これらの人々はユーチューバーとよばれ、インスタグラムで映像を公開する人々はインスタグラマー、ティックトックで映像を公開する人はティックトッカーとよばれるなど、自分や自分の周囲に関する体験や情報を公開する人が毎日続々と増えています。

4.3 電子掲示板

4.3.1 電子掲示板（BBS：Bulletin Board System）とは

駅の改札付近に設置されている鉄道利用者向けの掲示板を、皆さんも一度は見たことがあるかもしれません。そこには、路線の遅延情報や構内で発見された落とし物の告知、さらには待ち合わせのメッセージなどが書かれていたりしました。これとほぼ同じ機能をネットワーク上で果たしているのが電子掲示板といえます。すなわち、これを利用すれば、ウェブ上で自分の関心事についてのお知らせや記事、情報、また質問や意見を閲覧したり投稿をして、同じテーマに関心をもつユーザ同士で、ウェブ上で議論や情報共有ができるというわけです。ただしそこでは、多くの場合、質問や意見が匿名で交わされることが非常に多く、ネットでのコミュニケーション上、トラブルの発端になる可能性も指摘できます。とても残念ながら”炎上”という言葉もよく聞くようになりました。

（1）電子掲示板の利用と構造

電子掲示板において、話題やトピックごとのまとまりをスレッドといいます。また、既にあるスレッドの利用ではなく、新しく話題やトピックを起こすこと、すなわち、新たなスレッドをつくることを“スレ(ッド)を立てる”ということがあります。例えば、自分の関心がある内容のスレッドを立て、書き込みます。すると新しく立てられたスレッドを利用者が見つけ、そこへ不特定の人々から反応や回答があります。電子掲示板への投稿は、ハンドルネームや匿名による場合がほとんどです。しかし、虚偽の投稿をしたり、無責任な内容を書いたりすると、社会的にも法的にも責任を追及される場合がありますので、十分注意し、節度をもって責任ある利用を心がけることが非常に重要です。よく知られた電子掲示板としては、「textream」や「2 チャンネル」などがあります。

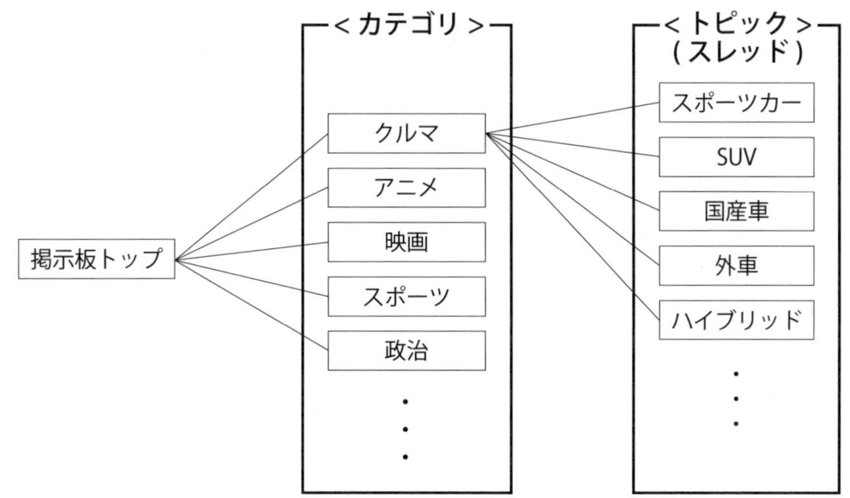

図 4-4 電子掲示板の階層構造

4.4 電子メール

4.4.1 電子メールとは

電子メールは e メールともよばれ、コンピュータネットワークを利用してデジタル表現された電子的な手紙を送受信するシステムです。今では非常に一般的になったので、単に「メール」とだけよばれることも多くなりました。

(1) メーラとウェブメール

電子メールを送信したり受信したりできるソフトウェアのことをメーラとよびます。メーラの場合、いったん届いたメールは PC 上に保存され、PC が立ち上がってさえいれば、ネットワークにつながっていなくても、保存メールをいつでも見られるようにしたり検索したりすることもできます。

表 4-1 あなたのメールはどちら？ メーラとウェブメールの比較

	どうやって始める?	どうやって利用?	メールの保管は?	携帯からの利用は?	例
メーラ	インターネット・プロバイダからメールアドレスを入手	PC にソフトをインストールして利用	PC の中	パソコン専用のソフトであり、携帯からは利用不可	・Windows Live メール ・Thunderbird (サンダーバード)
ウェブメール	簡単な無料会員登録をして利用開始	ブラウザでメールサービスのホームページを通じて利用	インターネットのコンピュータの中	ほとんどのウェブメールは携帯からでも利用可能	・Yahoo!メール ・Gmail(Google) ・Nifty メール

一方で最近は、このメーラを使わないで、ウェブブラウザで電子メールの送受信を行う、ウェブメールの利用が多くなってきました。これは、過去に見たメールをもう一度見る場合もメール検索する場合も、そのとき使っている機器がネットワークにつながっている必要があります。しかし、逆に有線でも無線（Wi-Fi）でも、ネットワークにつながっていさえすれば、PCでなくとも（すなわち、いわゆる"ケータイ"でもスマホでも）メールの送受信ができるので、ネットワーク環境に恵まれた現在では、便利に使えて利用者も増えているというわけです。メーラとウェブメールの特徴を、簡単に比較したのが先の表です。

（2）メールアドレス

手紙を送る際には相手の所番地が必要ですが、これに相当する、電子メールを送る際の宛先が、電子メールアドレス（あるいは簡単にアドレス）です。このアドレスは、次に示すように、@（アット）マークの前のユーザ ID（ユーザ名）と、@マークの後ろのドメイン名から構成されています。

なお、ドメイン名はさらに、メールサーバ名、組織名、組織種別、国名、に分かれます。特に組織種別は一定の決まりがあるので、その記号からアドレス先が何の組織なのかを推測することができます。例えば、「ac」は大学などの教育組織を意味します（academic に由来）。そのほか、いくつかをあげました。

ドメイン名にある組織種別と実際の組織の例

ne：日本のネットワーク提供者による、営利あるいは非営利のネットワークサービス。

go：日本の政府機関や省庁、行政法人など。

co：日本国内で登記を行っている商用の会社組織、信用組合など。

（3）電子メールとメールサーバ

次の図は、電子メールを送受信する仕組みの概略です。なお「SMTP」と「POP」とは、いずれもインターネット利用上取り決められたプロトコル（手続きという意味）のことです。

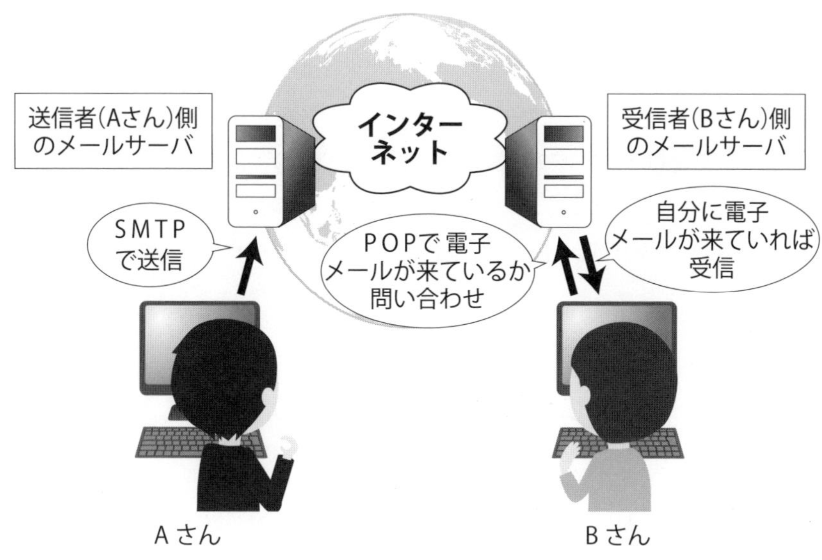

図4-5 電子メールを送受信する仕組み

（4）メールの構成

メールは、ある意味、紙の手紙と同じに考えた方が無難なことが少なくありません。これは、インターネット誕生の初期から使われているツールであることも関係しているかも知れません。作法を心得たユーザがすでに多くいる、ということです。新しく参加する人も、その作法にならった方が、お互いにやりとりがしやすいでしょう。

ヘッダの領域

＜メール冒頭の部分には、日付や送信元、送信先、件名などが表示されます＞

本文の領域

＜ヘッダの下が本文を書く領域になります。私たちが実際にメッセージを書く部分です＞

（ここから下は、メール本文です）

宛名

＜通常の手紙と同様に、○○様、□□先生、というように、宛名をしっかりと書きましょう＞

本文

＜先方へのメッセージを、書き言葉として注意しながら、
わかりやすく誠実に書きましょう＞

署名＜送信者が誰であるか、はっきりと書きましょう＞

（5）メールは行間を読む？

SNS の項目でまとめて述べますが、文章や小説、紙の手紙で起こるのと同じように、電子メールでも“行間を読む”ということが生じていると考えられます。つまり、人には、メールに言葉で書かれていること以上の内容を読み取ろうとする傾向があるということです。これは書き手側にも言えることで、実際に書いてあること以上の内容が相手に伝わってほしいと考える人もいるということです。そうしたことも含めて、よいメールコミュニケーションができるよう心がけましょう。

4.5 SNS（ソーシャルネットワーキングサービス）

4.5.1 SNS とは

SNS（ソーシャルネットワーキングサービス：Social Networking Service）とは、これまで述べたように、電子メールを除けば不特定多数の人同士の情報発信・受信、情報のやりとりを基盤としているインターネットの世界にあって、逆に参加者を絞り、特定のメンバーだけで（いわば特定少数）のネットワーク交流を目的としたサービスのことです。また、新しい仲間を見つけて新しいグループを構築することもできます。気心の知れたメンバー同士であるからこそ話したい、共有したい、といった体験記録や写真・ビデオのやり取りをしたいという希望によって成立しています。最近よく知られた SNS としては、Facebook（フェイスブック）、X（エックス；旧 Twitter（ツィッター））、Instagram（インスタグラム）、TikTok（ティックトック）などがあります。

表4-2 ソーシャルネットワーキングサービス

種 類	特 徴
LINE	2011 年リリース。 日本国内最大級の SNS。「友だち」という個々のグループユーザーとメッセージや無料電話をすることができる。メッセージの「既読」機能あり。「LINE@」「公式アカウント」で企業が生活者とのコミュニケーションも可能
Instagram	2010 年リリース。 写真・イラスト・動画といった視覚効果の高いビジュアルをメインコンテンツとした、世界規模のビジュアルメディア。全世界で 6 億人規模に拡大
Snapchat	2011 年リリース。 投稿したコンテンツが一定期間経つと消去されるのが大きな特徴。（最長 10 秒）写真加工のフィルター・レンズを用意
LinkedIn	2003 年リリース。 FB がプライベート系情報とすると、ビジネスユース（利用者がビジネスプロフィール作成）系情報の発信が多い。全世界で 5 億人超が登録

（1）SNSの特徴

多くのインターネットコミュニケーションでの特徴は、1 つにその匿名性にあります。このことによって、意見や考えの表現について自由度が高まったことは確かです。しかしその反面、攻撃的なやりとりや無責任な意見が絶えないことも事実として指摘できます。人は、自分の身元が安全に守られていると思うと、普段より、若干強い態度になりがちなのかもしれません。こうしたネガティブな側面の対処として、SNS は匿名性を潔くあきらめたシステムだともいえます。すなわち、コミュニティへの参加をすでに信用のあるほかの参加者からの招待制にしたり、参加者が自らの名前や職業など、自分がどのような人物であるかの登録と公開が必要となるような制度にすることによって、お互いに信頼性のある交流を実現することを目的としたものだということができます。

また、そこでの発信は、一定の信頼性のある人物からのものであるために、身元不詳の情報よりもはるかに影響力をもつ可能性があります。これが意図的に利用されると、例えばある物品の使用のコメントが実質的にその商品の宣伝と同じ、あるいはそれ以上の影響力をもってしまう可能性があり、こうした点も SNS では一層気をつけなければいけない点だといえます。

表 4-3　おもな SNS の特徴

	Facebook	X（旧 Twitter）	Instagram
公開タイプ	オープン型	オープン型	オープン型
実名／匿名	実名	匿名	匿名
投稿形態	テキスト＋画像	テキスト＋画像	おもに画像
リンクの投稿	可	可	不可
メッセージ送信	可	可	可

（2）LINEに行間はある？ ない？

ここでいう行間とは、“行間を読む”という表現がさす場合の“行間”です。電子メールの項でふれたように、文章や小説、手紙などで起きるのと同じように、電子メールでも“行間を読む”ということが生じていると考えられます。メールに書かれている文字情報のことしか受け取らない特徴を低コンテクスト、逆に、そこに言葉で書かれていること以上の内容を読み取ろうとする特徴、つまり行間を読む、あるいは読もうとする特徴を高コンテクストということがあります。なお、これは読み手としての高コンテクストと低コンテクストです。同じように、書き手としての高コンテクストと低コンテクストも指摘できるでしょう。つまり、同じことを書いても、必ずしもこちらが意図した通りに相手に伝わるとは限らない、ということです。電子メールより後発であるにも関わらず、また、文字数の自由度は電子メールよりはるかに低いにも関わらず、LINE に代表されるような、結果として字数を絞ったコミュニケーションが受け入れられる背景には、“行間を読む・読まない”という問題が入りにくい、字面の通りにしかならないので読み取るにも書くにも楽だ、ということが知らず知らずのうちに理由としてあるのかもしれません。

4.6 eラーニングとテレワーク

4.6.1 eラーニングとは

eラーニングは、教える者と学ぶ者とが遠く離れていても、インターネットやICT機器を駆使して、あたかも同一空間で学ぶような状況を可能とする教育方法です。いわばこの前身は通信教育ですが、従来の通信教育では不十分だった面を、ICTを用いて対面授業と同等の効果を得ようと、多くの教育関係者が取り組んでいます。

大学などにおいて、まだ多くの授業は対面方式で行われています。ただし文部科学省によれば、その一部を、あるいは条件を満たせばそのすべてを、デジタルメディアを活用した学習、すなわちeラーニングで行うことができます。

（1）eラーニングの種類

eラーニングはさまざまな特徴をもっていますが、ほかの教材や方式と比べた場合、その一部は、デジタル性とインタラクティブ性でとらえることができます。つまり、デジタル性とインタラクティブ性を高めたものがeラーニングの目指す方向であり、ちょうどそれと対照的な教材が従来からの書籍ということになります。ただし、優れた書籍は変わらず素晴らしい教材であり、授業の運営によって素晴らしい学習効果が望めるというところが教育というものの興味深いところです。

またこのほか、eラーニングのタイプは、ライブ型であるか授業録画型（オンデマンド型）であるか、参加に際しては集合型であるか分散（個別）型であるか、授業方式としては講義型であるかゼミ（演習、実習）型であるか、などの種類が分かれます。

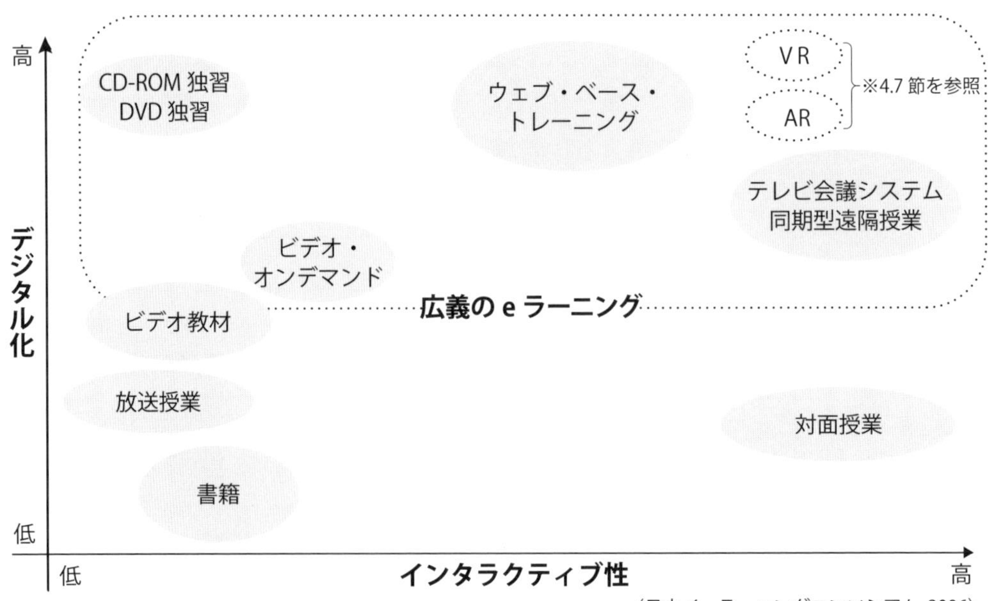

図4-6　eラーニング

（2）AI との組み合わせ

AI（人工知能）の機能を学習に取り入れようという取り組みは、すでに通常の授業の現場でも試行が始まっています。ただし授業がもともと e ラーニングの場合であれば、その組み込みのハードルは一気に低いものになるでしょう。

例えば、現在大学の授業の何パーセントかを英語などの外国語で行うことが薦められていますが、英語⇄日本語変換の AI を e ラーニングシステムに組み込んだらどうでしょう。翻訳 AI 搭載の e ラーニング空間、というわけです。リアルタイムで英語を話している先生の説明が、瞬時に日本語でも確かめることができ、また、自分が英語で何と発言すべきかが、日本語の発声を基に瞬時に英語に変換され、しかも、翻訳機械の音声ではなく自分の声でそれが伝わる、というような授業です。これは外国語だけではなく、高度な学術用語の多い専門授業などでも、また、まったく別の状況、例えば聴覚障がいの学生さんが文字変換 AI の助けをかりてノートテイクの負担を軽減できるなど、さまざまなシーンでの活用が期待できます。この発想を拡張すれば、将来、外国語で行われている地球の裏側の授業を、すばらしい臨場感をもって全世界で同時に受けられるようになる日も来るでしょう。しかもそれほど遠くない未来に。

（3）テレワーク

テレワークとは、インターネットやテレビ会議システムを利用して、会社から離れたオフィス（サテライトオフィスやリゾートオフィス）、あるいは自宅にいながら仕事ができるワークスタイルのことです。“テレ”は遠く離れた場所で、という意味で、仕事・働きという意味の“ワーク”と組み合わさった新語です。

e ラーニングは、インターネットやテレビ会議システムを利用して、離れた場所でも学習・研究（研修）できるシステムでしたが、例えば教育機関でこれが行われる際、これを受ける側で考えるとラーニング（学習）ですが、これを作る、実施する側からみると、ワーク（仕事）だとわかります。つまり、e ラーニングは、講師側から見ると、1 つのテレワークである可能性も指摘できるのです。

また、e ラーニングは場所だけでなく、時間も選ばない学習でした。しかしその一方で、ライブではない仕事はありえない、と思いがちです。ところが、オフィスのリアルタイムの出来事と多少時間差があっても成立する作業であれば（例えば文書の作成など）、ICT の発達で、オフィスで起こった出来事や流れを、後から遡って知るシステムも研究されており、これならばテレワークが可能です。オフィスの状況が、もし後から短時間で知ることができるようになれば、よりダイナミックなテレワーク構想が可能になるでしょう。

（4）未来の働き方としてのテレワーク

まだあまり普及した印象がないかもしれませんが、国が推進していることもあり、テレワークを取り入れようとする会社は徐々に増えています。労働人口の減少が懸念される日本の現状にあって、テレワークは大事な労働人口を確保する手段でもあるからです。例えば、育児のためにいったん退職したワーカが職場復帰する手段の 1 つとして、あるいはライフサイクルの変化によって在職中に親の介護が始まり、退職を余儀なくされた管理職ワーカが仕事を継続する手段として、テレワークは非常に有効な手段です。またそれに加え、近年、地震や台風などの自然災害対策や人為的な大規模災害、ウイルス性疾病の感染拡大を阻止する手立てとしてテレワークが推進される面もあります。すなわち、会社の運営機能が一局に集中していると、自然災害や疾病感染などでそこが被害を受けた場合、すぐに業務が立ち行かなくなってしまうので、その対策として、あらかじめ運営機能を分散させておくべき重要性が認識されるようになったのです。

こうしたことを考え合わせると、特に今の日本にとって、テレワークは未来の有望な働き方といえるかもしれません。

4.7 VR（バーチャルリアリティ）

4.7.1 VRとは

バーチャルリアリティ（Virtual Reality : VR）は、視覚、聴覚、体性感覚などを生じさせるさまざまな機器を用いて、本質的に現実と同じような体験を可能とする技術や発想です。現実と同じような体験、と記しましたが、現実世界には存在しない、あるいは不可能な状況をシミュレートできることもVRの凄さです。例えば、前者は戦前の日本の住居の再現であったり、後者はエベレストの頂上でビバークをするような体験です。

バーチャル、とは“物理的モノはないけれども、本質的・実質的にはあるのと同じ”といった意味です。そこで最近は、バーチャルリアリティを「實(じつ)現実」と訳すことや、「バーチャルリアリティ」は「バーチャルリアリティ」と記すことが多くなりました。

4.7.2 VRの機器

バーチャルリアリティは、さまざまな感覚に訴えかけて現実感を高めようとしていますので、機器もさまざまな感覚用のものが研究されています。

視覚のバーチャルリアリティ機器としては、ヘッドマウントディスプレイ（HMD）がよく知られています。このほかに3Dディスプレイや3Dプロジェクター、また大規模なものとしてはCAVE（図4-7参照）とよばれるシステムが以前からあります。しかし、近年の技術の発展によって、市場には一気にHMDが増加した状況です。価格も数年前と比べると、同程度のスペックのものが、10分の1、100分の1と考えられるものが少なくありません。ここで重要なことは、機器が入手しやすくなったことによって、バーチャルリアリティがパーソナルなものになったということであり、それが近年のバーチャルリアリティへの関心を高めているように見受けられます。

視覚のバーチャルリアリティの中心は、対象の立体感・立体視（3D表示）です。立体感は奥行き感覚ともよばれ、人間がこの世界を立体的にとらえるために備えた仕組みであり、VRはこれを逆に利用しています。奥行き感覚は、眼のレンズを調節するために筋肉が緊張する感覚「調節」、近くを見るときは右眼と左眼の視線が互いに寄り、遠くを見るときは互いに平行に近くなる「輻輳」、何かを見たとき、2 つの眼が離れているために右眼の網膜像と左眼の網膜像が異なる「両眼視差」などが重要な手掛かりとなります。このうち、視覚のバーチャルリアリティが利用しているのは、現状ほぼ 1 つのみで、両眼視差をいわば逆利用しています。つまり、わざと機械的に右眼と左眼に別々の CG 映像を見させて、頭の中で立体に感じさせようという仕組みです。

聴覚のバーチャルリアリティの中心は、ステレオ音像です。人の耳は 2 つあり、私たちはこれを役立てて、周囲のどの方向のどの辺りから音が聞こえてくるのかを感じ分けています。人が聴覚の立体感を得る手掛かりは、音が発生したときに、右側にあるものと左側にあるものとでは、左右の耳に音が届く時間に差が生じる「両耳間時間差」という現象と、音が届く際に生じる、左右の耳で異なった「音圧」（音の大きさ）などです。両耳に対するこうした音の時間差や音圧差を逆に利用して、つまり、機械的にわざとそうした差をつくりだして人の耳に提示することによって、対象があたかも自分の周囲のいろいろな位置にあるように感じさせることができるのです。

図 4-7　CAVE システム

（1）AR とは

VR と関連の強いものに、AR（Augmented Reality：拡張現実）があります。これは、背景が CG 映像ではなく、現実の風景であることが基本になります。例えば、現実のビルなどの実景に、それに関連したビルの名称や内部の商業施設の姿などが重ね合わされた映像が私たちに提示される、というような技術や活用方法です。このほか、まだ更地の地区に、計画中の建造物の姿を配置したり、大きさをシミュレートさせて見せたり、これから手術を受ける患者さんの処置部分に、あらかじめ手術部分を重ね合わせて見せ、オペチームが手術の進め方を確認するような活用方法が広まってきています。

（2）VRの活性化はコンテンツ次第

VR、AR 含めて、今はまだ技術が発展途上で、そのビジョン、活用のアイデアも限られたものですが、ICT の発達にともなって計り知れない発展が期待できるでしょう。こうした技術は、コンテンツやアイデアのよさが決め手なのです。図 4-8 は VR コンテンツの一例で、VR で聴覚の仕組みを説明するものです。

図 4-8　VR コンテンツ例。聴覚の VR コンテンツ

4.8 VR、AI、ロボットの連携

4.8.1 VR、AI、ロボット。そしてビッグデータ、メタバース

VR、AI、ロボット、IoT、ビッグデータ、メタバース。どれも最近頻繁に耳にするけれども、いまひとつその内容や関係性がわかりにくい言葉です。ここではそれらについて解説していきましょう。

（1）VRとAI

この章のｅラーニングの解説（特に 4.6.1 項（2））で、ｅラーニングと AI の結びつきについてふれました。ですから、もしｅラーニングでの教育機能を VR 空間という新しい世界で広げようと考えるならば、VR と AI の結びつきもまた、ごく自然に理解されるでしょう。しかし VR と AI の結びつきはこれだけにとどまりません。

例えば AI の正体は何かと考えると、要はコンピュータとプログラムであり、本来、決まった姿をもちません。しかし人間が AI とよりマルチなやり取り（文字のみでなく音声や画像など）を行おうとするのならば、AI が何らかの姿や声をもつ方がおそらく自然であり、その姿を具現化するのに最も適した舞台は VR 空間でしょう。また初めから完璧な AI というものはなく、ビッグデータや経験値を上げるためのシミュレーションも欠かせません。それらを行う場としても VR は適しているように考えられます。

（2）VR とロボット、IoT

皆さんはおそらく AI とロボットの関係は容易に理解できると思います。すなわち、ロボットの頭脳が AI、逆に言えば AI が物理的身体をもったものがロボット、というイメージが湧くからです。しかし VR とロボットの関係はどうでしょう。実は、VR とロボットの結びつきは最近のことではなく、初めからこの発想はあったのです。ロボットの活躍がまず期待される典型的な場面はどのような状況だと思いますか？　例えば、大きな災害で火災が生じたり危険な現場があちこちにできたときなど、生身の人間が入って行けないような場面ではないでしょうか。つまり、災害や特殊作業で、人がロボットを遠隔から操作しなければならないことがたくさん想定されるのです。そうしたケースを考えると、ロボットが見たり感じたりしたもの（つまり五感の情報）をその場にはいない人間に限りなくリアルに感じさせる必要があると考えると、それを実現する仕組みこそまさしく VR に他ならないということがわかります。またこの感覚の末端がロボットだけでなくあらゆる道具やツールで、災害ばかりでなく日常の生活の場面にも当てはまり、その伝達ルートがインターネットだとすると、それはまさに IoT（モノのインターネット）という考え方になります。

（3）メタバース、ビッグデータ

VR とメタバースは非常に密接な関係がありますが同一のものではなく、例えるならば、お互いは建物を構築するのと土地を整えるという関係に似ているかも知れません。また、メタバースが近年一気に注目を集めるようになったのは、ネットワークの発展によって、ビッグデータを扱うことが可能になったからです。

最近とてもよく耳にするビッグデータとは、3 つの特徴を備えています。すなわち、大容量、非常に頻繁な情報の更新、多岐にわたるデータの種類、です。皆さんはビッグデータが 1 番目の大容量を指すことはよくご存知でしょうが、2 番目にあげた情報の更新が非常に頻繁に行われることもとても大事なのです。これができるようになったがゆえに、最新の情報をほぼリアルタイムで入手し役立てることが可能になったからです。また 3 番目の多岐にわたるデータの種類とは、今まで主流だった文字ベースの情報だけでなく、音声や画像・動画などのとても容量を消費するデータも扱えるようになったことを意味します。探している商品の情報が、画像でわかりやすく見られるようになったことや、音楽や動画の配信が盛んになり、さまざまな作品や映画などがずいぶん気軽に視聴できるようになったことを、皆さんもインターネットを利用しながら実感しているのではないでしょうか。

ビッグデータ

2000 年代中ごろからビッグデータ時代と称されるようになったが、このビッグデータは単に量が大きいというだけでなく、次のような 3 つの V で表される特徴をもつ。

①**Volume**（データ量）：
量の多さ・大きさ

②**Velocity**（速度／更新頻度）：
データの生成・収集・分析の速度、頻度が高い

③**Variety**（多様性）：
構造化データだけでなく、テキスト／画像・映像／音声／センサー情報等の多様な非構造化データも含む

ギガ ⟶ テラ（1,000 ギガ）
ペタ（1,000 テラ） ⟶ エクサ（1,000 ペタ）

例えば SNS では、ほんの数秒ごとで何百万ものツイートや投稿が更新される

第5章

レポート作成法

「レポート」とは、森羅万象（天地間に存在する万物や、あらゆる現象。宇宙間のありとあらゆる事物：『大修館四字熟語辞典』より）に対する調査や研究などを経た、客観的な報告や考察（書き手の考え）などを述べた文書のことです。また、レポートの目的は、書き手以外の第三者が確認可能な客観的な事実を根拠として、書き手が主張を行い、読み手を共感させ納得させることにあります。

本章では、大学生にはどのようなレポート（または、論文）が求められるのか、レポートに使用する語句、一文一義について、参考文献の入手方法、参考文献の提示法、引用の仕方、図表の活用について説明を行い、大学生として必要最低限のレポート作成法をまとめます。

5.1 大学生に求められるレポート

5.1.1 大学生に求められるレポートとは

大学生のみなさんに求められる「レポート」とはどのようなものでしょうか。例えば、みなさんが、小学校、中学校、高等学校で書いたことのある「作文」と「レポート」や「論文」はどのように違うのでしょうか。

図5-1に示すように、「作文」は書き手自身の経験やそのとき感じたことを書いた、書き手自身の出来事や感想が中心の文章で構成されたものです。これに対して、「レポート」や「論文」は、あるテーマに関して、「問い」を立て、それについて客観的根拠をもとに主張を展開し、立てた「問い」に対して最終的に「答え」を述べる文章で構成されたものです。

岡田(1991, p.9)は、「論文は『問い』に対する『答え』としての、自分の『考え』をのべる文である」と明確に定義しています。大学生に求められるレポートもこの定義と全く同等のものが求められます。

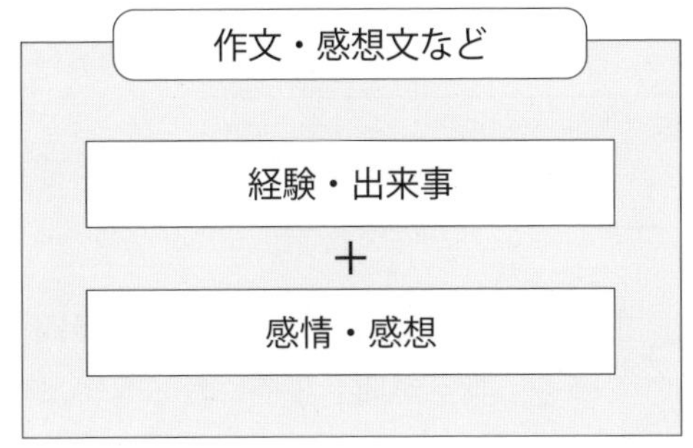

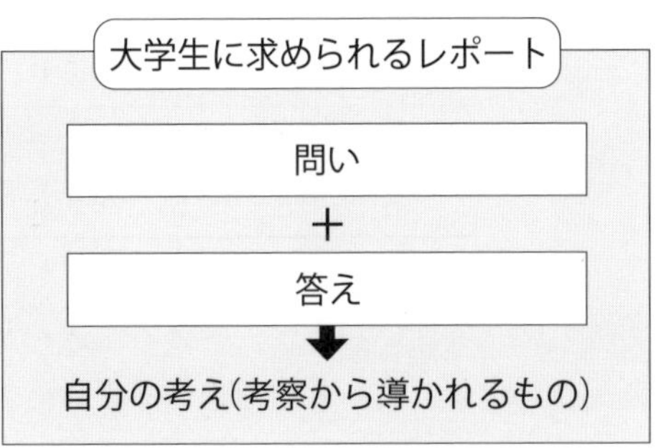

図5-1 大学生に求められるレポート

5.1.2 レポートの種類

大学生のみなさんは、授業でレポート形式の宿題が課されることが多いでしょう。一言でレポートといっても、目的や内容によっていくつかの種類に分類されます。表5-1にレポートの種類を示します。

表5-1 レポートの種類

種　類	目　的（内　容）
説明型	授業やテキストの内容を理解したかどうか説明する
報告型	実習での成果を報告する
実証型	実験や調査の結果に基づき実証する
論証型	与えられたテーマについて論証する
ブックレポート	与えられた本を講読し、内容の要約や著者の主張、論点をまとめたり、意見・感想を述べたりする
タームペーパー	「学期レポート」で、その学期の集大成として、学期末に科目ごとに提出するレポート

本書では、「論証型レポート」の作成方法について解説します。

5.1.3 論証型レポートの三要素

論証型レポートには、表5-2に示すような三要素が必要です。

表5-2 論証型レポートに必要な三要素

三要素の種　類	内　容
論　点	テーマに対して自分なりの視点から問題提起を行い、問いの形式で示す （例）・・・・・とはどのようなことか。
主　張	提起した問題に対する答え （例）つまり、・・・・・である。
根　拠	主張の正しさを示す内容 （例）なぜならば、・・・・・だからだ。

ここでいう「問い」とは、答えることを前提とし、書き手が立てるもので、単なる「疑問」とは異なります。ネットで検索してすぐに答えが出るものや、誰もが同じ説明になるものは論文の「問い」ではありません。大学生に求められるレポートは、問いを立てるために「論点」

を示し、問いに対する答えとしての「主張」を行い、読み手を共感させ納得させたりするために、主張の正しさを示す「根拠」を示す必要があるのです。大学生には「論点」、「主張」、「根拠」についての文章を書いたレポートが求められます。

5.1.4 レポート作成の手順

レポート作成の手順について確認しましょう。ここでは、大学1年次から2年次の学部レベルの学生に対し、レポートの課題文や大テーマが与えられた場合の作成手順について、以下の順番で概要を説明します。

① 課題文や大テーマについて情報を集め、基礎知識を得る
② 課題文や大テーマに関して「問い」を立て、独自のテーマ・キーワードを設定する
③「問い」を解決するための情報を集める
④ レポートの構成とアウトラインを考える
⑤ 執筆する
⑥ 推敲、校正する

（1）課題文や大テーマについて情報を集め、基礎知識を得る

大テーマとして課題文が課された場合は、これを繰り返し何度も読み込み、基礎知識を得るようにしましょう。また、課題文中の頻出用語を手掛かりにして、関連する資料は可能な限り収集しておくとよいでしょう。この頻出用語のなかには、のちに「キーワード」となるものも含まれているはずです。これらの関連資料は、実際にレポートを書く段階で主張を裏付けるための根拠資料としての引用・参考文献となります。

（2）課題文や大テーマに関して「問い」を立て、独自のテーマ・キーワードを設定する

上記の段階で基礎知識を得ながら、興味をもった事柄や疑問点がいくつか浮かび上がってくるでしょう。これらのなかから与えられたテーマと関連する独自のテーマとしての「問い」とそのキーワードを設定しましょう。

（3）「問い」を解決するための情報を集める

みなさんは、情報収集をする場合、パソコンやスマートフォンのWebブラウザを使用して、Yahoo!やGoogleなどから、インターネットにある情報を検索する場合が多いでしょう。しかし、Yahoo!やGoogleなどでは検索できない情報もあるのです。インターネット上の情報だけが情報ではありません。まずは、大学の図書館を利用しましょう。大学の図書館は、教育・研究に必要な図書資料・情報を収集し、整理・保存して、学生・教職員のために提供しています。通常、図書館は、利用者の学習・調査研究に必要な資料・情報の収集を支援するため、レファレンスサービスを行っていますので、情報検索についてアドバイスをもらうのもよいでしょう。

（4）レポートの構成とアウトラインを考える

論証型のレポートの構成は、表 5-3 に示すように、「序論」、「本論」、「結論」の三部構成となります。

表 5-3　論証型レポートの構成

構成要素	内　容
序　論	テーマの導入、問題の提示、方法の提示、本文展開の予告をする
本　論	問題に対して、客観的事実（根拠）を提示しながら議論を展開し、結論（自分の主張）を導き出す
結　論	問いに対しての解答。本論の要約と結論。結論では本論で展開した結論と異なる結論は提示しない

作文を書く場合、「起承転結」の構成がよく利用されます。論証型レポートでは、「起承転結」の「転」にあたる部分がない、三部構成になると考えればよいでしょう。また、書き手の主張に対する反対意見を「本論」に含めて記述することもあります。

論証型レポートのアウトラインは、構成要素の「序論」、「本論」、「結論」を意識しながら、「・・・・・とはどのようなことか」（論点）、「つまり、・・・・・である」（主張）、「なぜならば、・・・・・だからだ」（根拠）のように書き出してまとめます。

（5）執筆する

書き出したアウトラインを基にして、テーマに関する「論点」、「主張」、「根拠」を「序論」、「本論」、「結論」の構成で書きます。作文や感想文の要素である感想や心情について書くことは不要です。それから、自分の言葉を使って文を書きましょう。他人の書いた文をそのまま使用することは絶対にやってはいけません。他人の文を使用する場合は正しく引用し、自分の文と他人の文を分けて書くことが必要です。参考文献の利用については、「5.5 参考文献の提示法」、引用の方法については、「5.6 引用の仕方」を参照してください。

（6）推敲、校正する

「推敲」とは字句や表現をよく練ったり練り直したりすることです。推敲することにより、論理の展開や文章のわかりやすさをチェックします。「校正」とは誤字や脱字を正したり、文章の表記のゆれなどをチェックしたりすることです。校正を行う場合、推敲段階で行う論理や構成はすでにチェックされている必要があります。

推敲は客観的な視点から文章を読み直すことが必要です。そのために、書き終わったらすぐに読み直すのではなく、しばらく時間をおいてから、自分自身で音読してみましょう。あるいは、友人に読んでもらい、感じたことを指摘してもらうのもよいでしょう。

ワープロソフトを使って文章を作成する場合は、文字の「誤変換」に注意することが必要です。誤変換はコンピュータのディスプレイ上では気づきにくい場合があるため、紙に印刷してからチェックしたほうがよい場合があります。ワープロソフトに組み込まれている校正用ツールと、紙に印刷したものを人の目でチェックする方法を組み合わせれば、校正作業の精度がより高くなると考えられます。

5.2 レポートに使用する語句

5.2.1 レポートの体裁

レポートを作成する際に要求される体裁について確認しましょう。ここでいう「体裁」とは、大学生が書く学術的な文章らしさを示す最低限の様式や形式、あるいは型のようなものだと考えてください。

（1）書き言葉で書く

作文の場合は、みなさんが日常的に使用している「話し言葉」で書くこともありますが、レポートは「書き言葉」で書く必要があります。表5-4に「話し言葉」の例と、それぞれに対応する「書き言葉」の例を示します。

表5-4 話し言葉と書き言葉の例

話し言葉の例	書き言葉の例
だって	なぜなら・なぜならば・なんとなれば
じゃないか	ではないか・ではないだろうか
けど・だけど・でも	だが・しかし
なので・だから	よって・したがって

なお、話し言葉と書き言葉については、「5.2.3 レポートに適さない言葉」の「(4)話し言葉」も参照してください。

（2）文体は「である」調で統一する

レポートの文章は文末が「である」、「であろう」の「である」調で統一しましょう。引用部分以外は「です・ます」調を使用しないようにしましょう。また、「です・ます」調と「である」調が混在していないこともしっかりと確認しましょう。

（3）固有名詞の表記

固有名詞など表記は、終始一貫して統一しましょう。

(例)「スマホ」・「スマートフォン」、「コンピュータ」・「コンピューター」、「プリンタ」・「プリンター」、「携帯」・「ケータイ」など。

（4）一人称の表記

一人称は「私」、「俺」、「僕」、「自分」などではなく「筆者」と書くようにしましょう。

（5）数字・年号・アルファベット

横書きの場合、数字・年号の表記は半角アラビア数字を用います。また、アルファベットは半角を使用しましょう。なお、慣用的な語、または数量的な意味が薄い語は、漢数字を用いるようにしましょう。

（例）

「1280×1024 ピクセル」、「2045 年問題」、「SVGA」、「一般的」、「二等辺三角形」、「四面楚歌」、「五里霧中」、「七転び八起き」など。

（6）漢字とかなの書き分け

接続詞・副詞・指示語は、ひらがなで書くようにしましょう。

（例）

- 接続詞　：　「然し」→「しかし」、「従って」→「したがって」
- 副詞　　：　「既に」→「すでに」
- 指示語　：　「此の」→「この」、「其の」→「その」、「或る」→「ある」

「とき・こと・もの」を形式的に表現するときはひらがなを使用しましょう。

（例）「～する時」→「～するとき」、「～する事」→「～すること」

（7）アラビア数字と漢数字の書き分け

横書きにおける、アラビア数字と漢数字の書き分けについての基本ルールは、

> 任意の自然数が入る場合はアラビア数字を用い、任意の自然数が入らず、一、二、三などに限って使う場合や慣用句の場合には漢数字を使用する。

となります。

（例）

- 本図書館は 65536 枚のアナログレコードを所蔵している。（65536 は任意の自然数である）
- 一人前の技術を身に付けた。（一は任意の自然数ではない。二人前とは言わない）
- 三人寄れば文殊の知恵（慣用句）

なお、任意の自然数が入るけれども、実際には一、二、三程度であることが多い場合は、どちらを用いてもかまいません。ただし、レポートの中では統一した表記にしましょう。

（例）

- 「第一に～」、「第二に～」は 3 つ程度であれば、漢数字を用いてもよい。
- 「第 1 に～」、「第二に～」と 1 つのレポートの中で混在しない。

（8）記号

日本語には、さまざまな用途の記号があります。例えば、句点「。」・読点「、」・ピリオド「.」、カンマ「,」などです。ここでは、レポート作成に必要な最小限の記号とその用途を表 5-5 に示します。

表 5-5 記号

種類	用途
句点“。”	文末を示す
読点“、”	意味のまとまりの単位で文を区切る
ピリオド“．”	文末を示す。おもに横書きの文に用いられる場合がある
カンマ“，”	文を区切る。おもに横書きの文に用いられる場合がある
中黒“・”	語句を並列に並べる
スラッシュ“／”	列挙する語句に複数の候補があり、そのいずれも選んでよいことを示す
かぎかっこ“「」”	他の著作からの引用や論文名を示す場合に用いる 意味の強調や特殊な意味を加えたりする場合に用いる 一般的な読み手に馴染みのないと思われる語句を使用する場合に用いる
二重かぎかっこ“『』”	書名を示す場合に用いる かぎかっこの中のかぎかっことして用いる

語句を列挙する場合の区切りとして、読点「、」（またはカンマ「,」）、中黒「・」を使用します。列挙する語句の順番が重要である場合は読点（あるいはカンマ）を、列挙する語句の順番を入れ替えてもかまわない場合は中黒を用います。

（例）

・レポートは序論、本論、結論の順で書く。（読点の使用で正しい）

・レポートは序論・本論・結論の順で書く。（中黒の使用は正しくない）

・レポートは序論・本論・結論に分解できる。（中黒の使用で正しい）

スラッシュ「／」は、2 つの候補があり、そのいずれかを選ぶことを示す場合と、その両方を選ぶことを示す場合があります。つまり、「または」と「および」の両方の意味で用いられます。どちらの意味で読み取るかは前後の文脈を解釈する必要があります。

（例）

・ノートパソコン／タブレット PC のいずれかを購入する必要がある。（「または」の意味）

・ノートパソコン／タブレット PC の両方を購入しよう。（「および」の意味）

なお、メールやSNSなどを利用して友人同士で文章のやり取りする場合は、疑問符「？」や感嘆符「！」などの記号を用いて、感情や感嘆を表現することがあります。しかし、レポートを作成する場合は、使用しないようにしましょう。ただし、引用する文や文章の中に「？」や「！」が含まれる場合はこの限りではありません。このような場合は正確に「？」や「！」を記述して引用するようにします。

5.2.2 レポートに使用する動詞

レポートは「書き言葉」で書く必要があります。さらに、レポートに使用する動詞については、レポートに適したものを選んで書く必要があります。

石黒圭（2012, p.111）は、「論文における六種類の重要動詞」として、「表 10　論文の重要動詞一覧」に「目的」、「引用」、「調査」、「結果」、「考察」、「結論」の6種類をあげています（表5-6）。

表5-6 論文の重要動詞一覧

論文の構成	おもな動詞
① 目的（スル形）	述べる、論じる、扱う、議論する、報告する、紹介する、明らかにする、示す、主張する、提案する
② 引用（シテイル形）	①「目的」の動詞の「シテイル」形、指摘する、言及する、触れる、引用する、紹介する、挙げる、参照する
③ 調査（シタ形）	調べる、調査する、分析する、検討する、実験する、測定する、観察する、記録する、収集する、使用する
④ 結果（シタ形）	わかる、明らかになる、見られる、現れる
⑤ 考察（スル形）	思われる、考えられる、見られる、言える
⑥ 結論（シタ形）	①「目的」の動詞の「シタ」形

石黒圭（2012）、『この一冊できちんと書ける！　論文・レポートの基本』日本実業出版社より引用

①の「目的」では、論文の目的について、どのようなテーマについて「述べる」のか、「論じる」のか、「報告する」のか、などを宣言します。

②の「引用」は、文献調査などで先行研究の紹介をする場合に、書き手以外の誰かが「述べている」とか、「指摘している」などのように「シテイル」形で使用します。

③の「調査」については、実際に書き手が行ったことについて、「調べた」や「分析した」などのように「シタ」形で使用します。

④「結果」では、調査・分析・実験などの結果わかった内容について、「わかった」や「明らかになった」のように「シタ」形で記述します。

⑤「考察」は、上記の結果に至った何らかの理由や原因について、考え至った内容について

「思われる」や「考えられる」などのように記述します。

最後に⑥の「結論」では、「目的」で述べた内容について「シタ」形で述べます。例えば、「目的」で「スル」形で使用した動詞を「述べた」、「論じた」、「報告した」、「明らかにした」などのように「シタ」形で記述します。

レポート作成に適した動詞については、このような表を参照したり、講義のテキストなどを利用したりして、日常的に学術的な文章に触れておくとよいでしょう。

5.2.3 レポートに適さない言葉

レポートに適さない言葉として、オノマトペ、略語、敬意表現、話し言葉について説明します。

（1）オノマトペ

オノマトペとは擬声語や擬態語を示す語です。例えば、「ざあざあ」、「ごろごろ」、「ぶんぶん」などの擬声語や、「きらきら」、「ぴかぴか」、「つるつる」などの擬態語を示します。オノマトペはレポート作成に適していません。また、「はっきり」、「しっかり」、「きちんと」、なども可能な限り使用しないようにしましょう。

（2）略語

「CPU」、「ICT」、「GPU」などの略語については、レポートに適さないということではなく、説明なしに使用することは避けましょう。最初に使用するときにカッコ書きや脚注などで説明するようにしましょう。説明したあとは、略語のままで構いません。

（例）

・CPU（Central Processing Unit）

・ICT（Information and Communication Technology）

・GPU（Graphical Processing Unit）

（3）敬意表現

大学生が卒業論文を執筆する際、ゼミでお世話になっている先生の論文を引用する場合、「櫻井先生は以下のように述べておられる」や「櫻井先生方は以下のように結論付けられておられる」などと敬意を込めて書きたくなってしまうかもしれません。また、「杉本様の善意により、アンケート調査をさせて頂いた」などと感謝の気持ちを込めたくなるかもしれません。しかし、レポート作成では、敬意を含む表現は適しておりません。日頃からお世話になっている先生でも、思いっきり呼び捨てで書きましょう。

（例）

・櫻井は以下のように述べている。

・櫻井らは以下のように結論付けている。

・アンケート調査を実施した。

（４）話し言葉

日常会話で使用する話し言葉は、レポートには適していないものがあります。レポートは書き言葉で書く必要があることは、すでに説明した通りですが、これについては、石黒圭（2012, p.127）がまとめた大変わかりやすい表がありますので、以下に引用します。

表 5-7 論文では避けたい話し言葉の例

	話し言葉		書き言葉	話し言葉		書き言葉
接続助詞	から	→	ので	したら	→	すれば
	して	→	し（適用中止法）	のに	→	にもかかわらず
	しないで	→	せずに	けど	→	が
副　詞	全然	→	まったく	一番	→	もっとも
	多分	→	おそらく	ちっとも	→	少しも
	絶対	→	かならず	もっと	→	さらに
接続詞	だから	→	そのため	けど	→	だが
	それから	→	また	だって	→	なぜなら
	でも	→	しかし	じゃあ	→	では

石黒圭（2012)、『この一冊できちんと書ける！　論文・レポートの基本』日本実業出版社より引用

上の表で「話し言葉」の欄を見ると、ごく普通に日常的に使用している「接続助詞」「副詞」「接続詞」があることがわかりますね。日常会話は「話し言葉」モードで、レポートなどの論文を書くときは「書き言葉」モードでというように、モード・チェンジを行えばよいわけです。しっかりと覚えて習慣づけるようにしましょう。

5.2.4 レポートに効果的な接続表現

接続詞を活用して、文節と文節をつないだり、文と文をつないだりすることにより、効果的に書き手の主張を導入することができます。以下の表で、接続表現に使用される接続詞をまとめます。

表 5-8 接続詞の機能と接続詞の例

接続詞の機能	接続詞の例
順接	そこで　だから　したがって　そのため　すると
逆説	しかし　だが　ところが　けれども
並列・添加	また　そして　さらに
説明・補足	つまり　すなわち　たとえば　なお　ただし
対比・選択	むしろ　あるいは　もしくは　または　一方
転換	さて　ところで　では　それでは

例えば、以下のように接続表現を用いることで、書き手の主張を自然に展開することができます。

① 一般的な常識や先行研究の内容を紹介する。
②「しかし」⇒ 一般的な常識や先行研究で採り上げられていない事例を紹介する。
③「そこで・では・それでは」⇒ 書き手の主張を述べる。

なお、論理的な流れを整理するために、

① まず
② つぎに
③ また・そして・さらに

などを活用すると効果的です。

5.3 一文一義について

5.3.1 一文一義とは

一文一義とは、1つの文に1つの意味や内容を記述することを示します。文は誰が読んでも書き手の意図した意味や内容が伝わる必要があります。例えば、長くて複数の意味や内容が含まれる文は、句点「。」で複数の文に分けたり、読点「、」で複数の節に分けたりなどして、一文一義になるように工夫するとよいでしょう。逆に、短すぎる文の場合は、読み手に意味や内容が伝わらず2通りの意味や内容が含まれる「一文二義」になることもあります。このような場合は、前後に文を追加する必要があるでしょう。「一義」の範囲は書き手が決めることになりますが、誰が読んでも意味や内容が伝わるように、書き手は常に一文一義を心がける必要があります。

短文だけでは、その文の前後関係が不明なため、読み手に一文二義として伝わる場合があります。

（例）

①「誰よりもコンピュータを愛している。」

（意味1）

コンピュータ愛好家のなかで私が一番コンピュータを愛しているという意味。

（意味2）

私はどの人間に対する愛よりもコンピュータへの愛が勝っているという意味。

②「キーボードで遊ばないでください。」

（意味1）

コンピュータの入力装置のキーボードで遊ばないでくださいという意味。

（意味2）

楽器のキーボードで遊ばないでくださいという意味。

③「はやくタッチタイピングできるように、毎日練習します。」

（意味１）

タッチタイピングで速く文章入力ができるように、毎日練習しますという意味。

（意味２）

現在タッチタイピングはできないが、早くできるように毎日練習しますという意味。

④「彼は微笑みながらスマートフォンを覗いている彼女を黙って見ていた。」

（意味１）

微笑みながら彼は、スマートフォンを覗いている彼女を黙って見ていたという意味。

（意味２）

微笑みながらスマートフォンを覗いている彼女を、彼は黙って見ていたという意味。

5.3.2 思考の単位

一文を「思考の単位」とすると、読み手にわかりやすい文章となります。そのためには、文を作りながら、句点「。」を早く付けるようにするといいでしょう。句点を早く付けることで、一つの文の中に複数のさまざまな事柄を書くことを避けることにつながります。

前述したように、どこからどこまでを「一義」とするかは書き手の判断となります。書き手は、読み手側がどこからどこまでが「一義」となっていたらわかりやすい文章なのかを判断することになります。

5.3.3「一文一義」に書き直す方法

一文が長く「一文一義」になっていない長い文は、つぎのような【手順１】～【手順３】で短くすることが可能です。

【手順１】:　思考の単位ごとに文を分ける。

【手順２】:　接続詞などを入れ、加筆・修正する。

【手順３】:　必要な場合は、補足の文を追加する。

（例）

つぎの文を「一文一義」の文章に書き直しなさい。

18 歳人口の減少とそれに伴う入試制度の改革を背景に、大学に入学してくる学生のそれまでの学習履歴が多様化してきており、授業内容を十分に理解する準備ができていない学生が多数在籍する大学が増加しており、そのため、入学前学習の制度を取り入れている大学も多く、大学での教育を成立させるために、新入生に対する客観的な基礎学力を測定し、リメディアル教育を実施する必要がある。

【手順１】思考の単位ごとに文を分ける

18 歳人口の減少とそれに伴う入試制度の改革を背景に、／大学に入学してくる学生のそれまでの学習履歴が多様化してきており、／授業内容を十分に理解する準備ができていない学生が多数在籍する大学が増加しており、／そのため、入学前学習の制度を取り入れている大学も多く、／大学での教育を成立させるために、／新入生に対する客観的な基礎学力を測定し、／リメディアル教育を実施する必要がある。

【手順２】接続詞などを入れ、加筆・修正する

近年、18 歳人口の減少とそれに伴う入試制度の改革を背景に、／大学に入学してくる学生のそれまでの学習履歴が多様化してきて~~おり、~~いる。／その結果、授業内容を十分に理解する準備ができていない学生が多数在籍する大学が増加して~~おり、~~きた。／そのため、入学前学習の制度を取り入れている大学も多~~く、~~い。大学での教育を成立させるために、／新入生に対する客観的な基礎学力を測定し、／リメディアル教育を実施する必要がある。

【手順３】必要な場合は、論理的に不要な文を除く、あるいは補足の文を追加する

近年、18 歳人口の減少とそれに伴う入試制度の改革を背景に、／大学に入学してくる学生のそれまでの学習履歴が多様化してきている。／その結果、授業内容を十分に理解する準備ができていない学生が多数在籍する大学が増加してきた。／~~そのため、入学前学習の制度を取り入れている大学も多い。~~／大学での教育を成立させるために、／新入生に対する客観的な基礎学力を測定し、一定の水準に達していない場合はリメディアル教育を実施する必要がある。

（完成）

近年、18 歳人口の減少とそれに伴う入試制度の改革を背景に、大学に入学してくる学生のそれまでの学習履歴が多様化してきている。その結果、授業内容を十分に理解する準備ができていない学生が多数在籍する大学が増加してきた。大学での教育を成立させるために、新入生に対する客観的な基礎学力を測定し、一定の水準に達していない場合はリメディアル教育を実施する必要がある。

このように一文を「思考の単位」とすることによって、「一文一義」の文章が作成され、「わかりやすい」段落構成につながっていきます。さらに、わかりやすい段落構成のレポートは読み手の理解をうながし、書き手が伝えたい内容が伝わりやすいレポートとなります。

5.4 参考文献の入手方法

「5.1.4 レポート作成の手順」で述べた手順のうち、前半から中盤（①課題文や大テーマについて情報を集め、基礎知識を得る、②課題文や大テーマに関して「問い」を立て、独自のテーマ・キーワードを設定する、③「問い」を解決するための情報を集める）にかけては、参考文献を入手し、これらを読み込んでいくことが仕事となります。このために必要な参考文献の入手方法について説明します。

5.4.1 基礎知識を得るための参考文献を入手する【ステップ1】

「①課題文や大テーマについて情報を集め、基礎知識を得る」段階での参考文献の入手方法について説明します。課題文が課されている場合は、その課題文を繰り返し何度も読み込み、基礎知識を得るようにしましょう。そのためには、課題文中の用語、特に頻出用語を十分に理解しておく必要があります。用語の意味を調べる場合、何を使って調べるかは異なってきます。例えば、時事問題に関する用語は、現代用語辞典などを活用するとよいでしょう。また、人工知能やビッグデータなど専門的な用語やキーワードについては、関連する分野の専門事典などを活用するとよいでしょう。

課題文が課されておらず、大テーマだけ与えられている場合は、自分自身で情報源にアクセスして、そのテーマに関する概要や基本的な知識などを得る必要があります。例えば、関連する分野の入門書や解説書などを読むとよいでしょう。

課題文が課されているかいないかに関わらず、一般的な知識を得たい場合は、百科事典で調べることも有効です。事典や辞典は体系的に編纂されており、学術的な信頼性が高くなっています。事典や辞典はインターネットから利用できるWeb版もあります。Web版の事典や辞典は冊子体と比べて、複数の事典・辞典をまとめて検索できること、全文検索機能や多様なリンク機能があること、最新情報も反映されやすいなどの特徴があり、効率よく知識を得ることができます。このように、最初の段階で事典や辞典から情報を得ることで、土台となる基礎知識をある程度固めてから、他の情報源にあたっていくとよいでしょう。

何を調べればよいかわからない場合は、インターネットの検索エンジンを活用してみましょう。ただし、インターネットの情報は、学術的に信頼できるものもあれば、そうでないものもあります。Web情報を使う場合は、情報の出所やいつの時点での情報なのかなどの情報の信頼性を確認したうえで用いる必要があります。例えば、国内のWebサイトであれば、URLアドレスが go.jp の政府機関や各省庁所管の研究所、特殊法人、独立行政法人からの情報を利用するとよいでしょう。表5-9に基本知識を得るための参考文献等についてまとめます。

表 5-9　基本知識を得るための参考文献等

調べたい内容	参考文献等
一般的な知識	百科事典（冊子体・Web 版）
時事問題	現代用語辞典（冊子体・Web 版）
専門用語・専門的内容	関係する分野の専門事典
特定分野の基礎知識	関連する分野の入門書・解説書
よくわからない	インターネットの検索エンジンを活用（ただし、情報の信頼性を要確認）

「情報検索の手引き」『名桜大学附属図書館ホームページ』を参照して作成した。

5.4.2 「問い」を立て、独自のテーマ・キーワードを設定する【ステップ2】

大テーマについての基礎知識を得て、課題文中の用語が理解できたら、つぎは「問い」を立てて、独自のテーマやキーワードを具体的に設定する段階です。この段階では、つぎの【ステップ 3】で使用するキーワードを立てることになります。与えられた大テーマや課題文について、どのような観点から捉えるか、あるいは、どのような断面から「問い」を立てるのかを明確にして、テーマを設定しキーワードを決めます。

まず、これまでに入手した情報に基づいて、キーワードを 4〜5 つ程度決めましょう。すでにキーワードが提示されている場合はこの作業は省略できます。

キーワード選択のコツとしては、類義語、関連語を活用する方法があります。「類義語」とは、語形は異なっていても意味の似かよった 2 つ以上の語のことを示します。「関連語」とは、ある語と関連した用語や言葉のことです。これらを活用すれば、特定のテーマについて網羅的な検索を行うことができる場合があります。

（例）

類義語：

大型コンピュータ、汎用コンピュータ、メインフレーム、ホストコンピュータ

関連語：

インターネット、イントラネット、WWW、TCP/IP、インターネットサービスプロバイダ

網羅的検索の例：

「ビッグデータ」　⇒　「ビッグデータ処理」、「ビッグデータ分析」、「ビッグデータ活用」

なお、2 つ以上の単語が組み合わさって 1 つの単語になっているものを複合語といいます。設定したキーワードが複合語になっている場合は、検索漏れを防ぐために、適宜に単語を切り分けて検索することが必要な場合もあります。

（例）　「自然言語処理プログラム」　⇒　「自然言語処理」と「言語処理プログラム」

一般的に、上位概念の語を「上位語」、下位概念の語を「下位語」といいます。広い概念で幅広い検索を行いたいときは上位語のキーワードを、特定のテーマに絞り込んだ検索を行いたいときは下位語のキーワードを使って検索するとよいでしょう。

（例）　上位語　⇒　下位語

「教育」⇒「e ラーニング」⇒「ディスタンスラーニング」⇒「Web ラーニング」

テーマ設定の際は、単に一方向を目指して絞り込んでいくだけではなく、反対に少しだけ範囲を広げたり、場合によっては、異なる観点や断面からテーマを絞り込んだりするといった、柔軟な姿勢も必要です。

なかなか独自のテーマが定まらない場合は、「ブレーン・ストーミング」という、手法を試してもよいでしょう。ブレーン・ストーミング（Brain Storming）とは、他人の意見を聞いてそれに触発されることにより新しいキーワードを連想したり、他人の意見に自分のアイディアを加えて新しい意見として述べたりしながら、新しいアイディアを生み出す手法です。例えば、同じレポートを課された仲間を集めて、2 人から 5 人程度のグループで行ってもよいでしょう。ブレーン・ストーミングでは、以下のようなルールがあります。

- **批判をしないこと**

  ブレーン・ストーミング中は、他人の意見を批判することは禁止事項です。批判があると良いアイディアが出にくくなると考えられるからです。

- **自由な発想で行うこと**

  思いついた考えをどんどん言うことがルールです。こんなことを言ったらバカにされたりはしないかなどとは考えずに、思いっきり自由な気持ちで行いましょう。

- **質より量を重視すること**

  ブレーン・ストーミングは質よりも量を重要視します。あれこれと考えず、できるだけ多くのアイディアを出すことが必要です。

ブレーン・ストーミングのやり方はさまざまな方法があります。詳細はみなさんで調べてみてください。

5.4.3「問い」を解決するための参考文献を入手する【ステップ3】

「問い」を立て、独自のテーマやキーワードが具体的になったら、「問い」を解決するための参考文献を探します。参考文献となるものは、図書、雑誌、新聞、Web 情報など、さまざまな種類のメディアがあります。参考文献を探すときはメディアの種類に応じて、情報検索ツールを使い分けて、キーワードを入力する必要があります。

「5.1.4 レポート作成の手順」で、「問い」を解決するための情報を集めるときに、大学の図書館の利用を推奨しました。そこで述べたように、通常、図書館は、利用者の学習・調査研究に必要な資料・情報の収集を支援するため、つぎのようなレファレンスサービスを行っています。

一般的に図書館の蔵書は、OPAC（オーパック；Online Public Access Catalog）とよばれるオンラインの蔵書目録があり、インターネット経由で検索できるようになっています。参考文献のうち、一般的な図書については、この OPAC を利用して検索することになります。

つぎに、大学の図書館で契約しているデータベースについて説明します。雑誌記事の検索については、「MAGAZINE PLUS」など雑誌記事情報や学会年報情報が検索できるデータベースを契約している場合があります。また、新聞・雑誌記事の横断検索サービスとして「G-Search セレクト」があります。このデータベースは、朝日・読売・毎日・産経・日刊工業新聞の 5 つの全国紙と専門紙の記事検索が可能です。さらに、学生・教職員が学術論文などを検索できるように、「JDreamⅢ」や「Academic Search Elite」などのデータベース・電子ジャーナルを契約している場合もあります。これらのデータベースは学内の端末などからインターネット経由でアクセスし、雑誌や新聞記事、学術論文などの検索ができます。タイトル・著者名・出版者・発行年月などの書誌情報だけではなく、全文の閲覧が可能な場合もあります。学生が利用する場合、利用申請などの手続きが必要な場合もありますので、自分で図書館に問い合わせてみましょう。

なお、無料で雑誌記事の検索ができるデータベースサービスとして、CiNii（サイニィ；Citation Information by NII）がお薦めです。CiNii は「CiNii Articles」（日本国内の学協会学術雑誌・大学紀要など）、「CiNii Books」（おもに日本国内の大学図書館などの蔵書の書誌情報・所蔵情報）、「CiNii Dissertations」（日本国内の博士論文・学術論文）の 3 つのデータベースから構成されており、学生も利用しやすいデータベースサービスとなっています。表 5-10 にメディアの種類による情報検索ツールをまとめます。

表 5-10 メディアの種類による情報検索ツール

メディアの種類	情報検索ツール
図書	各図書館で一般に公開している OPAC、CiNii
雑誌	各図書館で契約しているデータベース： MAGAZINE PLUS、JDreamⅢ、Academic Search Elite、CiNii（無料）など
新聞	各図書館で契約しているデータベース： G-Search セレクトなど
Web 情報	Yahoo!、Google などインターネットの検索エンジンを活用（ただし、情報の信頼性を要確認）

以上のように、レファレンスサービスを活用し、【ステップ 2】でリストアップしたキーワードにより、参考文献の書誌情報を入手します。参考文献を見つけたら、すぐにその書誌情報をリストとしてまとめておきましょう。そうすれば、レポートを書くときに、リストの体裁を整えるだけで、参考文献リストにすることができます。書誌情報の詳細については、「5.5 参考

文献の提示法」で説明します。

さて、書誌情報リストを使って、目的の参考文献がどこにあるのかを調べます。まず、学術論文などはインターネット上での公開も増えているため、そのようなWebサイトがないかインターネットでチェックしましょう。つぎに、学内の図書館で入手できるかどうかを確認しましょう。インターネット上でも公開されておらず、学内の図書館でも入手できない場合は、国内の他機関の所蔵を調査することになります。

通常、図書館はILL（Interlibrary Loan）という図書館間の資料相互利用のサービスがあります。低価格の料金で、国立国会図書館をはじめ、全国の図書館において、図書の相互貸出や雑誌記事などの複写サービスが可能です。料金は少しかかりますが、このILLの活用も有効な方法でしょう。

5.5 参考文献の提示法

5.5.1 参考文献を示す必要性

なぜ、レポートや論文を書く場合に、参考文献を示すことが必要なのでしょうか。この理由について、考えてみましょう。

まず、学術論文では記載されている内容が「自分の意見」なのか「他人の意見」なのか、さらには、「自分の発見した情報」なのか「他人の発見した情報」なのかについて、厳密に区別する必要があるからです。このように、記載内容を厳密に区別することで、学術論文で議論されているテーマ背景が明確になり、論文著者の主張が読み手に正確に伝わることになります。

つぎに、学術論文では「反証可能性」の確保の必要性があるからです。「反証」とは、論文の読者が当該論文による著者の主張内容を確認することです。反証可能性とは、読み手の反証する行為の可能性を当該論文そのものが有していることをいいます。反証可能性を確保するために、論文の著者は参考文献リストに使った資料をすべてあげる必要があります。

5.5.2 書誌情報とは

書誌情報とは、参考文献のタイトル・著者名・出版者・発行年月など、その参考文献に固有の項目群のことです。これらの項目により、ほかの参考文献から識別され、当該参考文献を特定することができるようになっています。書誌情報は、図書・雑誌・新聞・Web情報など、メディアの種類によって記述形式が異なります。それぞれの書誌情報の形式により、例えば特定の参考文献が単行本なのか雑誌なのか、メディアを判別することができます。つまり、どの情報検索ツールを利用すればよいか判断することができます。

レポートや論文を書く場合、文中で参照・引用した参考文献は、典拠としてその書誌情報を明記しなければならないというルールがあります。書誌情報の書き方にはさまざまなスタイルがあります。どのスタイルで書くことが求められているのかを確認し、それにしたがって書くことが重要です。

5.5.3 MHRA スタイルによる参考文献の示し方

参考文献の書誌情報の示し方にはさまざまなスタイルがあります。例えば、

MHRA (Modern Humanities Research Association)
MLA (Modern Language Association of America)
APA (American Psychological Association)
IEEE (Institute of Electrical and Electronics Engineers)
Chicago 書式 (The Chicago Manual of Style)

などです。一般的に、論文を執筆するときは、どのようなスタイルが求められているかを投稿規定などを参照し確認する必要があります。ここでは、MHRA スタイルについて説明します。

MHRA スタイルによる参考文献リストは著者の姓にしたがって、五十音順、あるいはアルファベット順に並べます。書誌情報は、図書・雑誌・新聞・Web 情報など、メディアの種類によって記述形式が異なりますので、メディアごとの具体的な書き方について、以下に説明します。

（1）単行本の場合【基本】

著者名、『書名』、出版場所、出版社名、発行年

（例）

坂村健『痛快！コンピュータ学』(集英社，2002)

佐渡島紗織，吉野亜矢子『これから研究を書くひとのためのガイドブック―ライティングの挑戦 15 週間』(2008、ひつじ書房)

鈴木昇，榎本立雄，佐久本功達，倉持浩司，杉本雅彦，石原学『基礎から学ぶパソコンリテラシー』(東京教学社，1999)

（ポイント）

・区切りは、「,」（カンマ）や「、」（読点）のどちらか一方に統一する。
・書名を『　』で囲む。
・出版社名と出版年を「,」または「、」で区切って（　）で囲む。
・各文献の 2 行目以降は全角 2 文字程度字下げして書く。
※日本語の単行本の場合は、出版場所を書かない場合が多い。

（2）単行本（翻訳書）の場合

著者名、（原語著者名）、『書名』、翻訳者名、出版社名、発行年

（例）

クリフォード・ストール（Stoll, Clifford）『インターネットはからっぽの洞窟』倉骨彰訳，（草思社，1997）

（ポイント）

・著者名をクリフォード（名）・ストール（姓）の順で書く。
・（　）の中に Stoll, Clifford と原語で姓、名の順で書く。
・参考文献リストは「姓」の読みにしたがって、五十音順に並べる。

（3）雑誌中の論文

著者名、「論文名」、『雑誌名』、巻号数、発行年、開始頁-終了頁.

（例）

佐久本功達，杉本雅彦，櫻井広幸，石原学，杉本和隆，志方泰「パソコン会議システムを利用した不登校生徒に対する情報教育の試み」『科学教育研究』24.4(2000)，226-239.

（ポイント）

・論文名を「　」で囲む。
・雑誌名を『　』で囲む。
・巻号数は、「巻数．号数」のように「.」（ピリオド）で区切って表記する。
・出版年を（　）で囲む。
・開始頁と終了頁を「○－○」の形式で書く。学術雑誌以外の論文は、「pp.○－○」の形式で書く。
・最後に「.」（ピリオド）を書く。
・著者が3人以上いる場合は、筆頭著者の後に「他」と書いて省略することが可能。

（例）

佐久本功達他「パソコン会議システムを利用した不登校生徒に対する情報教育の試み」『科学教育研究』24.4(2000)，226-239.

・MHRA スタイルでは、論文のリストは題名で並べる（日本語：五十音順、外国語：アルファベット順）。

（4）新聞記事

著者名、「タイトル」、『新聞名』、発行年月日、朝刊／夕刊、掲載面.

（例）

坂口彩子「楚洲でクイナ9割減　275→29羽 野犬増加が原因か」『琉球新報』2017年4月11日朝刊，p.1.

（ポイント）

・タイトルを「　」で囲む。

・新聞名を『　』で囲む。

・記事掲載面を「p.○」の形式で書く。

（5）Web 上の記事

著者名、「ページのタイトル」、『サイト名』、最終更新日、サイト運営者（サイト名・著者名と同一でない場合）、〈URL アドレス〉、［閲覧日］

（例）

柴田由紀子「情報検索の基本とデータベース はじめてのアカデミック・スキルズ―10 分講義シリーズ―」『慶應義塾大学教養研究センター』，〈http://lib-arts.hc.keio.ac.jp/education/culture/academic.php〉［2019年1月12日閲覧］

「情報検索の手引き」『名桜大学附属図書館ホームページ』，〈https://www.meio-u.ac.jp/library/guide/〉［2019年1月12日閲覧］

（ポイント）

・ページのタイトルを「　」で囲む。

・サイト名を『　』で囲む。

・URL アドレスを〈　〉で囲む。

・最終閲覧日を［○年○月○日閲覧］の形式で書く。

5.5.4 出典情報の示し方

レポート本文と参考文献リストをリンクさせて、出典情報を示します。ここでは、「著者年方式」とよばれる方法を説明します。著者年方式とは、参考文献の書誌情報の一部をレポート本文中に書いて、参考文献リストを参照することにより、さらに詳しい情報にアクセスすることができるようになっている方式です。

（例） 使用する参考文献：

坂村健『痛快！コンピュータ学』（集英社，2002）

① レポート本文中で著者名を明示している場合：

・・・・・。これについて、坂村健によれば「TRONプロジェクトは、コンピュータのあるべき姿を世界に提案するという志から誕生」したという報告がある（2002，p.315）。・・・・・

② レポート本文中で著者名を明示していない場合：

・・・・・。これについて、「TRONプロジェクトは、コンピュータのあるべき姿を世界に提案するという志から誕生した」という報告がある（坂村2002，p.315）。・・・・・

（ポイント）

・レポート本文中に参考文献を参照した直後に書誌情報を（　）で囲って書く。

・原則、書誌情報として、著者名、発行年、頁を書く。

なお、同一著者の参考文献を2冊以上参照する場合は、発行年の後に小文字アルファベット（a、b、c、・・・）を添えて、参考文献リストとのリンクを明確にします。

（例） 使用する参考文献：

クリフォード・ストール（Stoll，Clifford）『カッコウはコンピュータに卵を産む（上）』池央耿訳，（草思社，1991a）

クリフォード・ストール（Stoll，Clifford）『カッコウはコンピュータに卵を産む（下）』池央耿訳，（草思社，1991b）

① レポート本文中で著者名を明示している場合：

・・・・・。これについて、クリフォード・ストール（1991b，p.162）はUNIXの暗号化プログラムがハッカーらにどのように利用されたか詳細に考察している。つまり、・・・・

② レポート本文中で著者名を明示していない場合：

・・・・・。たとえば、世界中に報道された有名な国際ハッカー事件がある。この事件は、コンピュータの使用料金が75セント足りないことから発覚した（Stoll 1991a，p.10）。・・・

上記の例の①のように、著者名のすぐ直後に書き込む方式もあります。読み手にわかりやすいと思われる方式を選択すればよいでしょう。

5.6 引用の仕方

5.6.1 引用とは

引用とは、明鏡国語辞典（第二版（電子辞書版））によれば「自説を証明したり物事を詳しく説明したりするために、他人の文章・他の説・故事などを引いてくること」とあります（北原保雄編, 2010)。つまり、ほかの人が書いた文献の中の文章をそのまま、あるいは要約して書き写し、自分のレポートの文章として取り込むことをいいます。そのまま引用することを「直接引用」、要約して引用することを「間接引用」といいます。引用したときには、どの著者の、どの文献の、どの文章を参照したのかを示す必要があります。

引用の目的は、①主張の支持と強化、②具体例の提示、③これまでの視点を変更する、などです。また、「5.5.1 参考文献を示す必要性」でも述べたように、引用する場合、レポートの内容が「自分の意見」なのか「他人の意見」なのか、さらには、「自分の発見した情報」なのか「他人の発見した情報」なのかが明確になるようにします。この節では比較的利用しやすい、直接引用の方法について説明します。

5.6.2 直接引用の仕方

直接引用する場合は、引用先の参考文献から文章を一字一句正確に引用符「　」で囲って引用します。ただし、引用される文章中に「　」が含まれている場合は、引用符の中で『　』に置き換えます。縦書きの文章を横書きの文章として引用するときに、漢数字が入っていれば、アラビア数字に変換して引用することが可能で、その逆も可能です。

引用する文章の量によって、引用の仕方が異なります。引用対象が 3 行以下の文章であれば直接、レポート本文中に引用符「　」で囲んで引用します。3 行を超える文章を引用する場合は、引用符は使用せず、段落としてひとかたまりの形式で引用します。

引用する場面での文章の流れは、おおよそ以下のようになります。

① どのような目的（主張の支持や強化、具体例の提示、視点を変える）で引用するのかを読み手にわかるように簡潔に述べる。
② 引用する参考文献の著者を明示する。
③ 引用する。(3 行以内なら引用符「　」で囲む。3 行以上なら段落形式で引用)
④ 書誌情報として著者名、発行年、記載頁を明示する。
⑤ 引用後、まず引用部分のポイントをまとめる。
⑥ 引用部分のキーワードを読み手に示しながら議論を展開し、引用の目的を達成する。

（例） 使用する参考文献：

ビクター・マイヤー＝ショーンベルガー（Mayer-Schongerger, Viktor), ケネス・キクエ（Cukier, Kenneth)『ビッグデータの正体　情報産業革命が世界のすべてを変える』斎藤栄一郎訳,（講談社, 2013)

① 引用対象の文章が3行以下の場合：

> ・・・・・。ところで、企業はビッグデータをどのように扱っているのだろうか。マイヤー＝ショーンベルガーは「どういう価値を提供する企業かによって3つのタイプに大別できる。データ型、スキル型、アイデア型だ」と述べている（Mayer-Schongerger, Cukier 2013, p.190）。このように、マイヤー＝ショーンベルガーはビッグデータ企業の3タイプを挙げている。そこで、我が国の企業についてもこの3タイプに分類できるか考察する。国内では、・・・・

② 引用対象の文章が3行以上の場合：

> 近年、Google 翻訳の精度が高まってきている。これはビッグデータ活用の成功事例の一つと考える。これについて、マイヤー＝ショーンベルガー（2013）は Google がビッグデータをどのよう活用して Google 翻訳を構築していったか、つぎのように説明している。
>
> > グーグルが用意したのは、きちんと翻訳された2ヵ国語の資料ではなく、乱雑ではなるが、はるかに大量のデータの集合だった。なにしろ世界規模に広がるインターネット全体を資料にしてしまったのだ。／それだけではない。手に入る翻訳は手当たり次第に利用してコンピュータを鍛えた。<u>複数言語に対応する企業ウェブサイト、正確な翻訳が用意された公文書、国連や欧州委員会などの国際機関による報告書も例外ではない。</u>同社の書籍スキャンプロジェクトで入手した翻訳も取り込んだ。（下線は筆者）（p.64）
>
> このように、Google は Google 翻訳を構築するために、インターネット全体に止まらず、可能な限りありとあらゆる種類のデータをビッグデータとして利用した。この作業は現在も継続中であり翻訳精度のさらなる向上が期待される。

（ポイント）

・段落形式で引用する場合、段落の前後は一行空ける。
・引用全体を3文字程度字下げする。
・引用箇所が2つの段落にまたがる場合は「／」（スラッシュ）でつなぐ。
・引用箇所を強調するために、下線を引くこともできる。

5.7 図表の活用

図（チャート図、グラフ）や表は、データを整理・統合し、書き手が伝えたい情報を印象的に伝えることができる非常に有効なツールです。この節では、図表を作成する場合の注意点と参考文献から図表を引用する場合の注意点について確認したあと、図表を活用した議論の進め方について説明します。

5. 7. 1 チャート図の作成

チャート図は、例えばレポートの導入部分において、書き手が読み手に伝えたい概要などを説明するときに効果的です。システム構成図などがその例です。一般的なオフィス系のアプリケーションソフトを使用し、インターネットから入手できる無料素材を活用することで、安価で比較的短時間で作成することができます。

（例）

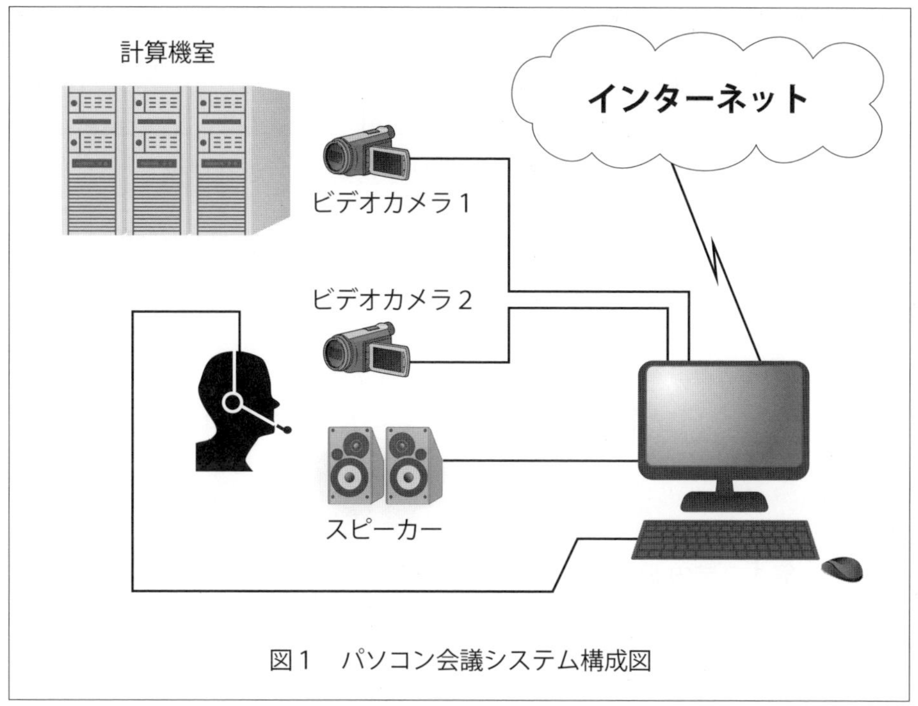

図 1　パソコン会議システム構成図

図 5-2 チャート図の例

図のタイトル（キャプション）は図の下に配置します。

5. 7. 2 表の作成

表は、アンケート調査の集計結果や観測値などのさまざまなデータを、行と列に配列したテーブルです。特に、数値を示すことが重要な場合に表を作成することになります。表も図と同じくオフィス系のアプリケーションソフトで作成することができますが、一般的に以下のような注意点があります。

① 可能な限り縦線を引かないこと。(データによっては縦線を引いた方がよい場合もある)
② 数値は桁をそろえること。
③ 数値の単位は項目に記すこと。
④ 表のタイトルは表の上に配置すること。

（例）改善前：

no.	種　類	件　数	比　率(%)	累積比率(%)
1	ポジティブな感想	102	37.4	37.4
2	出席の書き込み	69	25.3	62.6
3	ネガティブな感想	56	20.5	83.2
4	教員からのコメント	18	6.6	89.7
5	今後の決意	17	6.2	96.0
6	その他	5	1.8	97.8
7	演習の進め方への提案	3	1.1	98.9
8	他人のコメントに対する意見	2	0.7	99.6
9	内容に対する質問	1	0.4	100.0
	合計	273	100	—

表１　学内SNSの書き込み内容種類別集計　（表作成例）

※佐久本功達他（2011），「高等教育におけるSNS活用方法についての検討」『名桜大学紀要』より引用した。

改善を要する点：

・縦線が入っていること → 縦線を消す

・表のタイトルが表の下に配置されていること → タイトルは表の上に配置する

（例）改善後：

表１　学内SNSの書き込み内容種類別集計　（表作成例）

no.	種　類	件　数	比　率(%)	累積比率(%)
1	ポジティブな感想	102	37.4	37.4
2	出席の書き込み	69	25.3	62.6
3	ネガティブな感想	56	20.5	83.2
4	教員からのコメント	18	6.6	89.7
5	今後の決意	17	6.2	96.0
6	その他	5	1.8	97.8
7	演習の進め方への提案	3	1.1	98.9
8	他人のコメントに対する意見	2	0.7	99.6
9	内容に対する質問	1	0.4	100.0
	合計	273	100	—

※佐久本功達他（2011），「高等教育におけるSNS活用方法についての検討」『名桜大学紀要』より引用した。

5.7.3 グラフの作成

グラフは、表と同様に調査の集計結果や観測値などのさまざまなデータの傾向や差について、視覚的に印象づけて表現することができます。グラフはおもに以下のような種類があり、伝えたい内容により、グラフの種類を選択する必要があります。

（1）折れ線グラフ

特に時系列の変化を示したい場合に使用します。

（2）棒グラフ

量の変化を示したい場合に使用します。時系列の変化を示したい場合も使用できます。

（例） 折れ線グラフと棒グラフを１つのグラフに示した例です。

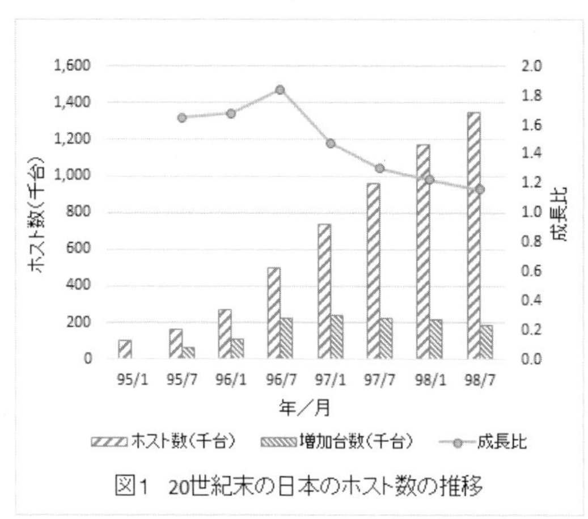

図 5-3 折れ線グラフと棒グラフの例

※鈴木昇他（1999），『基礎から学ぶパソコンリテラシー』．東京教学社より引用した。

（3）散布図

２つの量の関係性を示したい場合に使用します。

（例）

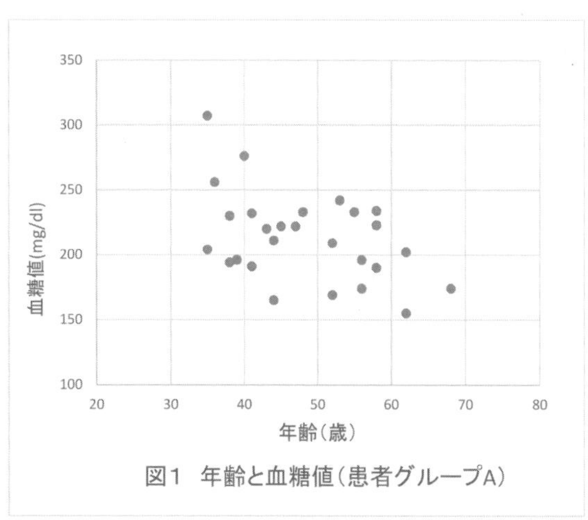

図 5-4 散布図の例

※石村貞夫他（2009），『よくわかる医療・看護のための統計入門　第２版』．東京図書のデータを筆者がグラフ化した。

（４）帯グラフ

複数の量の割合の差を示したい場合に使用します。

（例）

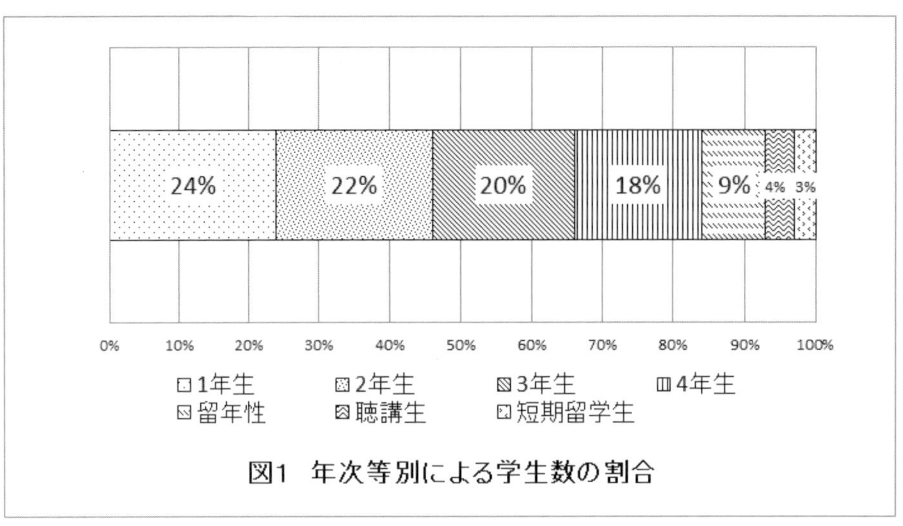

図 5-5　帯グラフの例

（５）円グラフ

複数の量の割合の差を示したい場合に使用します。

（例）

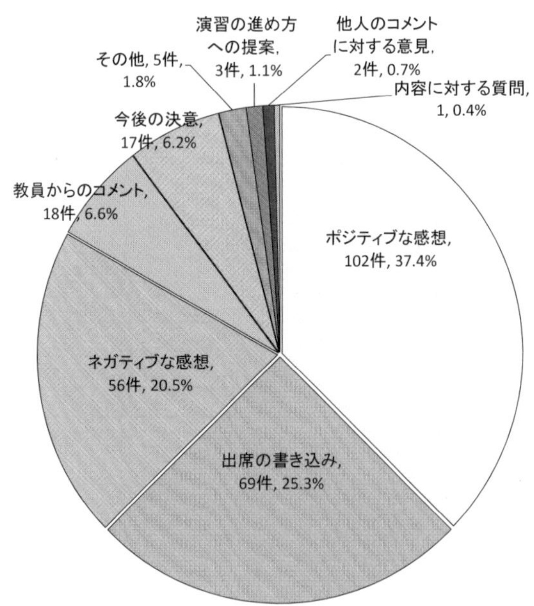

図 5-6　学内 SNS の書き込み内容種類別集計の割合（円グラフの例）

※佐久本功達他（2011），「高等教育における SNS 活用方法についての検討」『名桜大学紀要』より引用した。

（6）レーダーチャート

複数の量やその割合を比較したい場合に使用します。

（例）

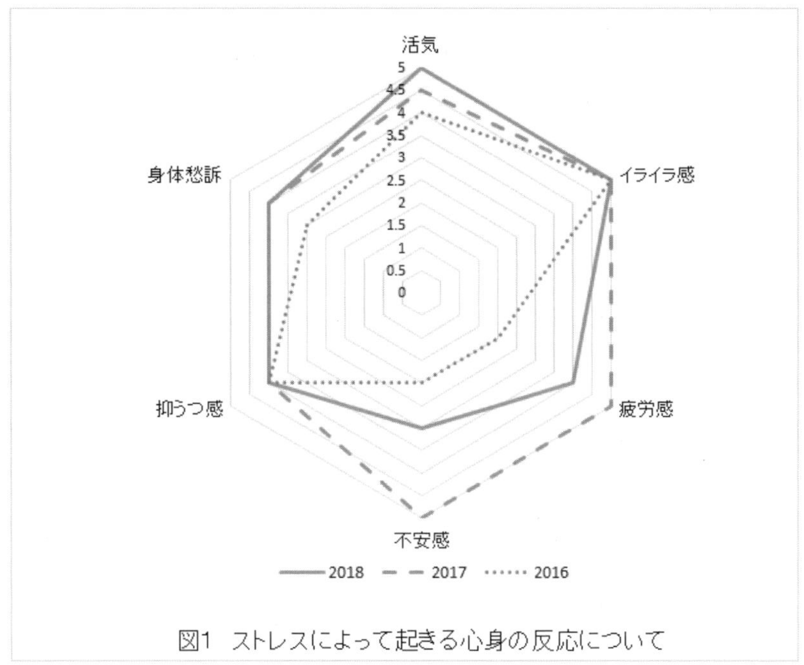

図 5-7 レーダーチャートの例

グラフはオフィス系のアプリケーションソフトを使用すれば、メニューのクリック操作でほぼ自動的に作成することができます。ただし、すでに表が作成されているか、データが表形式で入力されている必要があります。また、以下の点について注意して作成しましょう。

① 縦軸と横軸のタイトルと単位を示すこと。
② 凡例を示して、グラフが何を示しているか明示すること。
③ グラフのタイトルは内容が伝わるようにつけること。
④ グラフのタイトルはグラフの下に配置すること。
⑤ 本文による説明がなくても、読み手に内容が伝わるように作成すること。
⑥ 特に必要がない場合は、カラーを避けること。モノクロでコピーしても読み手に伝わるような図が望ましい。

5.7.4 図表の引用

図や表は作成者に著作権があります。参考文献から図表を引用する場合は、出典元を明確に記すようにしましょう。また、参考文献のデータから自分で作成した図表である場合は、その旨を明示しましょう。

5.7.5 図表を活用した議論の進め方

図表を活用した議論の進め方は、「5.6.2 直接引用の仕方」で説明した文章引用による議論の流れが参考になります。

図表を活用する場面での文章の流れは、おおよそ以下のようになります。

① どのような目的（主張の支持や強化、具体例の提示、視点を変える）で図表を引用するのかを読み手にわかるように簡潔に述べる。

② 図表を引用する。

③ 参考文献から引用する場合は出典元を明示する。

④ 引用後、具体的に図表の解説を行う。

⑤ 特に強調したい数字などを読み手に示しながら議論を展開し、引用の目的を達成する。

（例）

本演習では学生間の協調学習を学生自らが促すことを期待し、教員は受講生全員に対して、毎週授業終了直前に、質問、感想、コメントを必ず学内 SNS 掲示板に書き込むように指示を行った。この SNS 掲示板に書き込まれた内容について分析し、9 種類に分類した。図 1 に SNS 掲示板の内容種類別集計の割合をグラフで示す。

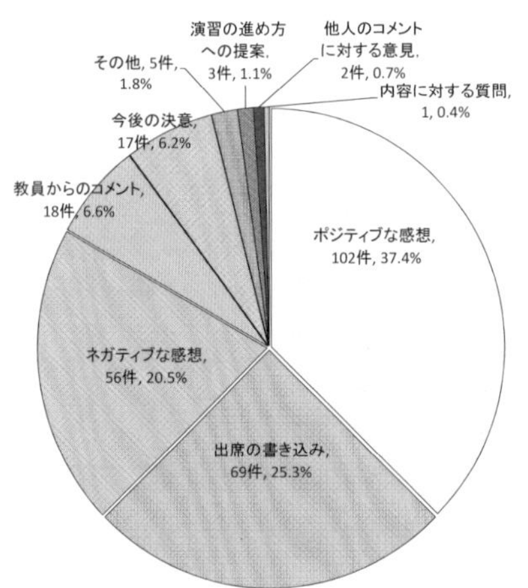

図1　学内 SNS の書き込み内容種類別集計の割合

図 1 より、「ポジティブな感想（37.4%）」、「出席の書き込み（25.3%）」、「ネガティブな感想（20.5%）」で 80%を超えることがわかる。これに対し、教員が期待していた「他人のコメントに対する意見（0.7%）」、「内容に対する質問（0.4%）」、は両方合わせても 1 %程度であった。このことから、SNS を学習支援システムとして活用し、学生間で協調学習が行われ、学習効果を上げるためには、教員側が授業設計の段階から学生間の協調学習を促すような仕組みを構築する必要があることがわかる。

5.8 レポート作成とWebページ作成

今日の社会は国際化や多様化をさらに加速させており、インターネット上に魅力的なサイトを構築するために、Webページ作成に関する基礎知識が個人でも組織でも、またどの分野においても重要となっています。また、優れたサイトは、明確なテーマをもったコンテンツ（文章、表、図）で読みやすく構成されており、日々訪れるユーザに対し有意義な情報を提供しています。このWebページにおける「明確なテーマ」や「読みやすい構成」というのは、これまで学んできたレポート作成法と無関係ではありません。

この節では、学生のみなさんがWebページを作成するときに、レポート作成法で学んだ内容を連携し活用することを目標に、「セマンティクス」という概念について説明します。

5.8.1 セマンティクスとは

セマンティクス（semantics）という英単語は「意味」や「意味論」と訳されます。プログラミング言語やマークアップ言語などのコンピュータ言語の分野で、あるデータやコードでプログラマーが表そうとした意味や意図、内容のことをセマンティクスとよぶことがあります。Webページ作成用のマークアップ言語、HTML（HyperText Markup Language）では「マークアップした内容が何を意味するのかを明確にすること」であり、「意味付け」ともよびます。

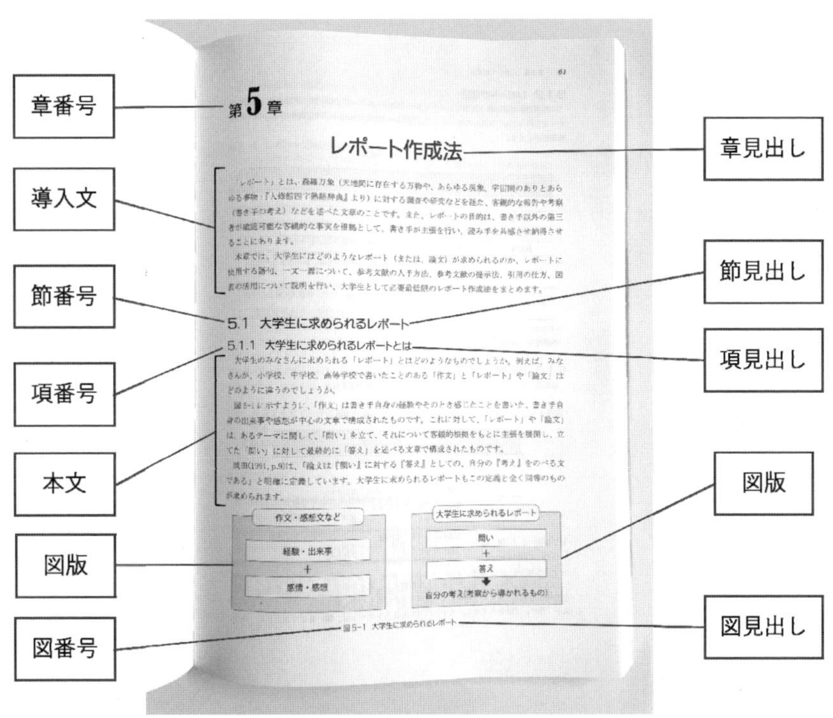

図 5-8 読者に伝わる暗黙のルールの例

図 5-8 に示したように、読者が本を読む場合、「章番号」、「章見出し」、「導入文」、「節番号」、「節見出し」、「本文」、「図版」、「図番号」、「図見出し」など、どの部分が何を意味しているのか「暗黙のルール」により理解することができます。ところが、コンピュータにはこの「暗黙のルール」を理解することができないため、どの部分が何を意味しているのかわかりません。そのため、HTML で記述された内容をコンピュータが理解するためには、どの箇所が見出しなのか本文なのかをセマンティクスによるHTMLタグのマークアップにより意味付けがなされる仕組みになっています。

5.8.2 HTMLタグによる意味付け

それでは、HTML タグによりどのように意味付けされるのか実際に見てみましょう。

図 5-9 の左側は HTML 文書を、右側は左側の HTML 文書を Web ブラウザで閲覧した状態を示しています。左右で HTML 文書とブラウザの閲覧結果を比較してみてください。例えば、

```
<h1>第５章　レポート作成法</h1>
```

は「章番号」と「章見出し」、

```
<h2>５．１　大学生に求められるレポート</h2>
```

は「節番号」と「節見出し」、

```
<h3>５．１．１　大学生に求められるレポートとは</h3>
```

は「項番号」と「項見出し」、

```
<p>「レポート」とは、・・・・・読み手を共感させ納得させることにあります。</p>
```

は「導入文」や「本文」をそれぞれ意味付けしていることがわかります。また、

```
<figure class="photo-center">
<img src="zu5-1.png" alt="作文・感想文などと大学生に求められるレポートの違いを示す図"
  width=600>
<figcaption>図 5-1　大学生に求められるレポート</figcaption>
</figure>
```

は「図版」、「図番号」、「図見出し」として意味付けしています。例えば、視覚的な理由から閲覧者に文字をはっきりと見せたいため、「導入文」や「本文」を<h1>でマークアップしたり、

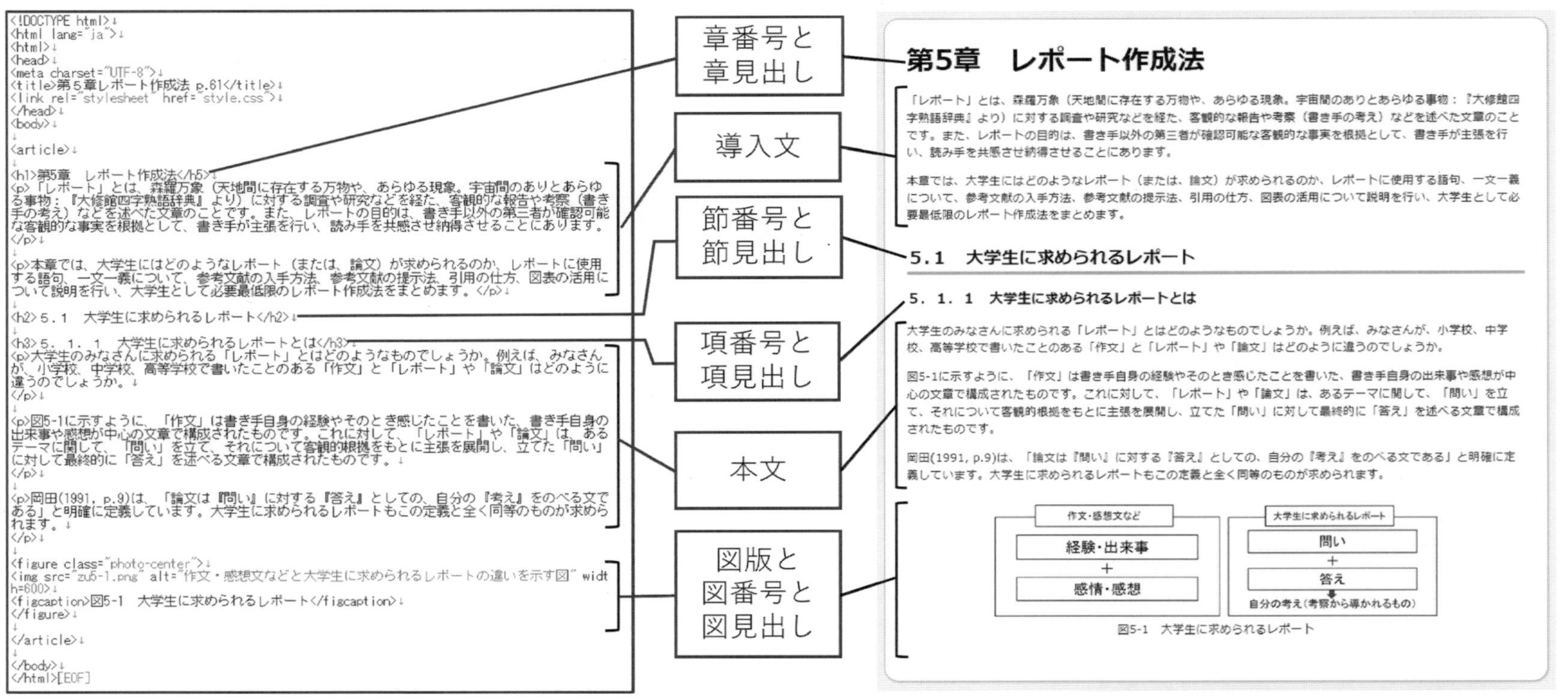

図 5-9　HTML タグによる意味付けの例

あるいは<h2>でマークアップしたりするのはセマンティクスの考え方から外れるため、Webブラウザは「導入文」や「本文」を「章見出し」あるいは「節見出し」と理解し処理してしまいます。

このように、Webブラウザは人間のように視覚的な意味付けで判断せず、セマンティクスの意味付けをともなったHTMLタグによるマークアップで内容を解釈し表示します。また、検索エンジンで用いられているWebクローラーボットなどの技術は、意味付けをともなったHTMLタグのマークアップによって、データベースをより効率よく正確に構築することができます。セマンティクスを取り入れたHTMLの技術は検索エンジンを効率化し、閲覧者が要求するWebページをより正確に提供することができるわけです。

もちろん、大学生に求められるレポートとは異なり、Webページはデザインを重視し「見栄え」をよくすることが要求される場合があります。しかし、学生のみなさんが調査報告など学術的なテーマについてWebページを作成するときは「見栄え」だけではなく、これまで学んだレポート作成法とともにセマンティクスによるHTMLタグの意味付けを意識するようにしましょう。

第6章

データの情報化と分析

本書では、第1章から「コンピュータの基礎」そして「コンピュータによる情報の収集・情報の伝達」つまり、インターネット社会のなかでのさまざまな「データ（SNS なども含む)」を収集することができることを学んできました。このコンピュータによる ICT 技術の進化によって、「高度情報化社会」はさらに進化を続けています。

そして、私たちの周りでは「販売（売り上げ）データ」「顧客データ」など『データ』という言葉が日常生活のなかで、違和感なく使われています。さらに『ビッグデータ』『データマイニング』『データデザイン』という、データを蓄積し、大容量の状態から分析・解析を行い、意味ある情報を導き出すということも、ビジネスの世界では一般化しています。

このような、いわゆる『ビッグデータ』の概要は第 10 章でもう少し詳しく説明しますので、本章ではコンピュータを使って『データ』から、意味ある『情報』を導き出すという考え方、コンピュータを使った「統計・分析」の方法について、学んでいきましょう。

コンピュータのアプリケーションソフトには、「Google スプレッドシート」や「Microsoft Excel」などの表計算用ソフトウェアがあり、統計量の計算機能も追加（アドイン）することができます。本章では「Microsoft 社の Excel」を例に、コンピュータの活用による「統計量」について、学んでいきます。

6.1 データと情報

では、まず“データ”と“情報”を整理してみましょう。

近年は先にも述べたように『データ』という言葉が多様に存在し『データ』と『情報』という言葉の意味するものが曖昧になっていますが、基本的には

【データ】とは

1. 数字・文章の集合体
2. IT の領域では、数字・文章などをコンピュータが記録・処理するために規定された形式や符号化された集合体

【情報】とは

1. 物事の内容や事象を告知するもの
2. それを得たもの（情報の受け手）に対して、その状況や状態を把握し判断する材料となるもの

と整理できます。

つまり“データ”とは、それだけでは単なる数字の羅列であり、その数字の羅列を整理、解釈を加えることにより、意味をもった“情報”になる ということができます。 このように定義すると「情報」は「2」にあげた「受け手において、状況や状態を把握したり、 適切な判断を助けたりするもののこと」という意味が重要になります。 情報は『発信する人』がいて、そしてそれを『受ける人』がいます。『データ』は「情報」を 構成するものであり「あくまでも情報を生み出すための数字や文字列」といえます。 言い換えるならば「受け手において、《課題解決や意志決定》の状況の際に、知見を見出したり、適切な判断を助けるための《価値ある数字であり、文字列》が『情報』であり、その基となる数値や文字列が『データ』と言い換えられます。

我々の周りにはさまざまな『データ』があります。そのデータを整理・加工・可視化し、そこから価値ある特徴が見出せたときに、受け手にとっての意味ある『データの情報化』ができるのです。

単なる「数字や文字の羅列であるデータ」を『価値ある情報』とするためには、データをさまざまな形で整理する必要があります。データは整理されて、さまざまな意味・特徴が分析されることによって価値ある情報になるのであり、その分析のためにはさまざまな方法、例えば数字、表、図などを用いてデータを集約･解釈します。

「データを解釈する」ための必要な方法、まず数字の羅列と表現した「データ」が何を表しているのかを解釈する、それが「統計」であり、コンピュータがその計算工程を身近に、かつ簡便にしてくれているのです。

6.2 データの収集と整理

では、ここで情報を収集する方法は、どのようなものがあるのかを考えてみます。これまでの章では、情報を収集する方法として、インターネット社会のなかで、例えば「検索」という方法を使いながら、さまざまなデータ（SNS なども含む）を収集することができることを学んできました。

この章では、すでに存在する情報を図書館やインターネット等から検索・収集するのではなく“人（生活者・消費者)”の意見を参考とするために、新たに人（生活者・消費者）から情報を収集するリサーチ手法である、アンケート調査について、少し整理してみます。

6.2.1 データを構成するもの：標本調査のサンプリング方法

そのデータは、どのような『集団』のデータ（意見、行動などのデータ）で構成されているのか、ということはとても重要なことです。

例えば、テレビの視聴率を調査したい場合、テレビの視聴可能（テレビ所有）世帯のすべての視聴状況を収集すればいいでしょう。政党の支持を確認する世論調査では、選挙権のある 18 歳以上のすべての生活者の意見を聞けばいいわけです。

このような調査を行いたいすべての対象となる標本（サンプル）の集合体のことを“母集団”といいます。そして、母集団全数に調査をすることを“悉皆（しっかい）調査”といいます。例えば5年に1回総務省が実施する“国勢調査”は悉皆調査の代表的なものといえるでしょう（ただし、国勢調査でさえも回収率は100%ではありません）。

では、先ほどの例のような、日本全国のテレビ視聴可能世帯の、あるいは18歳以上の全数に調査をすることは、実際に可能なのでしょうか？　とても現実的な方法とはいえません。なぜなら、対象となるすべての標本の協力率の問題、そして全体に調査を行う場合には「労力、コスト、そして時間」が膨大にかかってしまうなど、実現に向けての課題が多々あるからです。

では、どうしたらよいのでしょうか？　そのようなときに利用される方法が『標本調査』というものです。「標本抽出法（サンプリング調査）」という方法で標本を抽出し、その標本（サンプル）に調査を行います。これは、母集団からその一部を“標本”として抽出する方法であり、これを調査することにより母集団を推定しようとするものです。その際にはこの方法により、母集団の偏りのない縮図（母集団の特徴と、調査標本の特徴が同様の傾向をもつように、縮めたもの）になるような抽出をすることができ、この状態を「母集団の代表性のある標本」ということができるのです。

図 6-1 に示す通り、標本抽出法を行うことにより、左の図のような、各特性について均等な縮図となる標本の抽出を可能とします。一方、標本抽出法に則らない場合、右の図のように、特性のバランスが崩れて、偏りの発生する可能性は大きいといえましょう。

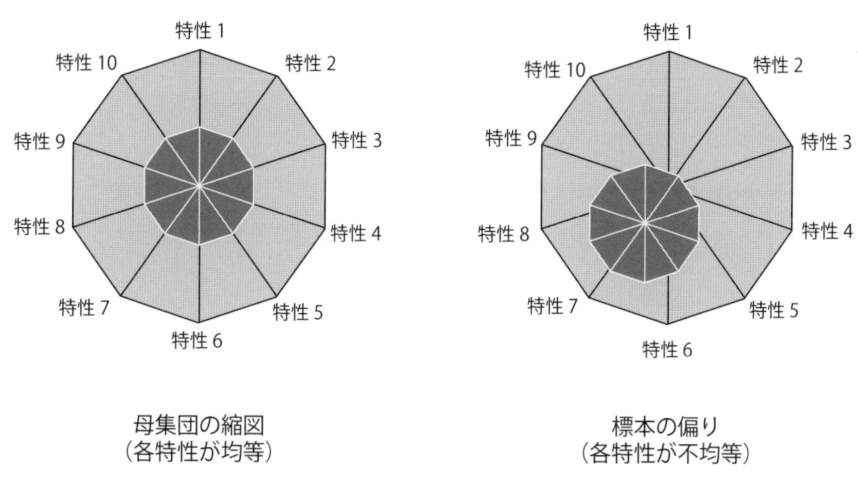

図 6-1　母集団と縮図

では、以下に、主な標本抽出法を紹介します。

表6-1 標本抽出の方法

抽出方法		意味
有意抽出法		調査対象の母集団から、ある特徴や性質の構成に即して、主観的・作為的に標本を抽出する方法。主観的・作為的な抽出であるので、実際の母集団の縮図とはいえず、傾向は必ずしも一致しない。このため、データは、母集団を代表するものとはいえず、結果から母集団を推計することはできない。
無作為抽出法		抽出した標本に偏りが生じないように、無作為に標本を抽出する方法。無作為抽出法では、調査対象の母集団から標本をランダムに抽出するため、母集団の縮図となり、統計的に母集団の推計を可能とする。抽出の方法は以下のように数種類ある。
	単純無作為抽出法	調査対象とする母集団の個々の標本に、連続した番号を振り、乱数表を用いて得られた乱数に従って標本を抽出していく方法。
	系統抽出法	調査対象とする母集団の個々の標本に、連続した番号を振り、乱数表から乱数を得る段階までは「単純無作為抽出法」と同様。ただし、「系統抽出法」では最初に標本を抽出したら、その後は任意の等間隔で残りの標本を抽出していく。 ※例えば、ある企業の10,000人の顧客リストから100人を抽出してアンケート調査を行う場合、全リストに通し番号を振り、最初に乱数からスタート№を決め、等間隔（10,000/100＝100サンプル）に標本を抽出する方法。
	層化抽出法	母集団をあらかじめ、例えば、性別・年齢などの特性に基づいて層化、グループに分解しておき、そのうえで各グループからランダムに標本を抽出していく方法。 ※母集団の構成情報を事前に知っておく必要がある。例えば、1学年100名の大学の男女比が7：3と知っていれば、10名を抜き出す場合男性7名、女性3名を無作為抽出すればよい。
	クラスター抽出法	母集団を、小集団である「クラスター（集落・集団)」に分け、クラスターの中から、さらにいくつかのクラスターを無作為抽出し、それぞれのクラスターにおいて全数調査を行う方法。 ※例えば小学4年生の身長を調べる場合、全国の小学4年生をクラスターとしてとらえ、全国の小学校から100校を無作為に選んで、その100校の4年生全員の身長を調べる方法。
	多段抽出法	母集団全体をグループに区分けし、その中からランダムにグループを抽出し、抽出されたグループを再びさらに小さいグループに分けてランダムにグループを抽出するという過程を繰り返し、最終的に抽出されたグループについてランダムに標本を抽出する方法。 ※例えば、全国から50市区町村を無作為抽出し（一段）、この市区町村から50地区を無作為抽出（二段）、その地区から、20人を無作為抽出（三段）する場合、無作為三段抽出となる。

標本調査のメリットは、全数調査と比べて時間・費用・労力をかけずに全体的な母集団の傾向を推測することができるという点です。これらの標本抽出法はそれぞれ、メリット・デメリットがありますが、それを理解したうえで適切な標本の抽出による標本調査を行うことは、とても効率的であり、有効な方法といえるでしょう。

6.2.2 標本誤差について

第3章で学んだ『情報のデジタル化』でも、『標本化』という工程がありました。音声情報の例では、サンプリング周期の間隔が短いほど、元のアナログ波に近しくなることを学びました。標本調査でも、調査標本（対象者）が母集団の全数に近ければ近いほど、母集団を推計する精度が高まります。音声信号のデジタル化では、シャノンの定理という標本化におけるサンプリング周波数の基準となる定理がありましたが、調査における標本調査の場合は、調査の目的や、目的にともなう分析軸によって、標本数（サンプルサイズ）を考えながら、表6-1のような標本抽出法によりサンプリングを行います。

その際に考慮する要素として“標本誤差”があります。標本調査を行う際には、母集団からランダムに標本を抽出しており、全数（全員）について調査ができているわけではありません。そのため、抽出されなかった要素についてのデータが含まれていないことによって、全数調査を行った場合とのデータからのズレ・乖離が生じてしまいます。これが標本誤差です。

標本抽出法によって母集団の縮図となるような標本を抽出して調査を行うことにより、母集団を推計することができるわけですが、全要素についての縮図となってはいない可能性もあります。調査対象となる標本は無作為に抽出しますので、どの対象が選ばれるかは偶然によって決まります。このため、標本調査の結果は必ずしも母集団の値とは一致せず、何らかの差が生じてしまう可能性もあるのです。

図6-2で表示した、点線を母集団とした場合、標本抽出で選ばれた標本を●印とすると、母集団すべてを抜き出せないので、母集団に「揺らぎ・ブレ」があってもそのすべてをカバーすることができない、ということです。ここで大切な点は、デジタル変換の「標本化」で、標本間隔の幅が短ければ短いほど、アナログ波に近しい形になるのと同様、標本数を大きくすれば、誤差が小さくなります。

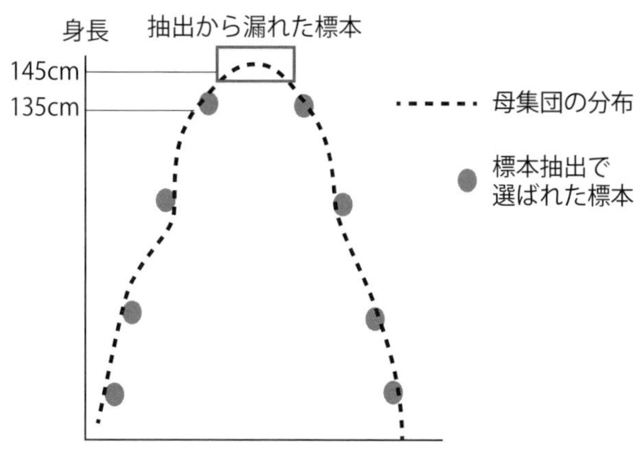

図6-2 母集団と標本抽出の誤差(イメージ図)

このように母集団の一部を選定することによって起こる、真の値と調査結果との差を「標本誤差」といいます。標本調査を実施した際には、標本誤差が生じることを念頭に調査の設計を考える必要があるのです。

6.2.3 標本誤差幅

6.2.2 項で標本誤差を整理しました。サンプルサイズが大きくなれば標本誤差は小さくなります。ただし、サイズを大きくすると標本誤差が激減するわけではありません。

以下に、標本誤差の早見表を記載しますが、例えば 500 サンプルの標本で、ある質問について「はい」「いいえ」それぞれの回答が 50%だった場合、標本誤差は「プラスマイナス 4.5 ポイント」となり、45.5%から 54.5%の間に回答の値がある、と考えます。同様に 1000 サンプルの場合「プラスマイナス 3.2 ポイント」つまり、質問の回答は 46.8%から 53.2%の間にある、と考えます。500 サンプルを倍の 1000 サンプルに拡大したからといって、標本誤差が 1/2 になるわけではありません。マーケティングリサーチではこのような誤差の幅を考慮しながら、サンプル数を検討しています。

表 6-2　標本誤差早見表(95%の信頼度の場合)

パーセンタイル		サンプルサイズ						
		100	200	400	500	1000	2000	3000
1%	99%	2.0	1.4	1.0	0.9	0.6	0.4	0.4
5%	95%	4.4	3.1	2.2	1.9	1.4	1.0	0.8
10%	90%	6.0	4.2	3.0	2.7	1.9	1.3	1.1
20%	80%	8.0	5.7	4.0	3.6	2.5	1.8	1.5
30%	70%	9.2	6.5	4.6	4.1	2.9	2.0	1.7
40%	60%	9.8	6.9	4.9	4.4	3.1	2.2	1.8
50%	50%	10.0	7.1	5.0	4.5	3.2	2.2	1.8

6.2.4 その他の調査方法例 ･･･ モニター調査

2000 年代に入り、PC の所有率が高まったタイミングで、急速に普及したアンケート手法として「インターネットリサーチ」があります。インターネットリサーチはあらかじめ、アンケートに協力してくれる対象者を募集してモニターとして登録し、そのモニターにアンケートサイトの調査画面から回答をしてもらう方法です。この方法は、先に述べたように「アンケートモニターに応募した人」が対象者となるため、純粋な意味での無作為ではなく、母集団を代表する方法とはいえません。

しかし、標本調査に比べると「スピーディ」かつ「低価格」であり、その結果として「大量サンプル」の調査データを集めることができます。統計的な意味では、母集団を推計するデータとはいえませんが、大量サンプルであることから、傾向値としてとらえることはできそうです。

データの精度（代表性/統計的な推計）という点を重視するのであれば、標本調査、速効性を求めるのであれば、モニターによるインターネットリサーチで傾向を把握する、というような目的に応じた使い分けをしてもいいでしょう。

調査という方法で、標本データを収集する方法と統計的な意味について、学んできました。

現在は、調査という方法を使わなくても、インターネットを活用して、各種調査結果を検索・収集することが簡単にできるようになりました。検索・収集したデータや自分たちで収集するデータについて解釈する場合、この情報の基となる「母集団」の意味、そして収集した集合体の抽出方法や、標本誤差の意味を理解して解釈することがデータの情報化のうえで、とても重要なことなのです。

6.3 統計

6.3.1 統計とは

では、ここで統計について、少し考えてみましょう。まず、解釈する対象の基となるデータはどのような“人＝標本”で構成されているものなのか、を考えてきました。

ここでは、得られたデータについて整理していきます。表 6-3 データの分類の通り、データは大きく 2 つに分けられます。

“性別”や“国籍”などのように分類を表した『質的データ』
“体重”や“身長”などのように量を表した『量的データ』

です。さらに『質的データ』は「名義尺度」と「順序尺度」に、『量的データ』は「間隔尺度」と「比例尺度」にそれぞれ分けられます。

表 6-3 データの分類

データ	質的データ	名義尺度	○性別　○国籍 ○職業分類　○電話番号 など	カテゴリーにコード番号を付けて区別するために作られたもの。データ（コード番号）の大小比較さえ意味をもたない。
		順序尺度	○人気タレントランキング ○テストの成績順位　など	順序関係がわかる以上の意味はもたない。
	量的データ	間隔尺度	○偏差値　○知能 ○カレンダーの日付　など	測定単位（目盛り）があり、単位が等間隔であると仮定されているもの。ただし、原点（0）がないため測定値間の日をとることはできない。
		比例尺度	○体重　○身長 ○音の大きさ　○株価 など	原点（0）の決め方が定まっていて、間隔や比率にも意味をもつもの。

「量的データ」と「質的データ」を分類する大きな要素は、「四則演算」をすることは、意味のある（もつ）ことなのか、意味をもたないか、という点です。「量的データ」は、この「四則演算」をすることに、意味をもつデータをいいます。

“データ（人あるいは物の集合）”を“情報”にするためには、そのデータの「集団」の「傾向・性質」を「数量的」に特徴を解釈する必要があります。その方法のひとつが『統計』といえます。

統計は2つに大別することができます。

「記述統計」… あるデータを集めて、表やグラフを作り、平均や傾向を見ることで、観測データの特徴を分析、把握するという統計。「基本統計量やヒストグラム」を利用します。

「推測統計」… 母集団から、一部の標本（サンプル）を抜き取って、そのサンプルの特性から母集団の特性を推測、予測する統計。6.2.1 項で学んだ「標本調査」であり、確率分布、仮説の検定などがあります。

ここでは、データを集め、客観的に特徴を把握、分析して解釈する「記述統計」について学びましょう。

6.3.2 データの特徴を、客観的に把握・解釈する方法

記述統計学では、これまで説明してきたように、データを図や数表（集計表）で表現することや数値・指標で表す方法があります。これらを分類して整理すると、記述統計学は以下のように分けられます。

可視化した要約 … ヒストグラム、度数分布表など「グラフ図・数表」で表現したもの（図 6-3）
数値的要約 … 基本統計量など、数値で表現したもの

図表によって可視化した表現で、そして「基本統計量」などの数値・指標でデータを分析するのが、この記述統計学とよばれるデータの「要約」作業です。これらの工程はデータの把握、解釈するうえで、重要な手がかりになります。

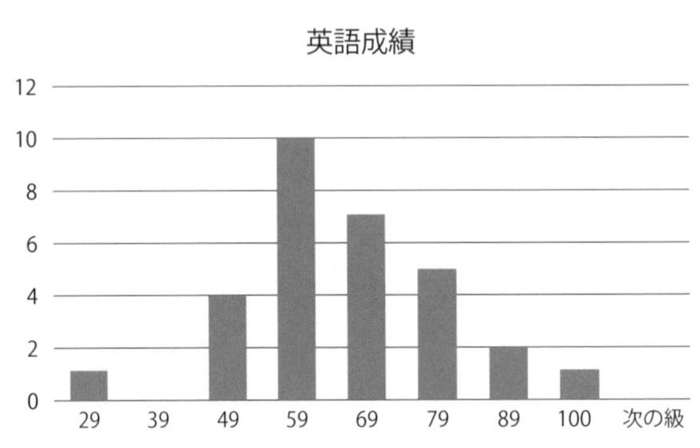

【英語のテスト成績の度数分布】

階級	度数
20 ～ 29	1
30 ～ 39	0
40 ～ 49	5
50 ～ 59	8
60 ～ 69	8
70 ～ 79	4
80 ～ 89	3
90 ～ 99	1

図 6-3 テストの得点分布グラフ（ヒストグラム）と度数分布表

「記述統計学」の押さえるべきポイントとして、データの「要約をして解釈」を行うことがあげられます。では「要約」とはなんでしょうか？　要約とは、データをわかりやすく表現することです。そして記述統計学は、図的要約と数値的要約によってアプローチしていきます。

6.3.3 基本統計量

観測データの基本的な特徴を把握する数値データとして、基本統計量があります。基本統計量はおもに、次の2種類に区別されます。

① 代表値は、“分布全体を ひとつの数で表しているもの”
② 散布度は、“データのバラつき（データがまとまっているか、散らばっているのか）の大きさを示したもの”

です。

◆ 代表値の一般的な値として、平均・最大値・最小値・範囲・中央値（メディアン）など
◆ 散布度の一般的な値として、標準偏差・標本分散・不偏分散など、があります。

両方の「値」も重要です。特に「散布度」はそのデータ群（複数あるデータ）がまとまっているのか、それとも散らばっているのかによってデータ群の状態をみることができます。まず利用頻度の高い「平均・中央値（メディアン）・最頻値（モード）・分散・標準偏差」といった基本統計量の意味を理解しましょう。

表 6-4 は基本統計量の値・指標の意味をまとめています。

【基本統計量の値の意味】

1）［代表値］のおもな値

表 6-4　基本統計量の値の意味

統計量	意味	Excel 関数
合計	すべてのデータを足し合わせた値。 ・上記「図 6-4 テストの成績データ」では「出席No.1」の「52」点から「出席No.30」の「59」点までを 足し合わせた「1837」点を指す。 ・一般式では「Σ」で表す。	SUM 関数
平均	データの合計を標本数（サンプル数）で割った値。 ・上記「図 6-4」では、合計「1837」を標本数「30」で割った「61.23」 ・一般式では「データ名 X の上にバー」を付記。	AVERAGE 関数
最大値	最大値は「データ」の中で最も大きい値。「英語のテスト」では「91」点。	MAX 関数
最小値	最小値は最も小さい値 。「英語のテスト」では「25」点。	MIN 関数
中央値（メディアン）	データをソート（大きい順、あるいは小さい順）で並べ替えたときに、ちょうど真ん中（中央）にくる値。 ・この「英語のテスト」では「60」となる。	MEDIAN 関数
最頻値（モード）	データの中で、最も「多い」値。 ・「英語のテスト」で同点が最も多い点を指し、この英語のテストでは 66 点。	MODE 関数
範囲	データが、どの程度広がっているのかを調べるものです。 ・最大値から最小値を引いた値。 ・「英語のテスト」では「最大値 ＝ 91」から『最小値 ＝ 25』を引いた「66」	

テストの結果一覧

出席No.	1	2	3	4	5	6	7	8	9	10	11	12	13	14	15	16	17	18	19	20	21	22	23	24	25	26	27	28	29	30
得点	52	68	66	73	25	56	67	65	49	88	42	54	71	75	65	80	50	45	60	45	55	55	59	72	51	91	58	65	76	59

「得点」の小さい順にデータを並び替え

サンプル数	得点合計	平均
30s（人）	1837点	61.2

出席No.	5	11	18	20	9	17	25	1	12	21	22	6	27	23	30	19	8	15	28	3	7	2	13	24	4	14	29	16	10	26
得点	25	42	45	45	49	50	51	52	54	55	55	56	58	59	59	60	65	65	65	66	67	68	71	72	73	75	76	80	88	91

最小値〈25〉

範囲〈91－25=66〉

中央値（メディアン）〈(59＋60)/2〉

最頻値〈65〉

最大値〈91〉

図 6-4　基本統計量の各指標（英語のテストの場合）

2）［散布度］のおもな指標

【分散】 データの散らばりの状況を示すものであり、散布度（散らばり）を示すのに最も代表的な指標

個々の値が「平均値」から“どの程度離れて”いるか、離れた値のデータがどの程度多いのかを示します。例えば図 6-5 の基本統計量（2：平均と中央値・散らばり）のような「A・B 群」各 5 人のテストについて A 群「2 点 1 人、6 点 1 人、8 点 1 人、9 点 1 人、10 点 1 人」と B 群「1 点 1 人、5 点 1 人、6 点 1 人、8 点 1 人、15 点 1 人」の場合、「A・B 群」のどちらの得点がバラついているのか（散らばっているか）、まとまっているのか、このようなデータの中での「散らばり具合」を示す指標が「分散」です。

数式は

$$s^2 = \frac{1}{n}\sum_{i=1}^{n}(x_i - \bar{x})^2$$

となります。

分散を求める方法は、平均からの個々のデータ（得点など）の差異の総和となります。ただし「平均」からの差を求める場合「正（プラス）」と「負（マイナス）」のスコアが発生します。「プラスとマイナス」が混在したまま総和を求めると、本来の平均からの差（距離）が小さくなってしまい、場合によっては、n 個の総和自体が「マイナス」となってしまう可能性があり、計算式としては扱いづらいものとなってしまいます。そこで、便宜的に「平均との差」を 2 乗させることにより、値を「プラス」に変換して n 個 の総和を求め、その総和を n（標本数）で除したものが標本分散になります。

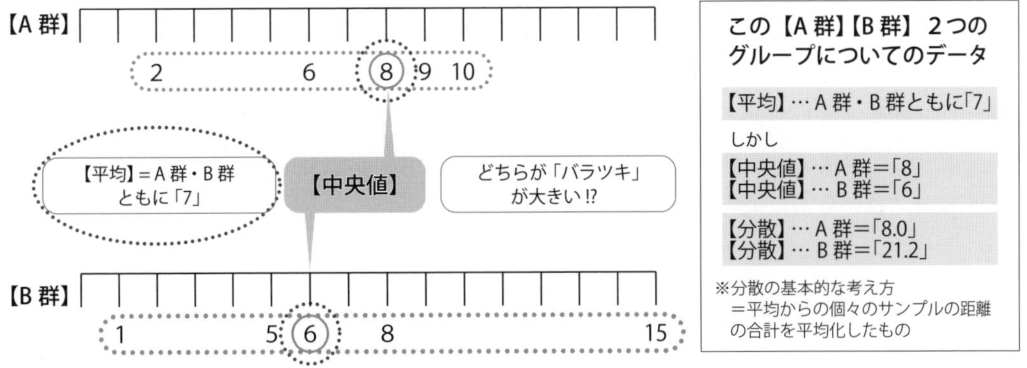

図6-5 基本統計量 平均と中央値・散らばり

なお、母集団全体を調査することが難しいため、調査も標本抽出法という方法を使ってデータを集めます。母集団全体ではなく、標本を抜き出した標本抽出データの場合、分散は「標本分散」と「不偏分散」の2種があります。図6-5では、その後の標準偏差を説明するため「標本分散」を表記していますが、標本の偏りを除いて母集団の分散を推定するために、標本分散の期待値が母分散に一致するように標本分散の算出式に $n/(n-1)$ をかけたものが不偏分散の数式になります。標本調査の場合、標本サンプルから母集団を推定することが目的になりますので、不偏分散を利用するのが一般的です。母集団を推定する場合、標本分散の期待値は母分散の $(n-1)/n$ 倍になることがわかっていますので、母分散を推定する不偏分散の式は以下のようになります。

図6-5のA群、B群の分散を計算すると「A群＝10.0」「B群＝26.5」となります。いずれの方法でも「A群」に比べて「B群」の散らばり・ばらつきが大きいことがわかります。

$$\sigma^2 = \frac{1}{n-1}\sum_{i-1}^{n}(x_i - \bar{x})^2$$

【標準偏差】標本分散を実際の値と合わせるために「平方根（ルート）」で開いたものです。

前掲の「分散」は「平均」に対して、個別のデータが「どのくらい離れているか（バラついているか）を確認する指標です。その計算式は便宜上「平均と個々のデータ」の差を2乗する、という説明をしました。しかし、2乗することにより、実際の差異（距離）とは異なる（大きくなっている）スコアになっています。そこで「平方根（ルート）」で開くことにより、実際の差異（距離）と等しくなるように計算しなおしたものが「標準偏差」です。

※「標準偏差」はいろいろな統計分析手法に利用される指標です。意味を覚えておくと便利です。

$$\sqrt{s^2 = \frac{1}{n}\sum_{i=1}^{n}(x_i - \bar{x})^2}$$

【尖度・歪度】 尖度 … 分布のとがりに関する指標。

図 6-6 に見るように、値の分布、正規分布と比べて、その分布の頂部の尖り度と裾部の広がり具合がどの程度ズレているのかを把握する指標です。値の分布が中心部に集中しているのか。値が分散して、全体的に広がっているのか、を確認します。正規分布の場合、尖度＝3 であり、これを基準に値の分布を把握します。

Excel で算出した基本統計量の尖度から「3」を引いた値が「0」より大きければ、分布の頂部の尖りが急であることが把握できます。

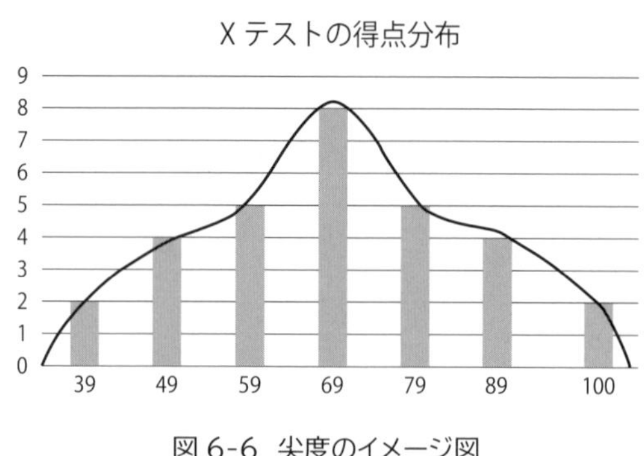

図 6-6　尖度のイメージ図

歪度 … 分布の偏り、歪みに関する指標。

値の分布が、正規分布と比べて、分布の左右対称の形がどの程度ズレているのかを把握します。正規分布のように左右対称であるのか、それとも片方の裾方向に伸びたような歪んだ分布なのか、その度合いを示します。正規分布の場合、歪度＝0 となります。

歪度が 0 よりも大きければ右の裾が長い分布、歪度が 0 よりも小さければ左の裾が長い分布となります（図 6-7）。

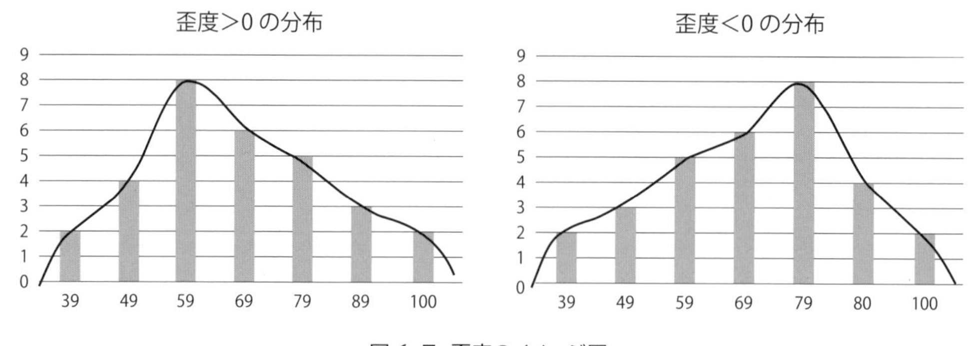

図 6-7　歪度のイメージ図

6.3.4 分析ツールを用いた基本統計量の出力

基本統計量の各指標の意味をみてきました。基本統計量の各指標により、そのデータがもっている基本的な傾向を把握することができそうなことがわかります。では、実際にどうしたら基本統計量を算出することができるのでしょうか。もちろん、それぞれの指標ごとに電卓と紙とペンで計算をすることはできます。が、それには時間がかかります。また、確認という意味でも“確め算”が必要でしょう。

そこで活用できるのが、PC です。PC で使えるプリケーションソフトにこのような計算ができる“スプレッドシート”がありますが、ここでは、Microsoft 社の表計算ソフト「Excel」を使って、基本統計量を算出してみましょう。

(1)「分析ツール」アドインの追加方法 (図 6-8)

パソコンで「データ」を分析する場合、Excel を利用することが多いことと思います。ここでは Excel で分析を行う場合の、分析方法 (ツール) を追加します。その方法は以下の通りです。

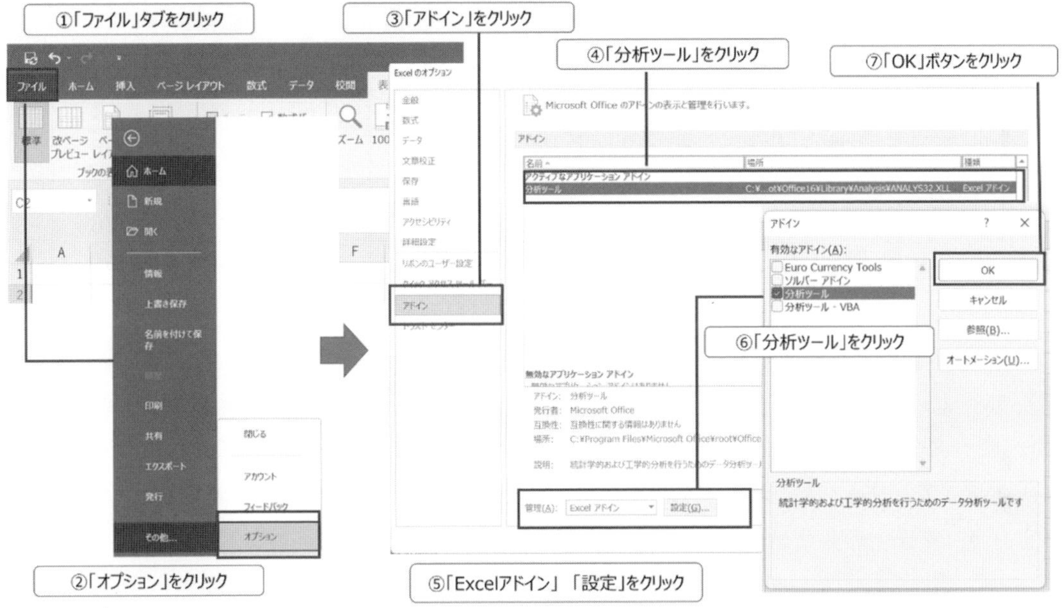

図 6-8 Excel 分析ツールのアドイン方法

① [ファイル]タブの[オプション]をクリック。
② [Excel のオプション]ダイアログボックスから[アドイン]をクリック。
③ [分析ツール]をクリック。
④ [Excel アドイン]を選択し[設定]ボタンをクリック。
⑤ [アドイン]ダイアログボックスから[有効なアドイン]の[分析ツール]の横のチェックボックスをオン。
⑥「分析ツール」をクリック。
⑦ [OK]をクリック。

これで準備ができました。基本統計量だけでなく、いろいろな統計手法を利用することができるようになるのです。ではこの「基本統計量」を Excel を使って作成してみましょう。

（2）基本統計量の出力

では早速、表 6-5 に記載した 30 名分の英語のテストの成績データを例に Excel の分析ツールを使った基本統計量を求めてみましょう。

① Excel の「A 列」に「30 人のテストの得点」を入力していきます（表 6-5）。

表 6-5「2 年 A 組」の英語のテスト結果

出席No.	性別	得点	出席No.	性別	得点	出席No.	性別	得点
1	男性	52	11	女性	42	21	女性	55
2	男性	68	12	女性	54	22	男性	55
3	女性	66	13	男性	71	23	男性	59
4	女性	73	14	男性	75	24	女性	72
5	男性	25	15	男性	65	25	女性	51
6	男性	56	16	女性	80	26	男性	91
7	女性	67	17	男性	50	27	男性	58
8	女性	65	18	女性	45	28	男性	65
9	女性	49	19	女性	60	29	女性	76
10	男性	88	20	男性	45	30	女性	59

以下②－⑤のステップを図 6-9 に記載します。

② アイコンから「データ」タブをクリック。

③「データ分析」をクリック。

④ ポップアップされた「データ分析」のメニューの中から「基本統計量」を選択。

⑤「OK」ボタンをクリックします。

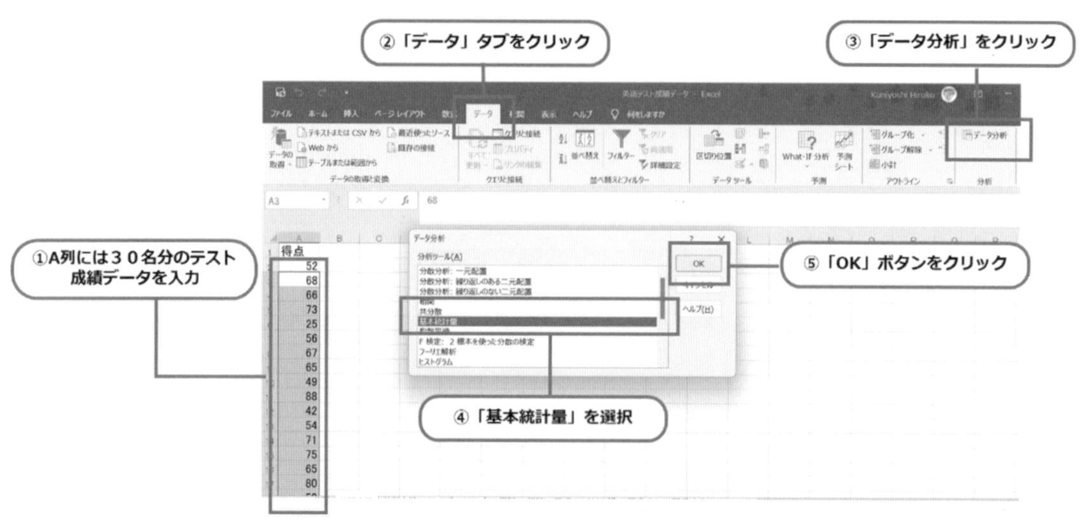

図 6-9 Excel 分析ツールでの基本統計量の作成方法

続いて図 6-10 の通り。

① 基本統計量メニューの「入力範囲」に、英語のテストの得点を入力した「A 列 2 行～31 行」を選択します。
② 統計情報（S）をチェック。
③ そして「OK」ボタンをクリック、これで基本統計量が作成されます。

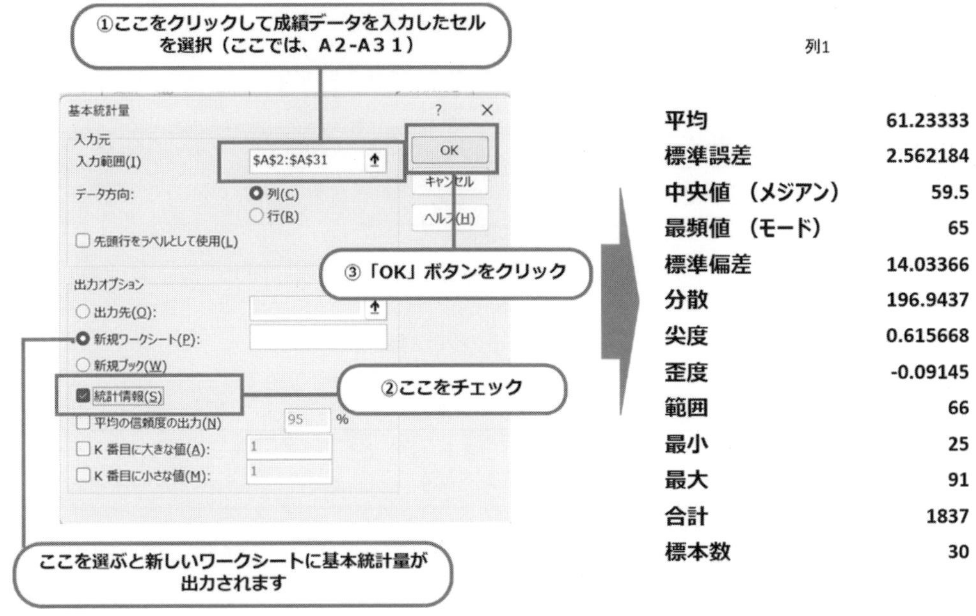

図 6-10 基本統計量の結果

Excel により、基本統計量を出力してみました。基本統計量の意味も上述の通りです。基本統計量の意味をよく理解することにより、データの解釈が広がり、豊かなものとなるはずです。Excel による基本統計量の出力方法は、理解しておくと便利です。

6.4 データの可視化

6.4.1 データの加工

6.2 節では基本的な統計量について、学んできました。では、例えばアンケートでは、ひとつの要素（例えば英語のテスト成績）だけではなく、いろいろな意見を聞きながら、仮説を検証していきます。そのような場合は、どのようにデータを整理したらいいのでしょうか。

そのためには、まず、クロス集計を行い、データを整理・確認します。クロス集計とは、データをいろいろな属性（性別・年代別・職業別など）で分類して、データを集計する手法です。

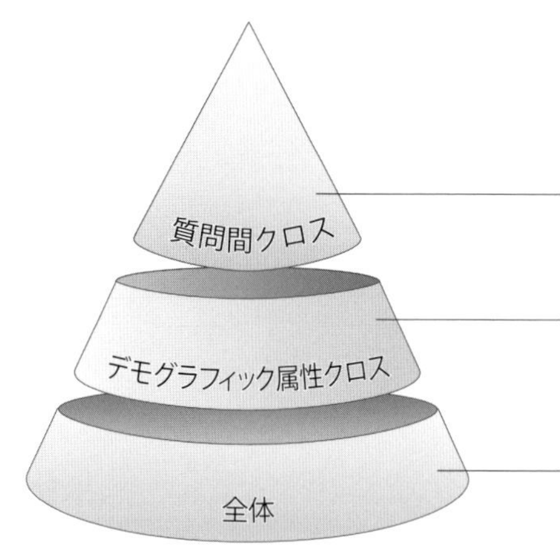
質問間クロス
デモグラフィック属性クロス
全体
回答によるグルーピングで意識レベルでの特性から分析
ターゲットの特徴を分析
「デモグラフィック属性クロス」により、ターゲット層と他層を比較し、ターゲット層を浮き上がらせることができる
ベースとなる傾向値
上位である「デモグラフィック属性クロス」などで"差"がなければ「全体」ベースのコメントで可。
※ただし属性に差はない、というフレーズは必須

図6-11　クロス集計のステップ

表 6-6　アンケートのクロス集計表

問X　あなたは「当大学」の図書館の蔵書に満足していますか。

		N	とても そう思う	まあ そう思う	どちらとも いえない	あまりそう 思わない	全くそう 思わない
全体		9698	14.1	32.8	24.0	15.6	13.5
学年	1年生	2538	15.0	39.1	23.6	10.5	11.8
	2年生	2370	14.9	33.2	26.3	12.1	13.5
	3年生	2410	14.3	33.0	25.9	14.0	12.8
	4年生	2380	12.3	26.0	20.2	25.6	15.9
学部	文学部	2938	17.3	40.3	20.2	12.8	9.4
	経済学部	1800	16.6	39.7	20.4	12.2	10.0
	経営学部	1448	17.0	38.0	22.2	12.8	10.0
	法学部	1352	16.0	39.3	20.8	14.0	9.6
	理学部	1280	11.0	18.0	30.3	20.1	20.6
	工学部	880	9.8	18.5	27.0	22.7	22.0

※スコア＝ダミー

表 6-6 は、大学の図書館蔵書の満足について「とてもそう思う」から「まったくそう思わない」という 5 段階の尺度で聞いています。このある大学の母集団（N＝9698 サンプル）を「全体」「学年別」「学部別」で整理したものです。このようなクロス集計表を読み込むことにより「学年別に差があるか」「学部間に差はあるか」ということを確認できます。

表 6-7 クロス集計表の見方

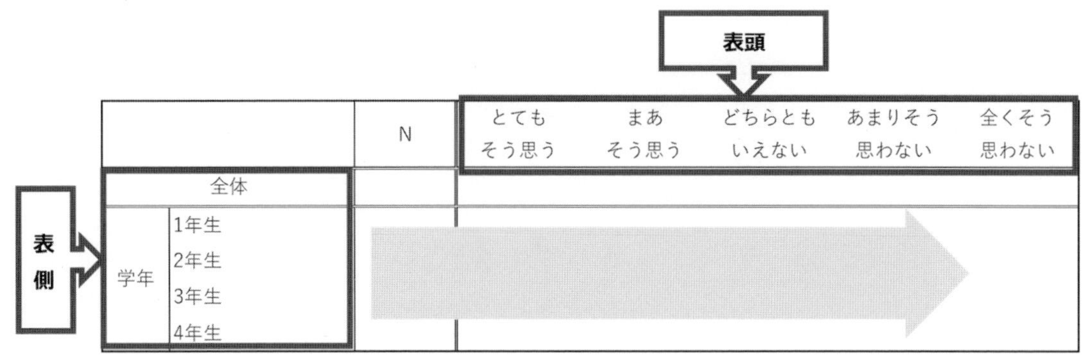

クロス集計表は、表 6-7 のように「表側」の項目を横に見ていきます。上表では、1 年生は「とてもそう思う」－「全くそう思わない」について、スコアの差異を見ていきます。表 6-6 の「アンケートのクロス集計表」の数値を見てみると、「4 年生」あるいは、「理学部・工学部」の学生で「満足と思っていない」割合が高くなる傾向がありそうです。このように調査母集団全体を見るだけでなく、属性で分けてみることにより、データの特徴をより深く見つめることができるのです。

アンケートの場合、さらに回答によるクロス集計も行うことがあります。例えば広告の理解度について「とても良くわかった ＋ わかった ＝ 理解層、わからなかった ＋ まったくわからなかった ＝ 非理解層によって、ほかの質問項目、例えば興味度、購入意向などを分析することです。これを「質問間クロス集計」といいます。このように「仮説」を検証するためには、データ群を分解してみたり、再度まとめなおしてみたりしながら、解釈を深めていきます。

6. 4. 2 度数分布表・ヒストグラム

前節では、データの数表について紹介しました。実際のデータを数表だけではなくグラフ化もすることにより、自身の解釈の整理や他者へ発信をする際の「わかりやすさ・見やすさ」を追求するうえで、重要な方法です。ここでは、解釈を整理したり、他者に説明する場合の理解を助ける方法として「度数分布やヒストグラム」を用いる例を紹介しましょう。

（1）度数分布表の作成

度数分布表とは、サンプルから得られたデータについて、一般に量の大小の順で並べ、各数値が現われた個数を表示する表で示したものをいいます。

例えばある調査の質問自体が尺度（度数）となっている場合、その回答数（N）を尺度（度合）ごとに並べ替えたものをいいます。例えば表 6-8 に示すようにアンケート調査でよく見る SD 形式の分布の場合は、すでにこの例では意識レベルでの 5 段階に分割しているので、度数分布による階層作成の必要はありません。

表 6-8 アンケート調査の 5 段階層例

階層	好意レベル（度合）	N 数
1	非常に好き	20
2	まあ好き	35
3	どちらともいえない	20
4	あまり好きではない	15
5	まったく好きではない	10

一方、質問自体に階層尺度（度合）が無い場合、例えば「体重」の分布を見る場合、あるいは表 6-5 に表したような 100 点満点のテストの成績の分布を見るような場合、データをいくつかの階級に分類することで解釈がしやすくなります。以下では表 6-5「2 年 A 組の英語のテスト結果」で考えてみましょう。

このように 30 名あるいはもっと大量の学生の成績の分布のような場合に、度数分布表を作ってみると、解釈しやすくなります。階級数（グループの数）に決まりはありませんが、階級数がむやみに多いと細かくなりすぎ、逆に少なすぎると粗くなるなど、せっかく度数分布を作っても、データの解釈・整理がしづらくなります。そのため、一般的にはデータ数が 100 未満の場合は階級数 5～7、データ数が 100 以上 1000 未満の場合は階級数 8～10、データ数が 1000 以上の場合は、階級数は 11～15 程度を目安にするといい、といわれています。階級幅は、データの最小値から最大値までを含む範囲を階級数で除した値が目安となります。

6.3.4 項の（2）で標記した「テスト成績データ」を使って度数分布表を作成してみます。データの数は 30 人なので、階級数は 5～7 が目安となります。ここでは成績の最低と最高の得点を見ると最低得点が「25」、最高得点が「91」と幅が大きいことが推察できますので、階級数は「7」としてみましょう。

・階級幅 ＝ (91－25)／7＝9.4

階級幅は「9.4」となりますが、区分けを見やすく・わかりやすくすることが目的ですので「区切りのよい「10」にします。そうすると、階級の開始値も最低得点と最高得点をそれぞれ含む「20－100」を範囲とし、階級幅を「10」にすると、階級数は「8」になります。階級数の 5～7 というのは、あくまでも目安ですので、ここでの階級数は「8」とします。

ここで決めた階級に従って、データを小さい順に並べ替えて標記します。この際に、各階級に属するデータの個数がいくつあるかを示したものを「度数分布」というのです。Excel で度数分布を作成する場合、「FREQUENCY」関数、もしくは分析ツールを使います。先ほどの「英語のテスト」の結果について「度数分布表」を作成してみました（表 6-9）。

表 6-9 度数分布表

階級	度数
20 ～ 29	1
30 ～ 39	0
40 ～ 49	5
50 ～ 59	8
60 ～ 69	8
70 ～ 79	4
80 ～ 89	3
90 ～ 99	1

◆【度数分布表】の作成

① データを小さい順にソート（並び替え）します。

② データの最小値（今回のテストでは「25」）と最大値（今回のテストでは「91」）を探します。

③ 度数分布表の階級の範囲を決めます。（注）

今回のテストは「100 点満点」のテストです。そう考えると、得点は「最小値＝0」「最大値＝100」の範囲にありますので、「階級の範囲」は『10』でよさそうです。実際は「最小値＝25」「最大値＝91」でしたので、階級は 25 を含む「20～29」を開始として、91 を含む「90～99」を終了値としました。その結果、階級数は「8」となります。

（注）…今回の例は「テスト」なので、「0～100」の間に得点は分布します。したがって、階級幅を「10」としましたが、例えば「大学生の 1 年間のお小遣い」の度数分布となると、果たして階級幅は「10」でいいのでしょうか。少し粗い度数分布といえるのではないでしょうか。

このように、実際に度数分布表を作成する場合は、データを見て、最小値・最大値を求めてから、分布の階級幅・階級数を作った方がよいでしょう。

（2）Excel で、度数分布表とヒストグラムを作成

6.4.2 項で度数分布表を作成してみました。では次に、度数分布の各階級の度数（個数）の数表を、グラフを使って表現してみましょう。この度数分布をグラフにしたものを「ヒストグラム」といいます。ヒストグラムは、横軸（横方向）に「データの階級」をとり、縦軸（縦方向）に度数を表示するのが、一般的な表現です。

先ほどの「英語のテストの得点」の度数分布を Excel を使ってヒストグラムにしてみます。度数分布表、およびヒストグラムの Excel の手順は

1-1）Excel シートに「英語のテスト」の各自の点数を入力。

1-2）データ（点数）の最小値（25）、最大値（91）による度数分布から作成した階級幅（10）でグラフを作成するために、各階級区間の代表となる値（最大の値…29・39・49…89・99）を入力します。

2-1）[データ]タブ ⇒[分布]⇒[データ分析]をクリック。

2-2）[データ分析]ダイアログボックスから[ヒストグラム]を選択してクリック ⇒[OK]をクリック。

3-1）[ヒストグラム]ダイアログボックスから

・データの入力範囲（A4 から J6）を選択。

・データの区間（A10～A17）を選択 ⇒[OK]をクリック。

4-1）セル「A1『データ区間』にカーソル ⇒[挿入]タブをクリック ⇒[縦棒]をクリック。[グラフイメージ]から目的に応じて「見やすい」グラフを選択。

この工程により[頻度]と題されたグラフを作成することができます。タイトルは目的に応じたものを入力してみましょう（今回は英語テストの点数分布など）。

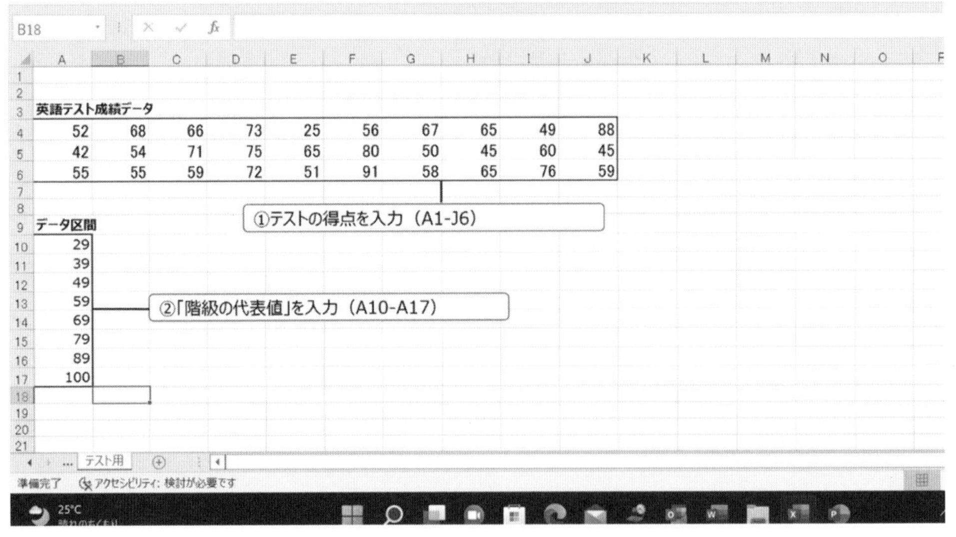

図 6-12　度数分布表とヒストグラムの作成①

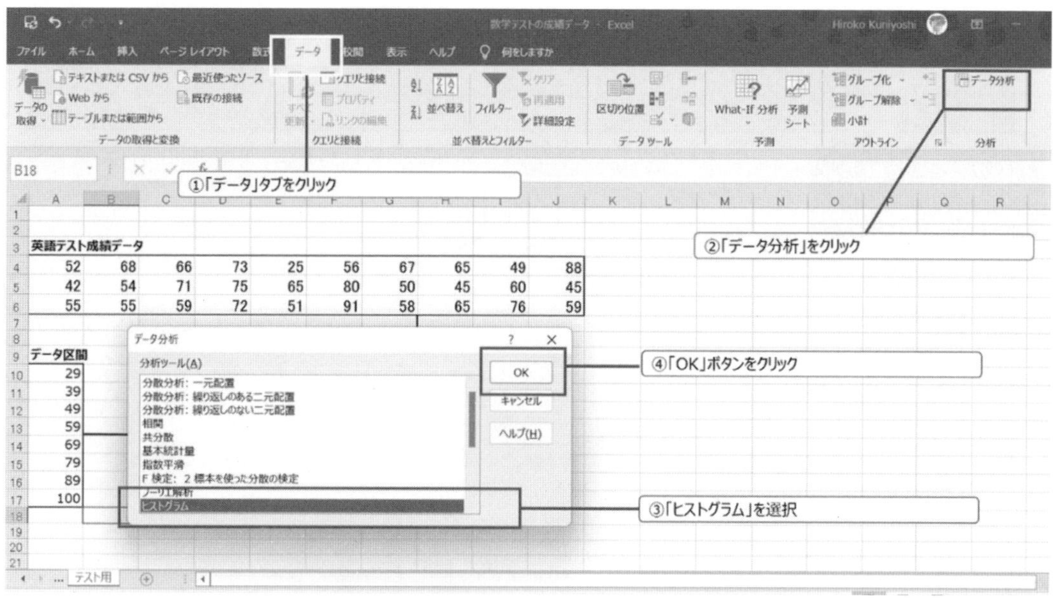

図 6-13　度数分布表とヒストグラムの作成②

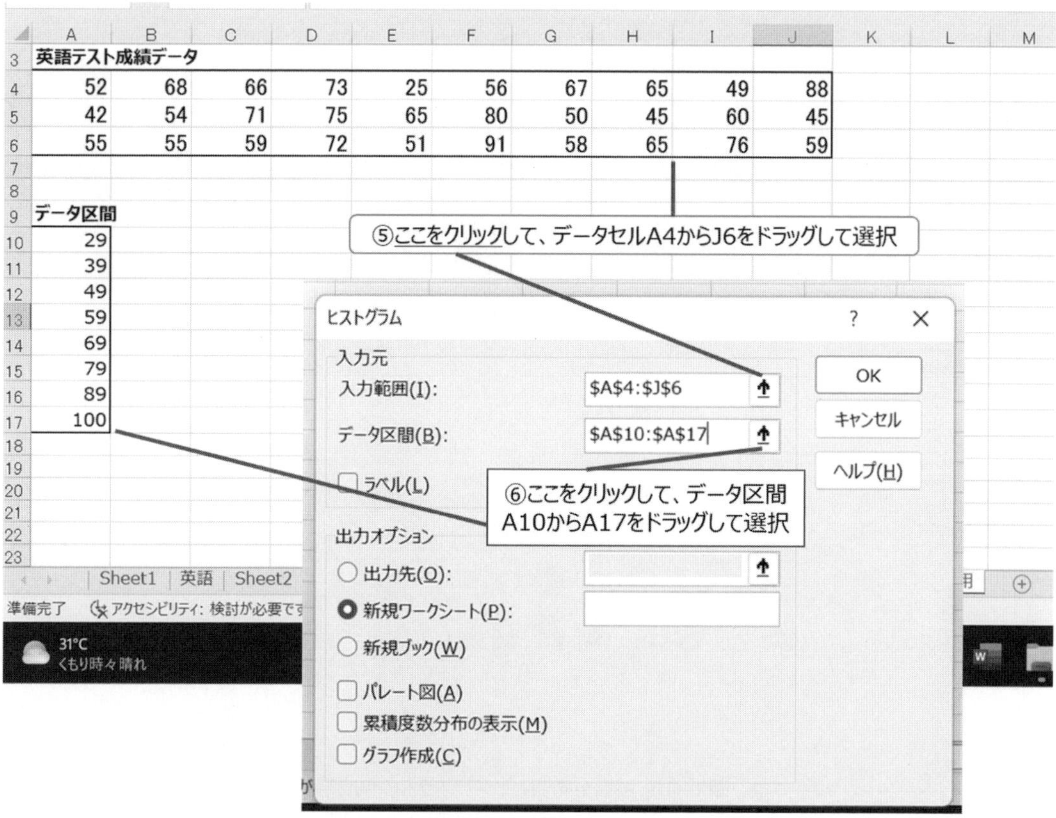

英語テスト成績データ

52	68	66	73	25	56	67	65	49	88
42	54	71	75	65	80	50	45	60	45
55	55	59	72	51	91	58	65	76	59

データ区間
29
39
49
59
69
79
89
100

⑤ここをクリックして、データセルA4からJ6をドラッグして選択

ヒストグラム

入力元

入力範囲(I): $A$4:$J$6

データ区間(B): $A$10:$A$17

ラベル(L)

⑥ここをクリックして、データ区間A10からA17をドラッグして選択

出力オプション

出力先(O):

新規ワークシート(P):

新規ブック(W)

パレート図(A)

累積度数分布の表示(M)

グラフ作成(C)

OK

キャンセル

ヘルプ(H)

図 6-14　度数分布表とヒストグラムの作成③

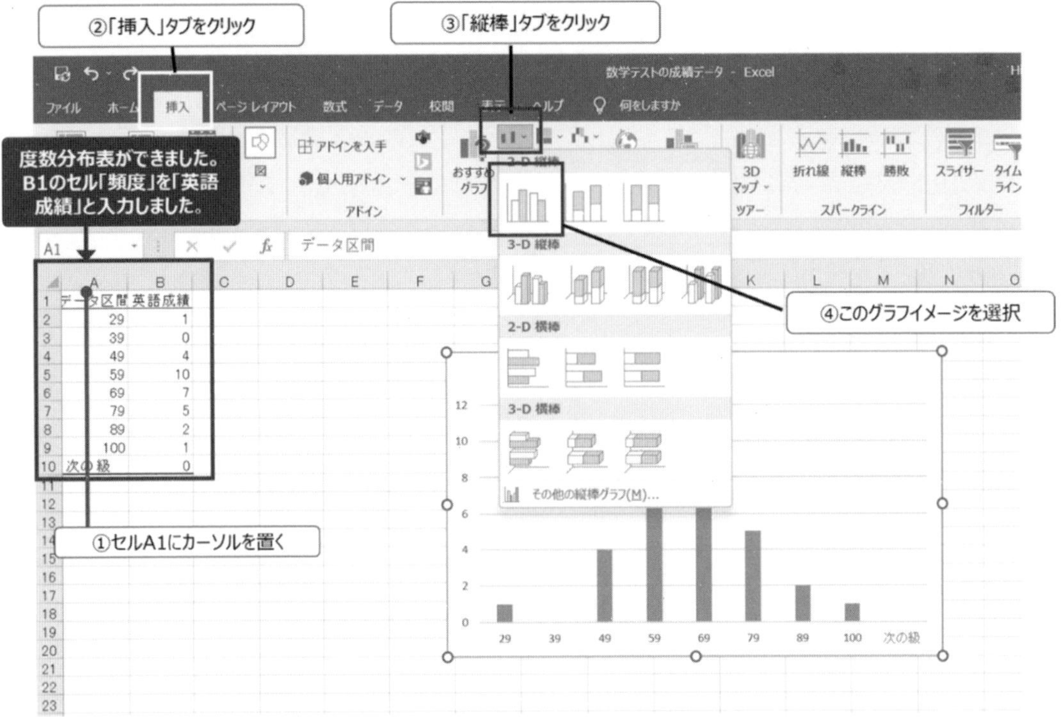

図 6-15　度数分布表とヒストグラムの作成④

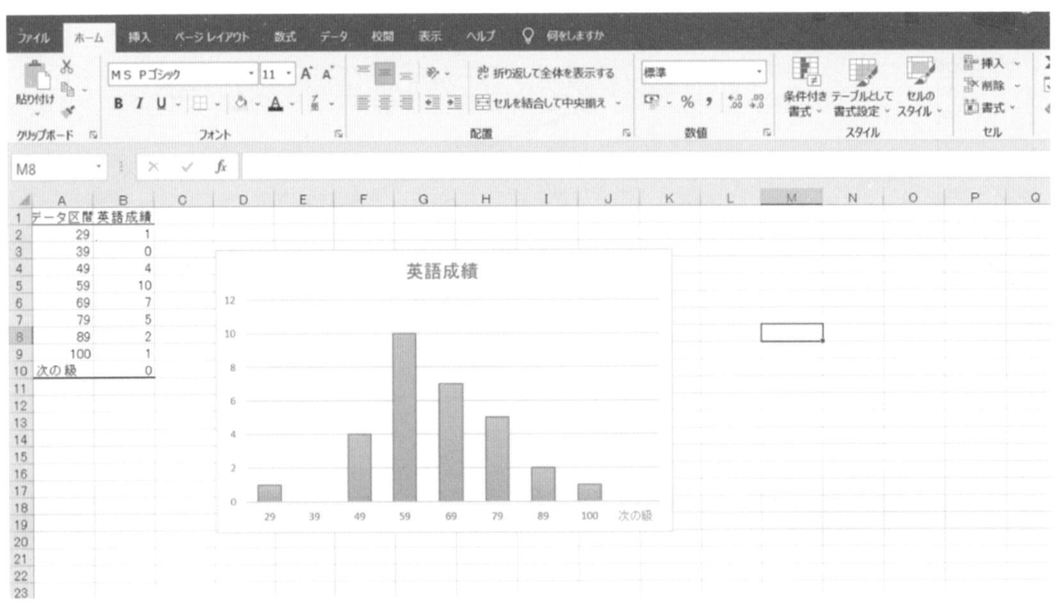

図 6-16　度数分布表とヒストグラムの作成⑤

6.5 統計解析

6.5.1 データの分析

6.4.1 項 データの加工で、データをクロス集計という集計方法で解釈することを述べました。そして、分析はやみくもに行えばいいというものではありません。課題を吟味し、課題解決に結びつく分析の目的を設定し、その目的に応じた「分析手法」を採用しなければいけません。分析の目的と手法については、次節並びに第 10 章でもう少し詳しく説明します。

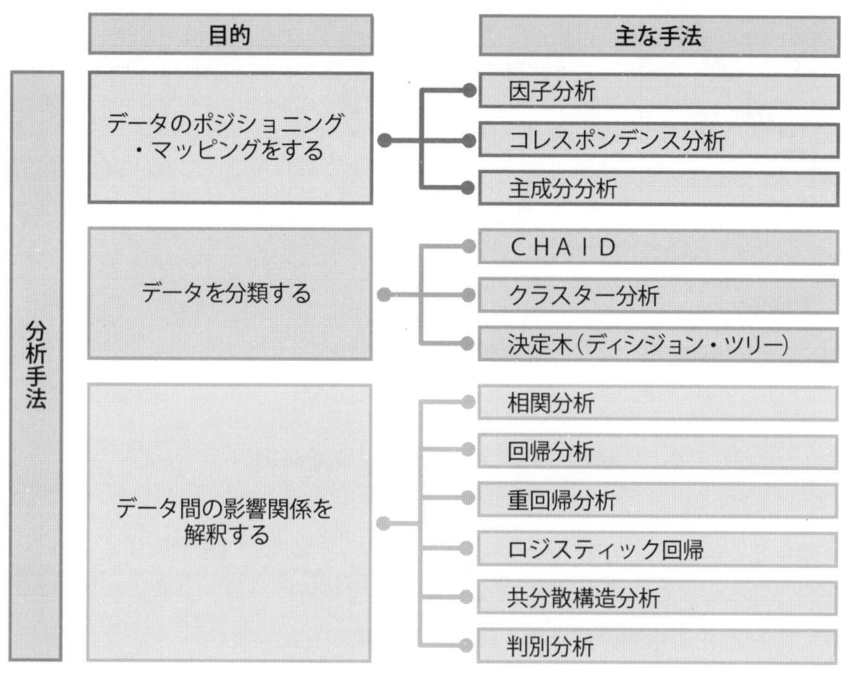

図 6-17 分析の目的と分析手法

6.5.2 相関分析

ここまでは、データの基本的な分析値（基本統計量）とデータの分布（度数分布やヒストグラム）また集計の考え方までを学んできました。基本統計量では、ひとつのデータ群について、その傾向や散らばり（幅や量）を見てみました（30 名の英語のテストの得点の分布や散らばり）。ここでは、分析方法のひとつで「データ間の影響関係を解釈する」ことを目的とする『相関分析』について、少し詳細にみていきましょう。

実際に解析を行う場合、単独のデータの特性だけではなく、複数のデータが関係していることがあります。例えば「英語のテスト」結果と「復習の勉強時間」の関係であったり、例えば「身長」と「体重」の関係など、ふたつ以上のデータ群の関係を見ることによって、より詳細なデータの解釈をすることができるのです。

では、ふたつのデータの関係を見てみましょう。

「身長が高くなると、体重も重くなる」とか「勉強時間が増えると、テストの成績も上がる（として)」というように、一方のデータが増加すると他方のデータも規則的に増加するような場合を「正の相関がある」といいます。逆に「気温が上がると鍋料理の売上が下がる」というような、一方の数値が上がると他方の数値が下がる場合を「負の相関がある」といいます。このような 2 つの変数の関係を把握するために用いる図を散布図といいます。

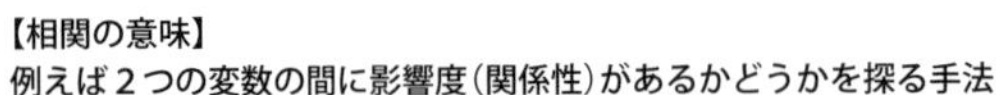

【相関の意味】
例えば２つの変数の間に影響度（関係性）があるかどうかを探る手法

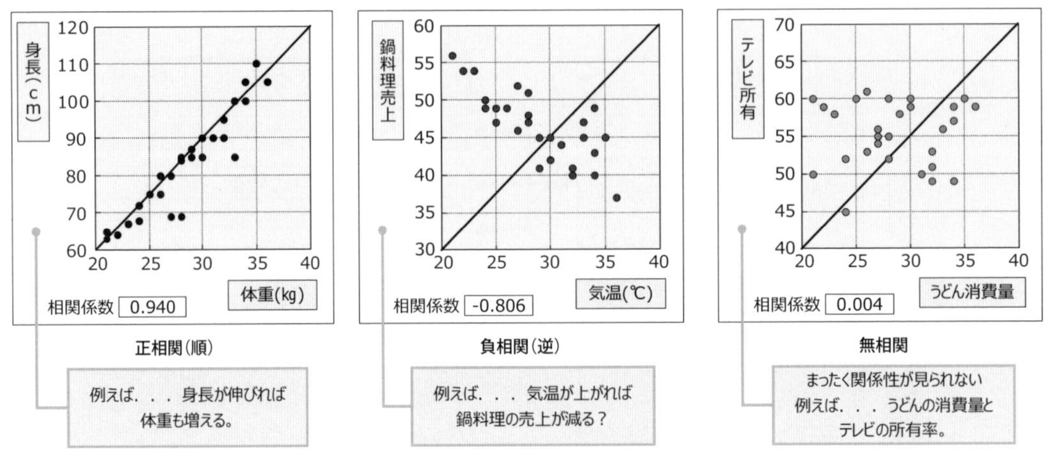

図 6-18　2 つの変数間の関係（相関分析）

散布図を描くことにより、2 つのデータ群の間にある影響関係（相関関係）をわかりやすく表現することができます。ちなみに 2 つの変数間の相関分析の計算、2 組の数値からなるデータ列$\{(x_i, y_i)\}(i = 1, 2, \ldots, n)$の相関係数を導くには下記の数式を用います。

$$\frac{\sum_{i=1}^{n}(x_i-\bar{x})(y_i-\bar{y})}{\sqrt{\sum_{i=1}^{n}(x_i-\bar{x})^2}\sqrt{\sum_{i=1}^{n}(y_i-\bar{y})^2}}$$

（1）相関係数の計算

◆ 相関係数は、ふたつの変数 x、y の相関の強さや関連性を測る統計量
◆ 正の相関が強いとき、相関係数の値がプラスの方向に大きくなる
◆ 負の相関が強いとき、相関係数の値がマイナスの方向に大きくなる
◆ 一方、相関係数が″0″に近いときはデータの間の関連性が弱い

表 6-10 の相関係数の「目安」の通り「相関係数＝0」のとき、ふたつのデータ間の関係は無相関といいます。一般的には「相関係数」が 0.7～1.0 のときに『強い相関がある』、0.4～0.7 のときに『中程度の相関がある』といいます。0.2～0.4 の場合は『相関傾向が伺える（相関傾向は弱

い)』ということができます。

この「目安」はあくまでも一例であり、例えば「医学・薬学」の領域では、もっと高い数値が求められます。例えば「相関あり」と解釈する値は「0.9 以上」が求められたりするでしょう。マーケティングの領域でも商品開発の場合「中程度の相関傾向あり」と解釈するのは「0.6 以上」を求めるケースもあるのです。

表 6-10 相関係数の目安

相関係数	データの関連性
0.7〜1.0	相関が強い
0.4〜0.7	中程度の相関
0.2〜0.4	弱い相関
0.0〜0.2	相関なし

では、具体例を Excel を使って分析してみます。

課題：変数 1「気温」と変数 2「A 店におけるジェラートの販売量（金額)」に関係性はあるのか Excel を使って「最高気温」と「ジェラートの販売量（金額)」という 2 つの変数の散布図を描いてみました（表 6-11)。

表 6-11 A 店のジェラート販売量

日別最高気温と『ジェラート』の販売量（金額）との関係

日付	7/1	7/2	7/3	7/4	7/5	7/6	7/7	7/8	7/9	7/10	7/11	7/12	7/13	7/14	7/15	7/16	7/17	7/18	7/19	7/20
最高気温（単位：℃）	25	32	28	31	30	34	31	34	28	24	28	30	31	33	27	30	29	26	22	23
ジェラート販売量（単位：千円）	720	750	730	745	740	770	730	760	720	695	720	710	750	730	700	720	710	700	680	680

（※数字はダミー）

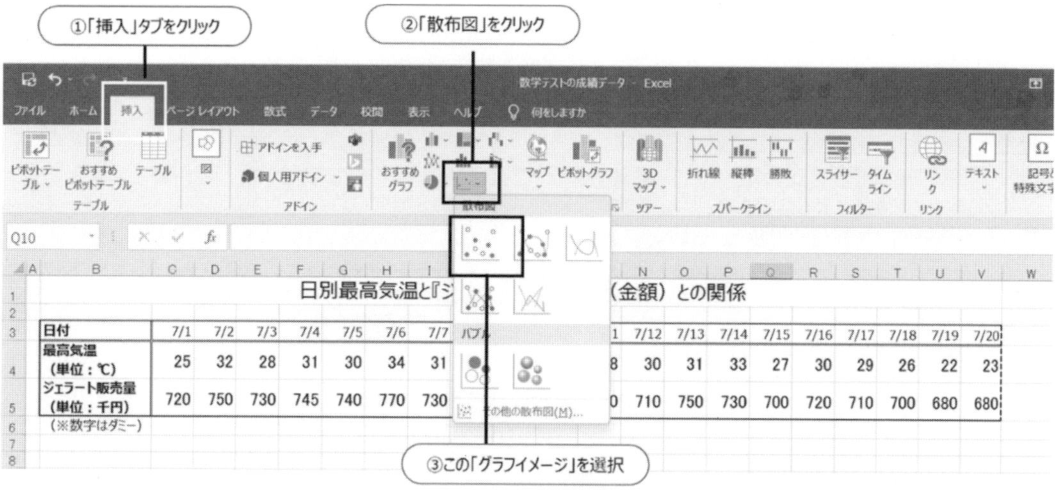

①「挿入」タブをクリック

②「散布図」をクリック

③この「グラフイメージ」を選択

図 6-19 Excel による相関分析①

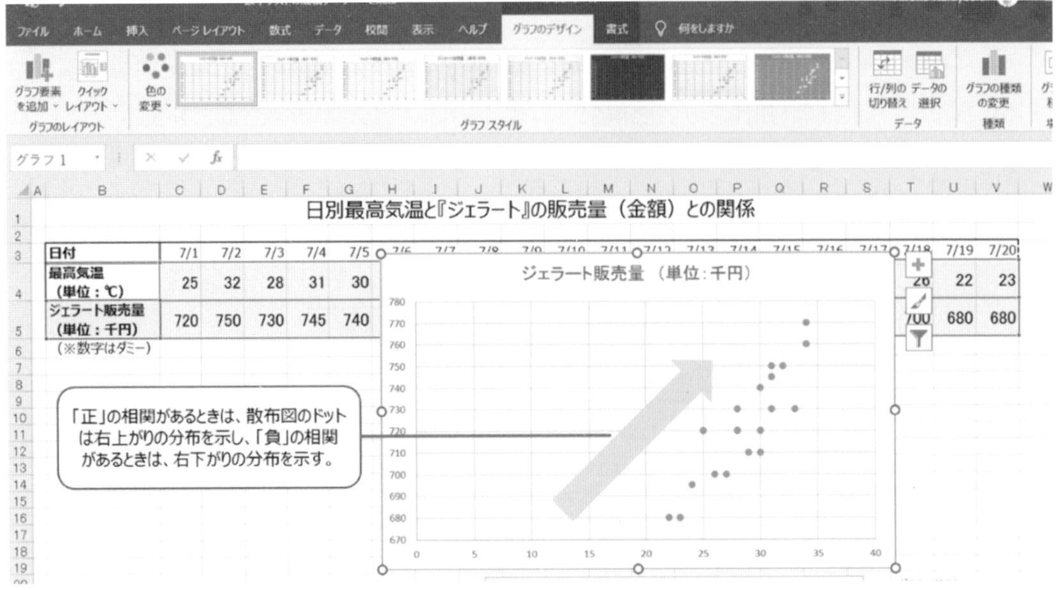

図6-20　Excel による相関分析②

では、次に Excel を使って「相関係数」を算出してみます。

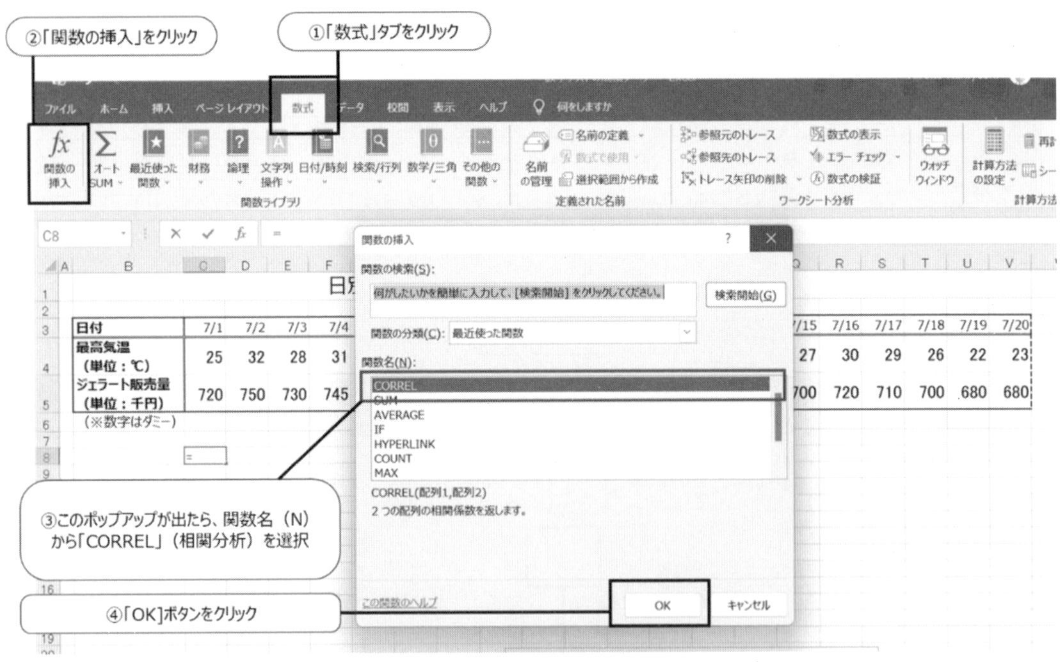

図6-21　Excel による相関分析③

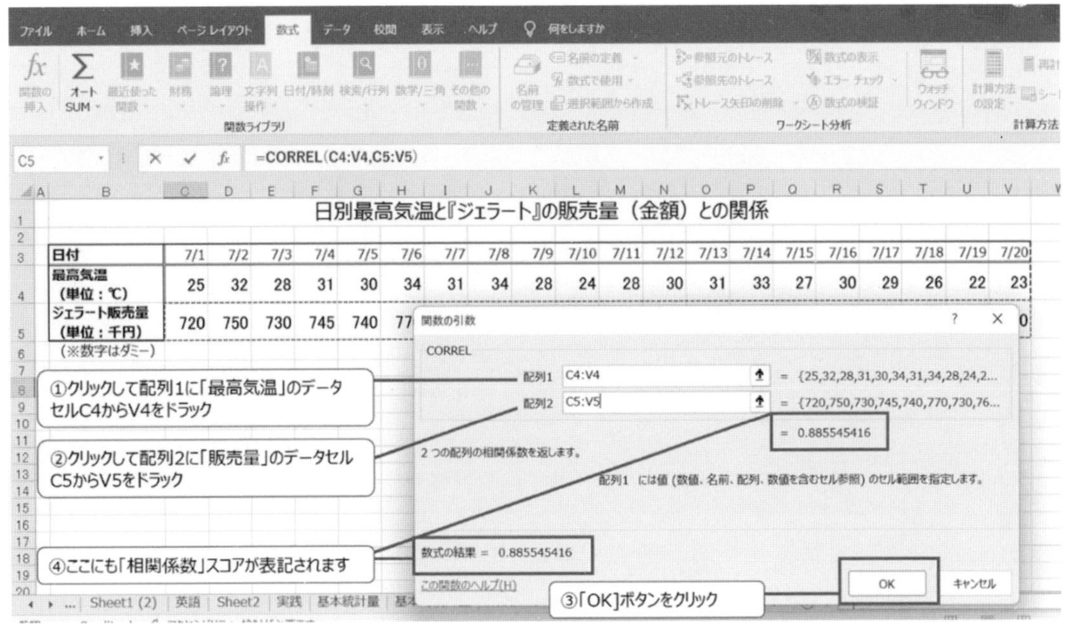

図 6-22 Excel による相関分析④

上記のステップで計算することにより、今回のデータからは

『相関係数』＝ 0.886

となりました。

表 6-10 の相関係数の目安に当てはめてみると、この相関係数は[0.7－1.0]の間にあり、このデータによる『最高気温とジェラートの販売量（金額）』の関係は【相関が強い】ということが導き出されました。このように Excel を使えば、容易に計算をすることができるのです。

※今回利用した「気温」と「ジェラート販売量（金額）」はダミー（架空）のデータです。

（2）相関関係の意味

前節では、2 つの変数間に「正」あるいは「負」の関係性がみられるかを確認しました。ひとつの変数が、強く（大きく）なれば、もう一方の変数も強く（大きく）なる「正の関係」、あるいは逆に一方が強く（大きく）なれば、もう一方は弱く（小さく）なる「負の関係」です。ここで注意したいのは 2 つの変数に関係性を見いだすことはできても、原因と結果を導く「因果性」はわからないということです。あくまでも、2 つの変数間の強弱の関係性の有無を確認することはできますが、その原因を見つけ出す分析手法ではないのです。

因果性を求める場合は、実験的・観察的なアプローチによって、統制群と実験群の比較などから原因を導き出す方法、あるいは標本調査によるリサーチの結果から推定するなどの方法による検証が必要です。そして、因果関係を考える際の分析方法のひとつに「回帰分析」があります。回帰分析については、第 10 章で紹介したいと思います。

第7章

問題解決の方法とプログラミング

私たちは複雑な問題を解決する手段として、問題を私たちの理想をもとに単純化します。この単純化の作業はモデル化といいます。モデル化は、問題解決のためにコンピュータにプログラミングしたり、多量のデータを利用したりする場合にも役立ちます。本章では、問題解決の方法とプログラミングについて概説します。

7.1 問題解決の手順

7.1.1 問題解決とは何か

近年の社会は情報化により仕事や生活がますます便利になっています。一方、情報活用の機会が増大していることから、予期せぬ問題も起きています。例えば、携帯電話やスマートフォンは歩きながら操作をすることで他者や自動車などと接触する危険があり、携帯端末を適切に利用する必要があります。「問題」は理想と現実との差のことをいいます。この差をなくした状態を持続することが、問題解決になります。ここでは、問題解決にICTを活用する方法を考えます。問題解決を行うとき最も重要なことは、解決したい問題の本質をとらえることです。そのため、情報は整理され扱いやすくしなければなりません。

問題解決は、次に示す基本的な手順に従うのがよいとされています [1]。

①問題を把握する

ギャップがあることを認識

②問題を分析する

現状と目標との間にどのような課題があるか

③解決方法を策定する

1つ以上の解決策を立案する

④解決策を実施する

策定した方法を実際に試してみる

⑤結果を評価する

実施した解決策について評価を行う

この手順に従うためには、必要な情報を探し出す技術や適当なICTを選ぶ知識などが必要です。数値情報なら表計算ソフトや統計処理ソフトが役に立ちます。複数の解決策を見出した場合、シミュレーションを用います。シミュレーションは、安全で経費や時間のかからない“試行”や“実験”を行うことができます。いずれも、ツールによる情報処理が高速で正確というコンピュータの長所が活かされます。

7.1.2 パソコン利用の問題解決

パソコンを利用していて操作方法などがわからないとき、やみくもに操作してみて偶然にうまくいく場合もあります。しかし、間違えた場合に状況によっては、ハードウェアやソフトウェアの状態を元に戻せないこともあります。このパソコン利用の問題を解決するには、いくつかの方法が考えられます。

（1）ヘルプの活用

機器の操作がわからないとき、例えば周辺機器の無線 LAN に接続の方法がわからないとします。ここでは機器の設置や動作は正常であるとします。Windows には知りたい情報の用語などを入力して、すぐに検索できます（図 7-1）。検索候補は自分の状況と同じか近いものであるかを確かめます（図 7-2）。次に、選んだ検索結果を開いて、自分の知りたい情報であるかどうかをよく読んで確かめます（図 7-3）。なお、検索候補にあがる情報は、メーカーによる公式な Web サイトに限りません。掲示板などに同じ境遇にあった個人が自由に書き込んだ記事もありえます。参考にしたい情報は、複数の情報を読み比べて、相応しい候補に絞りましょう。

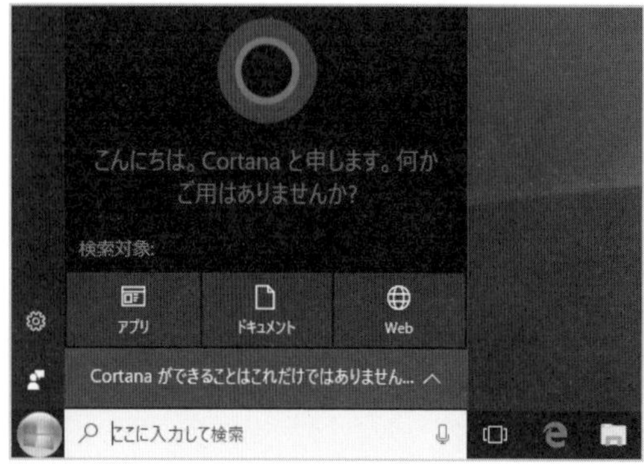

図 7-1　入力して検索

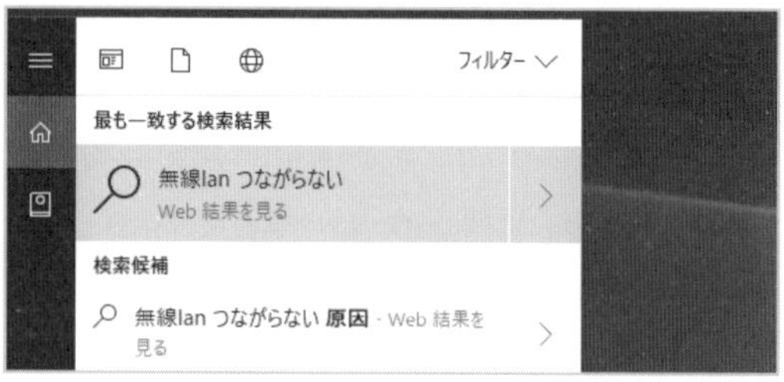

図 7-2　検索候補

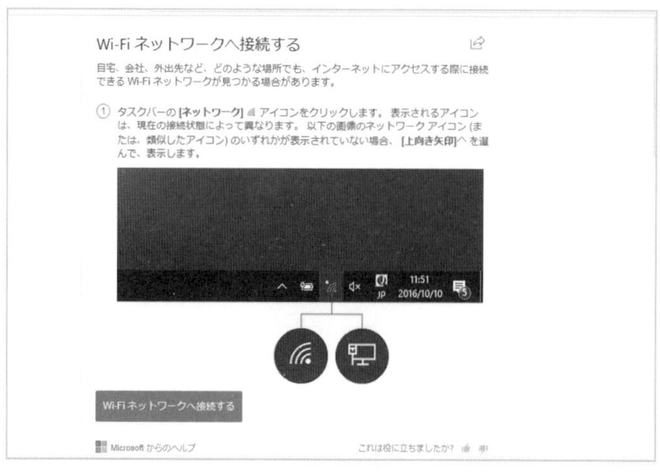

図 7-3　検索結果を開いた例

アプリケーションソフトでも、そのソフト自体の操作方法などの知りたい情報を検索できます。例えば、作成している文書の文字数を知りたいのに操作方法がわからないとき、Word 画面上中央に、実行したい作業を入力します。ここで「文字数」と入力すると、検索候補が提示されます。次に、最上位の「文字カウント」を使用してみることになります（図 7-4）。

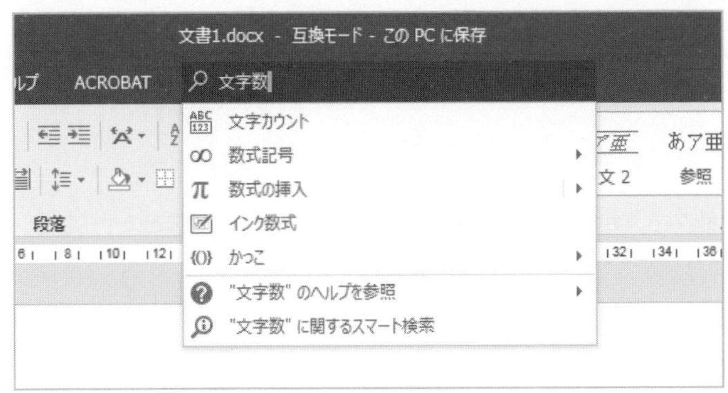

図 7-4　Word に入力して検索

Word や Excel などのオフィスソフトには、元に戻すボタンが用意されています（図 7-5）。間違えた操作を元に戻すことができます。最大で 100 回前までの操作を取り消すことができます。

図 7-5　Word の元に戻す例

（2）窓口などへの相談

大学生の情報利用環境は、一般に、パソコンの設置された教室だけでなく、大学内の各所に無線 LAN アクセスポイントも設置されているほか、授業支援のための e ラーニングシステムが採用されています。こうした環境による教育の情報化は、学生の情報利用の機会を広げています。それにともない、パソコンの新たな操作方法でわからない場合もあるかもしれません。

情報科目の授業内容に関しては、科目担当の教員に質問できます。ただし、その前に同級生や先輩に質問したり、テキストやノートを読んだりして、よく考えることが大切です。e ラーニングシステムは教材の閲覧や課題の提出だけでなく、受講生同士または教員との質問や意見のやり取りの可能な掲示板もあります（図 7-6）。特に掲示板はある一人の質問や意見が、ほかの受講生も同様に聞きたい内容である場合があります。解決方法や良い考えを共有できるので、クラス全体にメリットがあります。

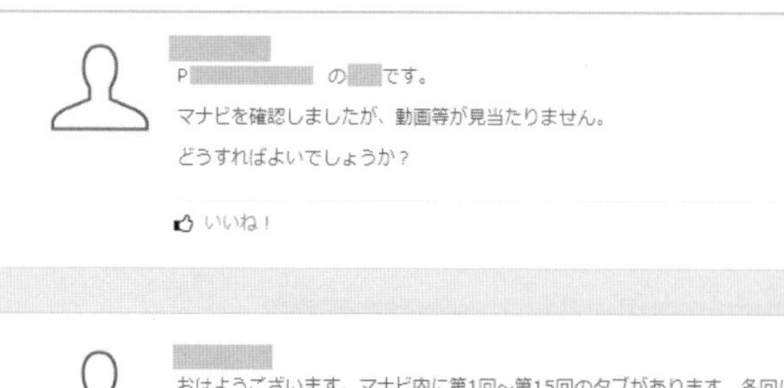

図 7-6　e ラーニングシステムの掲示板で受講生と教員とのやり取り

授業を補助する学生（ステューデント・アシスタント、以下 SA）は、語学や情報などのおもに演習科目で、受講生の質問などに個別に対応するために導入されることがあります。情報科目ではおもに次の 3 点に対応することが期待されています [2]。受講生は授業に遅れないためにも、わからないときは SA に質問しましょう。

- 授業内容を理解するために重ねての説明を要する
- ローマ字入力など入力作業の遅れ
- 各種機能の呼び出しや実行方法の理解に遅れ

なお、教室などでほかの受講生がいるために質問しにくかったり、授業が早すぎてついていけなかったりする場合もあるかもしれません。その場合は、後で教員を直接たずねたり、電子メールを利用したりして、詳細なやり取りをしましょう。

また、学内無線 LAN との接続や、開放されているパソコン室の利用に関することは、大学の教務窓口などの管理部門に相談してみましょう。

（3）情報活用能力の向上

全国で過去 1 年間にインターネットを利用したことのある個人の割合は 83.5%であり、増加傾向にあります。利用目的は電子メールの送受信の割合が 79.7%と最も高く、次いで天気予報の利用、地図交通情報の提供サービスとなっており、日常的に定着してきています。しかし、パソコンなどの情報機器を使いこなすには、日頃からのスキルアップが必要です。近年、基礎的・実務的なアプリケーション操作能力の向上を目指した資格取得支援が取り組まれています [3]。こうした能力は情報活用能力とよばれています。

情報活用能力を向上するには、資格試験の合格を目指すのも方法の 1 つです。ワープロソフトの Word や、表計算ソフトの Excel については例えば、中央職業能力開発協会の主催するコンピュータサービス技能評価試験があります。受験部門は Word と Excel に分かれています。基礎レベルの 3 級の出題内容を表 7-1 に示します。要求される操作能力は、ワープロ部門では、文書作成にかかわる「入力の正確性」「入力スピード」が重要になっています。表計算部門では、表作成にかかわる「正確な操作」「適切な機能活用」が重要になっています。

表 7-1 コンピュータサービス技能評価試験 3 級の出題内容

ワープロ部門	表計算部門
課題 1　文字入力	課題 1　表の作成
課題 2　文書の作成	課題 2　装飾・編集
課題 3　文書の編集・校正	課題 3　グラフの作成

上記のように資格試験合格を目指すほかに、人に教えたり一緒に考えたりすることによっても、そこで扱う知識や能力が身につきます。クラスで自分が先に進んだら、周りの人の質問に対応するようにしましょう。

さらに、自身が既に習得している内容の授業を補助する方法もあります。教員とともに教室に立ち、SA として授業を補助します。受講生の質問などに対応することによって、自身の復習になります（図 7-7）。

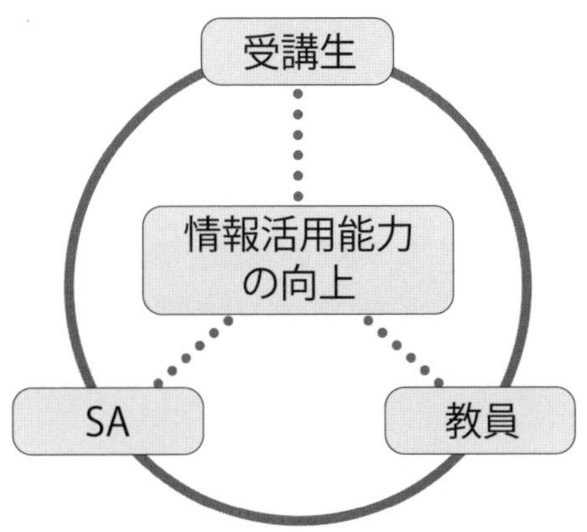

図 7-7 SA も情報活用能力が向上

（4）ICT 利用のアクセシビリティ

障がい者数の概容は、内閣府の障がい者白書によれば、身体障害、知的障害、精神障害を合わせると総人口比が 6%となっています。普通に授業を受けたり、会社で仕事をしたりしていくには、障害のある人の参加は非常に少ないのが現状です。手話通訳が付かなかったり、配布される資料の文字が小さすぎて読めなかったりする、などのバリア（障壁）があります。

日常生活や社会生活のバリアを軽減あるいは解消するために、バリアフリーという言葉が一般的になり、多くの議論が行われています。バリアフリーは、支援技術やサービスを進展させていくだけでなく、周囲の人々の配慮についても考えていかなければなりません。このように、障害のある人とない人の平等な機会を確保するために、障害の状態や性別、年齢などを考慮した変更や調整、サービスを提供することを、合理的配慮とよびます。変更や調整とは何かについて、以下のように整理されています。

◆ **時間や順番、ルールなどを変えること**

（例 1）精神障害がある職員の勤務時間を変更し、ラッシュ時に満員電車を利用せずに通勤できるように対応する。

（例 2）知的障害がある人に対して、ルビをふるなど、わかりやすい言葉で書いた資料を提供する。

◆ **設備や施設などの形を変えること**

（例）建物の入り口の段差を解消するために、スロープを設置するなど、車いす利用者が容易に建物に入ることができるように対応する。

◆ **補助器具やサービスを提供すること**

（例 1）視覚障害がある職員が仕事で使うパソコンに音声読み上げソフトを導入し、パソコンを使って仕事ができるようにする。

（例 2）発達障がい者のために、他人の視線などをさえぎる空間を用意する。

視覚に障害のある人を考えてみると、相手の表情を見たり、書かれている文章を読んだりすることが難しい場合があります。こうしたことから、視覚障害は情報障害ともいわれています。さらに、視覚障害だけでなく聴覚にも何らかの障害を併せもつ人（盲ろう者）は、重度の情報障害といえます。視覚を聴覚で代行する方法は、視覚と聴覚に障害のある人に対しては、そのままでは適用することが難しいのです。情報障害を解消あるいは軽減するには、パソコンなど情報機器へのアクセスのしやすさが重要です。

7.2 モデル化

7.2.1 モデル化

複雑な問題は、コンピュータや通信ネットワークを活用して、解決方法を見出そうとします。問題の分析から解決まで、適切な手順を踏むことによって、結論を得ることができます。まず行わなければならないのは、問題の内容と構造を理解し、扱う範囲を明確にすることです。扱うデータは、問題解決に関係のないデータを切り捨て、限られた特定のデータだけを取り出して利用します。

データは単に集めるだけでなく、利用しやすく整理されると、情報として扱いやすくなります。また、一度作成した情報は、別の目的で再利用できれば効率的です。このように、情報を整理して表現や利用することを考えたものを、データモデルとよびます。

モデルは、複雑な対象に対し、その1つの面を切り取って、それを模倣したものです。モデルを作成することは、モデル化といいます。モデル化は、対象が簡略化され、問題解決の方法を検討しやすくします。また、対象の変化を予測しやすくなります。

例えば、リンゴの特性を情報として他人と共有します。その特徴は、赤い色であるとか、球であるとすれば、情報として色と形のみとなります。ところが、情報として共有するためには、大きさ、形、分類などを示す必要があります。ここで表に整理したものを表 7-2 に示します。色と分類は、別の場面での利用も考えられるので、別表に分離しています。このようにお互いに関連づけられた表形式で表されるものを、リレーショナル型データモデルとよびます。

また、リレーショナル型データモデルは、データベースを構成するための基本的な考え方となっています。

表 7-2 表形式のデータモデルの例

a.リンゴと赤い球

番号	名称	色	直径[mm]	重量[g]	分類
X1	リンゴ	C1	100	200	G1
X2	赤い球	C1	150	300	G2

b.色

番号	名称
C1	赤
C2	黄

c.分類

番号	名称
G1	果物
G2	ボール

7. 2. 2 モデルを用いた問題解決

私たちは複雑な問題を解決するために、対象を簡略化して図に表すことがあります。図を用いたモデルによって、表現方法を選択します。木構造のデータモデルは扱う要素を質的に分類します（図 7-8）[4]。また、似たものに階層モデルがあります。階層モデルは要素に親子関係をもちます。例えば大学の学部・学科の構成を記すように、要素の階層を表現します。

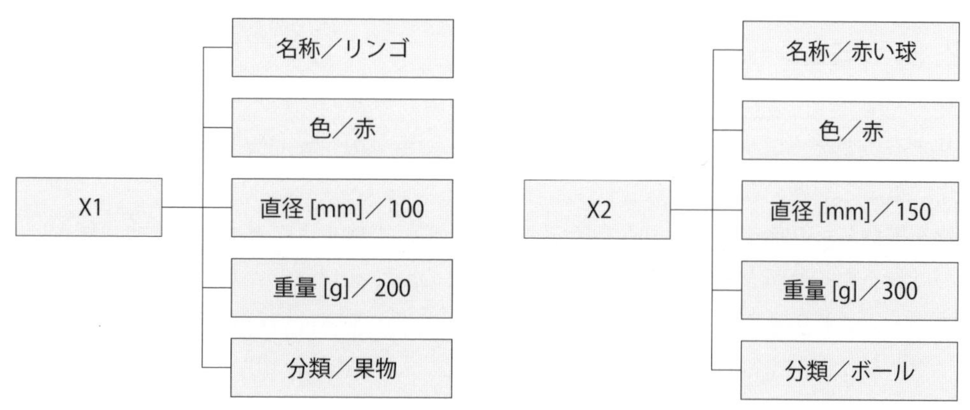

図 7-8 木構造のデータモデルの例

事象を時間で並べることもあります。例えば、大学の授業でテストを受けるときの一連の事象を考えます。このときの事象は大まかに、A）教室に入る、B）テスト用紙を提出する、C）筆記用具を机上に置く、D）テストの開始を待つ、E）テスト用紙の枚数を確認する、F）学生番号と氏名を書く、G）問題を読んで解答する、を考えます。各事象の時間変化を矢印で繋ぎ並べると、次のような時系列モデルを示すことができます（図 7-9）。テストを受けるときの一連の事象を時間順に並べ、簡潔に表現しています。こうして作成したモデルは時間軸上の例となるので、時系列モデルとよびます。

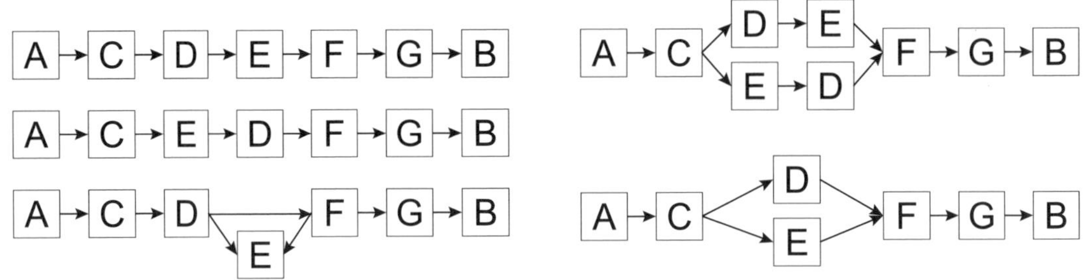

図 7-9 時系列モデル

状態の変化を示すこともあります。ここでは、何かの状態が変化する過程で、どのくらいの時間を要するかを考えてみます。例えば、バケツに水道水を入れ、目標水量に達するまでの時間を把握するとします。このとき、バケツの特性については、バケツの形や大きさを考慮しません。目標水量を V[l]、単位時間当たりの水道水の量を F[l/s]とします。バケツが空の状態から目標水量になるまでに必要な時間 T[s]は、次式で求められます。

$$T = \frac{V}{F}[s]$$

この式は、バケツの水量変化を抽象化しているので、数理モデルを示しています。

7.2.3 シミュレーションとコンピュータ

これまで述べたようにモデル化されたものに対して、擬似的に結果を予測したり、実験を行ったりすることを、シミュレーションとよびます。いくつかの規則や数式をもとにコンピュータを用いることが多くあります。

実物を模擬したり簡素化したりしたモデルを用いて、実験することもあります。例えば、クラスの席替えをくじ引きで行うことを考えます。このシミュレーションでは、座席をモデル化することと、くじ引きを模擬する方法を考えます。まず、座席は席替え問題なので、教卓を無視します。座席に値を割り当てた表形式でモデル化します（図 7-10）。次に、くじ引きはランダムな数字を得なければなりません。サイコロを 2 回投げて、1 回目が行、2 回目が列の番号を示すものとします。このように、時間とともに変動し偶然に決まるような現象を、確率モデルとよびます [4]。この方法で実際に全員の座席を決めるためには、具体的な手続きを考えなければなりません。このように処理の手順などを整理したものをアルゴリズムとよびます。

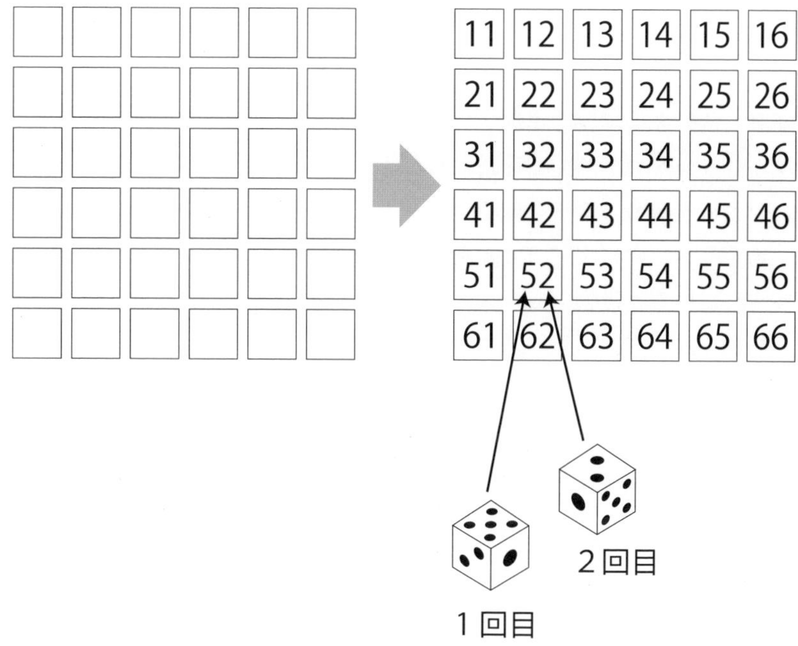

図 7-10 席替え問題のモデル化

シミュレーションは、問題を解決できるかどうかを試すため、条件を少しずつ変えて結果を確認しながら、最適な条件を選びます。コンピュータを用いれば、高速な処理を何度も繰り返すことができます。図 7-11 は、コンピュータシミュレーションで行ういくつかの手続きを示します。実際の機材を用いないで、数値を組み合わせるだけで結果を予測できます。

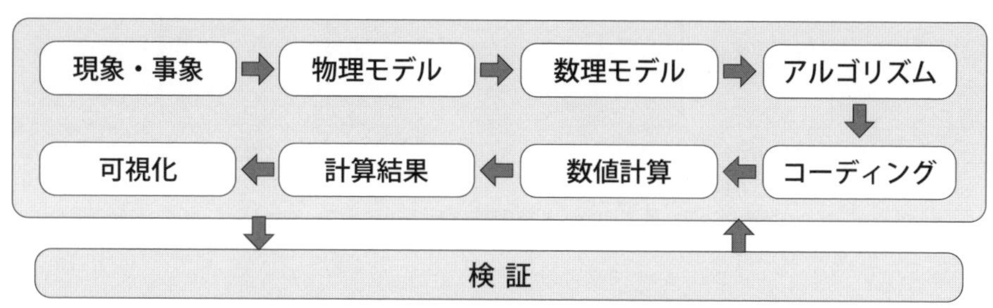

図 7-11 コンピュータシミュレーションの手続き [4]

例えば、車の破壊実験は、コンピュータにより擬似的に行えば、実験のたびに車を破壊する必要がありません。車の構造や衝突の条件などを事象としてコンピュータにシミュレーションします。

津波被害の防災・減災対策には避難訓練が有効ですが、避難訓練の参加率が低いことや、訓練者の具体的な行動を把握するのが困難であるといった課題があります。こうした課題に対する一提案としてスマホ・アプリ「逃げトレ」が開発されています。このアプリは津波到達時間をシミュレーションにより提供します。津波ハザードマップも基に、訓練結果を判定します [5]。

教育に関しては、実体験ではなく、シミュレーションソフトとよばれる学習ソフトを利用することがあります。現実世界では体験できないことを疑似体験します。例えば、摩擦のない床での物体の運動、危険な化学反応実験、フライトシミュレータのように、画面上で仮想体験させるシミュレーションソフトが開発されました [6]。

学習内容に対する学習者の理解を確認するシミュレーションソフトもあります。ロケットを目標物に当てるゲームです（図 7-12）。画面上の原点にあるロケットを、操作するコマンドを用いて、固定されている目標物に当てます。操作履歴を記録して保存することができます。目標物に当てる活動を通して、力学の基本である力、速度、加速度などをどのように理解しているかを、操作履歴を分析することによって、明らかにすることができます。何回も繰り返しゲームを続けることによって、次第にニュートン力学を理解し、その法則に従って目標物に当てるようになる変容を、確認することができます [7]。

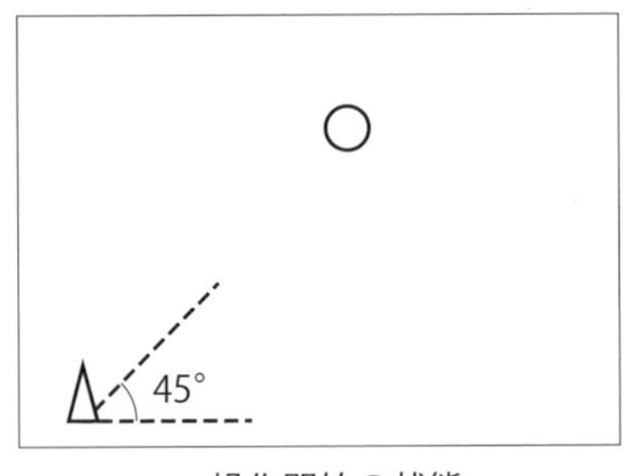

a. 操作開始の状態

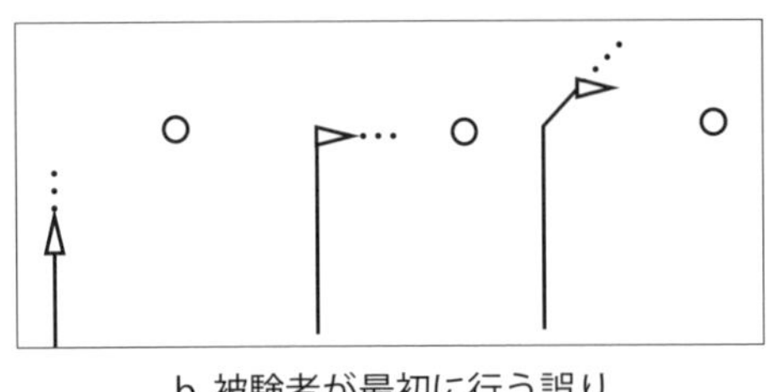

b. 被験者が最初に行う誤り

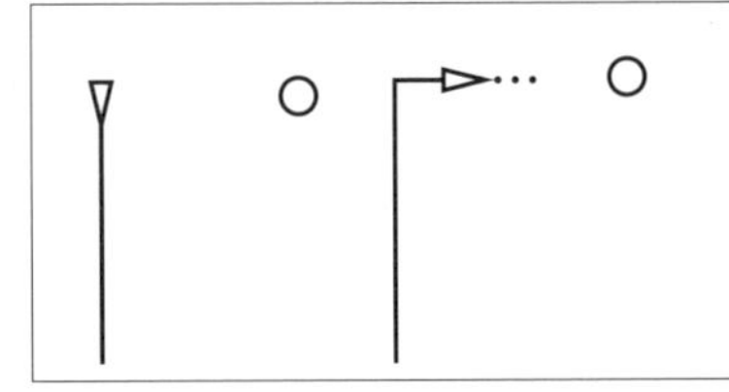

c. 学習後に行った操作

図 7-12　月にロケットを到着させるシミュレーション

情報教育をみてみると、情報活用能力は、情報リテラシともよばれ、社会生活を送るうえで必須の能力ととらえられています。情報の科学的な理解、情報活用の実践力、情報社会に参画する態度の3つの下位能力から構成されています。特に、情報の科学的な理解は、従来の科学的概念獲得のプロセスと同じように、実験やシミュレーション、実習などの体験が必要です [8]。

このほか、次のようなシミュレーションもありえます。

- 奨学金を返済するには毎月いくらを何年間返済する必要があるか
- 毎日何時間運動すれば血圧が正常値になるか
- 道路の混雑状況を予測して、最適なルートを案内する
- 患者の容態と薬の副作用の症状を予測し、適切な薬の処方を得る

7.2.4 データベース

問題解決のために多量のデータを利用するとき、望む部分をすみやかに取り出せるよう、管理して保存しておく必要があります。このようにデータを整理し管理するのがデータベースです。データベースがあれば、多量のデータをもとに、得られた結果（多くは数字）をわかりやすく表現することも可能になります。このように、各種の情報をどのように表現するかは、コンピュータを使って問題解決を行うときに重要です。

データベースとは、役に立つデータを分類・整理してたくわえ、情報を欲しいときにすぐに利用できるようにしたものといえます。身のまわりには、家庭の固定電話機やスマートフォン、電子辞書、図書館などの書籍検索システムなどのデータベースがあります。また、インターネットを介して利用できるオンラインデータベースも多く存在し、世界中から情報を探すこともできます。データベースが管理する情報は、量も増大し、文字情報や静止画像に加え、音声や動画なども利用できるようになっています。

情報システムを適切に構築するには、どのようにデータを表現するかというデータモデルが重要です。データベースを構成するためのデータモデルは、現実世界に存在する諸現象をコンピュータで扱えるようにするために、データを写し取る手段、あるいは写し取った結果をいいます。データを「複数の処理目的で共用できるように、相互に関連付けられた冗長のないデータの集まり」として、コンピュータで扱えるように構成します。この構成によりデータベースは、データを記述し、検索や更新などの操作が可能となります [9]。

データモデルの基本概念は、データ定義を行って、実体（エンティティ）の型と値で表します。実体（entity）は、人間が現実世界で認識する事象を表します。この実体は、データベースでの管理対象の基本となります。実在せず概念的な存在でも扱えます。データモデルは、実体そのままをモデル化するのではなく、同じ種類のものを集めて分類し、型（type）とします。これを実体型（entity type）とよびます。実体型に属する個々の実体を実現値（インスタンス）とよびます。

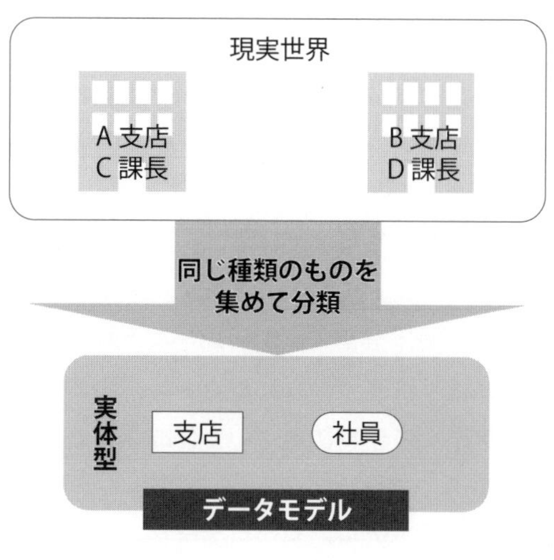

図 7-13 実体型の例

例えば、現実世界の各支店に対し、同じ種類のものを集めて分類したものを実体として、図7-13 に示します。実体型は「支店」、「社員」のほか、「製品」、「製造元」などもあげることができます。実体型「支店」の実現値は、A 支店、B 支店、その他支店もあげることができます。実体型「社員」の実現値は、C 課長、D 課長、その他社員もあげることができます。実体型「製品」の実現値は、個々の製品があげられます。実体型「製造元」の実現値は、Z 社、他社があげられます。

1 つの実体は、モデル化の対象とする同じ現実世界の中では、1 つの型に分類されます。他方、現実世界のとらえ方によっては、1 つの実体は、複数の異なった実体型に分類することができます（図 7-14）。

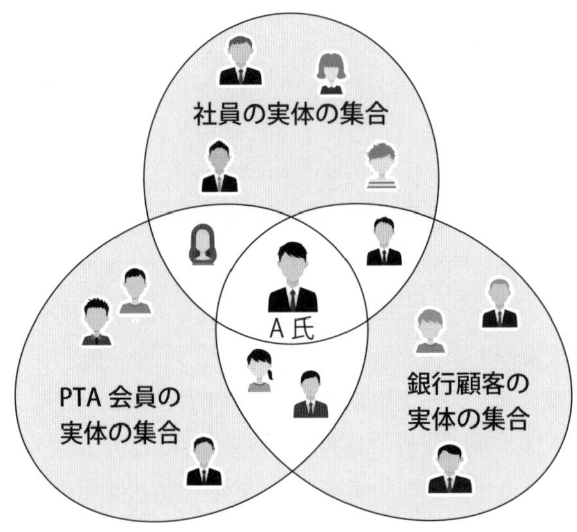

図 7-14　1 つの実体が複数の実体系に分類

このように現実世界の事象を実体としてとらえたあと、事象と事象の間に相互関係に着目します。例えば、「支店」と「社員」の間の「所属（する）」という関連、「製造元」と「製造」の間の「製造（する）」という関連です。こうしたデータの相関関係に着目したモデルは、E-R（実体関係）モデルとよびます。E-R モデルでは、実体型の間の関連（relationship）として表します。

次に、現実のデータの集まりをできるだけ壊さずに、関連項目を整理し、矛盾のないように記述します。その構造は、リレーショナル型データモデルが主流となっています。リレーショナル型データモデルは、データの関係をリレーションとよばれる表で管理します。複数の表はリレーションシップ（関係）により関連づけられることで、全体を 1 つのものであるかのように扱うことができます。このデータモデルに基づいて作成されるデータベースは、リレーショナルデータベースとよばれます。

データベースシステムは、データモデルに基づくデータファイルと管理プログラムで構成されます（図 7-15）。管理プログラムとデータファイルを独立させることによって、どちらかの変更が他方に影響しなくなります。OS やアプリケーションのプログラムが更新されても、データベースシステムを更新する必要がなく、効率的となります。

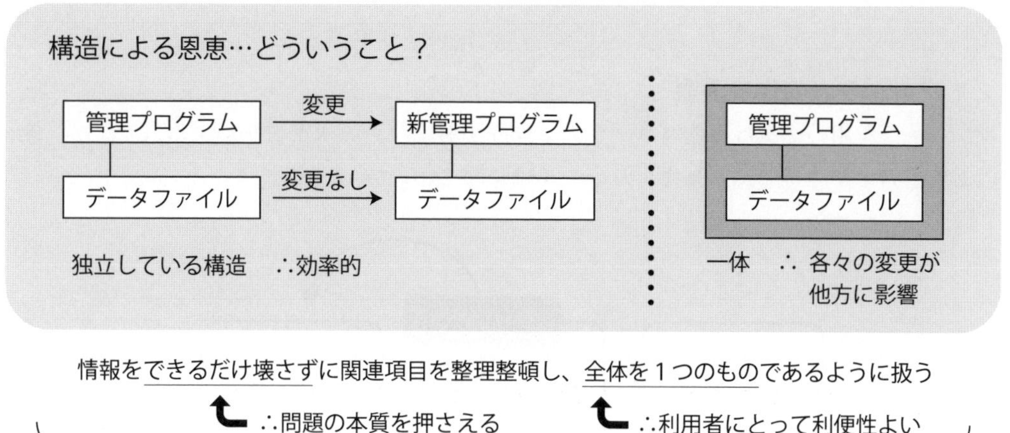

図 7-15 リレーショナルデータベースの利点

7.3 プログラミング

7.3.1 プログラムの作り方

プログラムとは、コンピュータに仕事を行わせるための、命令の集まりです。プログラムを作成するには、まず問題をよく理解したうえで、問題解決のための手順を考えます。このとき、プログラム作成用の言語「プログラム言語」の特徴をよく理解していることは重要です。

（1）プログラム言語

プログラム言語は、機械語、アセンブリ言語、高水準言語に分類できます。

機械語は、0 と 1 の数字を組み合わせ、コンピュータが直接理解できる言語です。人間には理解しにくく、他機種の互換性が乏しいものです。

アセンブリ言語は、機械語の命令を数字ではなく英字の略語で表します。人間には機械語よりも理解しやすいですが、他機種の互換性は機械語同様に乏しいものです。

高水準言語は、人間が理解しやすい言語です。機械語に変換可能であり、他機種との互換性は高いです。機械語に変換するソフトウェアは、言語プロセッサといいます。変換方法により、インタプリタ言語と、コンパイラ言語に分類されます。

①インタプリタ

高水準言語の命令を逐次解釈しながら実行するソフトウェアです。1 命令ずつ処理するので、プログラムの実行速度が遅い欠点があります。

②コンパイラ

高水準言語のプログラム全体を一括で機械語に変換するソフトウェアです。すべての変換を終えなければ実行できない欠点があります。

（2）プログラムの作成手順

コンパイラを用いて実行可能プログラムを作成するには、高水準言語による入力から、機械語による出力までの手順があります。その手順を図 7-16 に示します。

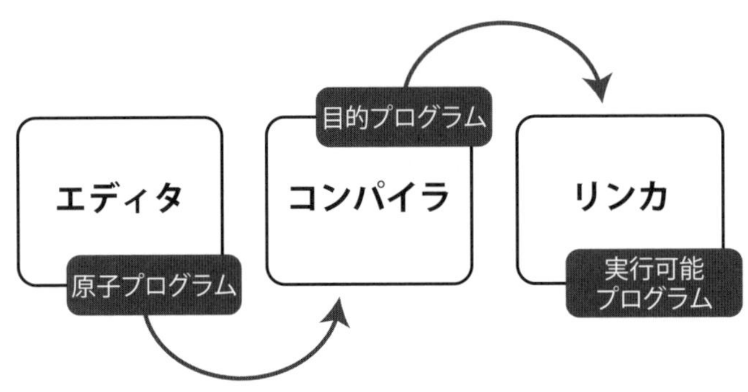

図 7-16　プログラムの作成手順

原始プログラムは、コンパイラに入力されるプログラムです。目的プログラムは、コンパイラが出力する機械語のプログラムです。一般に、そのままでは実行できません。実行可能プログラムは、目的プログラムとあらかじめ用意されたライブラリプログラムを組み合わせ、実行可能にしたプログラムです。

エディタ、コンパイラ、リンカは、一般にひとつにまとまった統合開発環境（IDE: Integrated Development Environment）となって利用されています。

7.3.2 アプリケーション開発環境

（1）デスクトップアプリケーション

大学生は入学初年度からおおむね 2 年間に、大学生活や職業生活に通用する実践的な知識と技能の習得が求められます。関連する資格取得に必要な知識は、情報リテラシ科目でも習得を図ります。その一環として学習するプログラミングの内容は、職業人が備えておくべき情報技術に関する基礎知識を証する公的資格「IT パスポート」の出題範囲に当てはまります。出題範囲のうちアルゴリズムとプログラミングは、基礎理論に分類されています。

プログラミング初学者は、Visual Basic などによるデスクトップアプリケーションを例題に、教員の実演に沿ってプログラミングを試みることがあります。アプリケーションを完成することはできますが、この処理でプログラミング言語は、文法に従ったプログラム記述やエラーメッセージなどさまざまなメッセージをプログラマーに示します。このメッセージそのままでは初学者には理解が難しいことがあります。

（2）スマートフォンのアプリケーション

プログラミングの理解を容易にするには、これら処理系のメッセージをモデル化することで簡易に提示します。また、スマートフォンは身近なコンピュータ・プラットフォームであるため、スマートフォン・アプリケーションの作成は、プログラミング初学者の学習の動機づけにも期待できます。

表 7-3 はアプリケーション開発環境を特徴で分類した例を示します。学習向けの Scratch と MIT App Inventor は、処理系を視覚的にプログラムできるもので、ビジュアルプログラミング言語とよばれる開発環境です。Web アプリケーション向けの JavaScript はスマートフォンなどのブラウザでアプリケーションを実行可能にします。これらの開発環境は、IT パスポートに出題されるアルゴリズムとプログラミングの試験範囲に該当しています。

表 7-3 アプリケーション開発環境の例

特徴	開発環境
学習向けに直感的なプログラミングと実行	Scratch, MIT App Inventor
Web アプリとして開発するプログラムの連携	JavaScript
実践的なアプリケーションの提供	Swift, Android Studio, Unity

7.3.3 プログラミング初学者のための学習環境

プログラミング教育は従来、情報系学部の専門的な授業範囲にありました。しかし、今日のプログラミング教育は、論理的思考力や課題解決力を養うものとして、初等・中等教育にも導入されています。

スマートフォンはコンピュータ・プラットフォームとして一般に定着しており、スマートフォンをターゲットとしたアプリケーション開発が増えています。プログラミング教育向けには、Web ベースでは比較的小規模なプログラムの演習をオープン・プラットフォームとした CloudCoder や、情報系学部には初学者向けの C 言語プログラミングで間違いの修正およびグラフィックス制作支援の機能を有する Bit Arrow が開発されています。

開発環境が身近になったことで、プログラミングは理系だけの学習分野ではなくなりました。実践的なプログラミングの教育は文系学部にも導入され、プログラミング技法の基本概念を理解する授業が行われています。さらに、視覚的にプログラム可能なビジュアルプログラミング言語は、処理系のわかりやすさから初等教育などさまざまな教育機会に用いられています。その 1 つの Scratch は文系学生にも、コンピュータやインタラクティブメディアの理解に有効であることが確認されています。

プログラミングの基礎を学ぶために、次の（1）から（4）に順次取り組みます。

（1）プログラムの流れをつかむ

まず、学習向けのビジュアルプログラミング言語により、プログラムが論理的な処理手順を構成していることを理解します。プログラミング環境にはMIT App Inventorがあります。MIT App Inventorは、作成したアプリケーションがスマートフォンで動作します。作成するプログラムの実行環境は、スマートフォンまたはエミュレータを用います。図7-17はMIT App Inventorのデザイナー画面を示します。デザイナー画面は、ボタンやチェックボックスなどのインタフェースを決めます。プログラムはブロックを組み合わせるように、視覚的にわかりやすく作成できます。ただ、教室ではネットワーク環境により失敗することがあります。小規模なLAN環境での実習に向いています。MIT App Inventorは、視覚的なわかりやすさを前提に処理系の制約はありますが、プログラム規模の比較的小さいアプリケーションを簡易に作成できます。

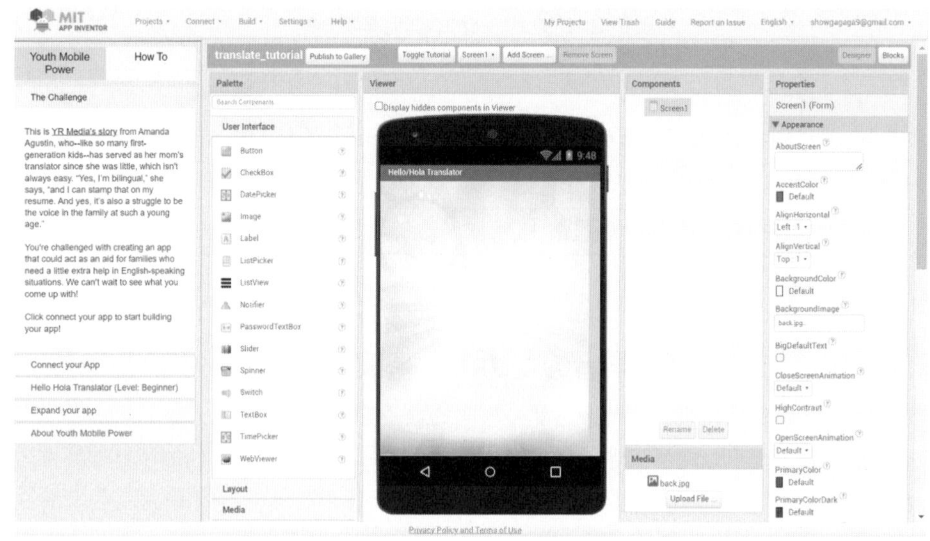

図7-17　MIT App Inventorのデザイン画面

類似したプログラミング環境に、Scratchがあります。Scratchは、スマートフォン向けのアプリケーション開発には対応していませんが、作成したアプリケーションの保存と共有が容易です。まず、ScratchのTopページに紹介されるアプリ(例えば図7-18「neon tunnel」)を任意に開き、ブロックで視覚的に組み立てられた手順に従って動作していることを理解します。Scratchの基本操作の学習は、ツールの操作方法を知るだけでなく、プログラミングの注意点も理解します。最も簡単なアプリケーションの場合、オブジェクトとメソッド、オブジェクト名、スクリプト、順次処理、座標、演算、そして初期化があげられます。この例題には、例えば、障害物を避けて目標に到達するゲームが当てはまります。

また、Scratchは構造化プログラミング、アルゴリズム、比較演算、論理演算、関数などの処理にも対応しています。

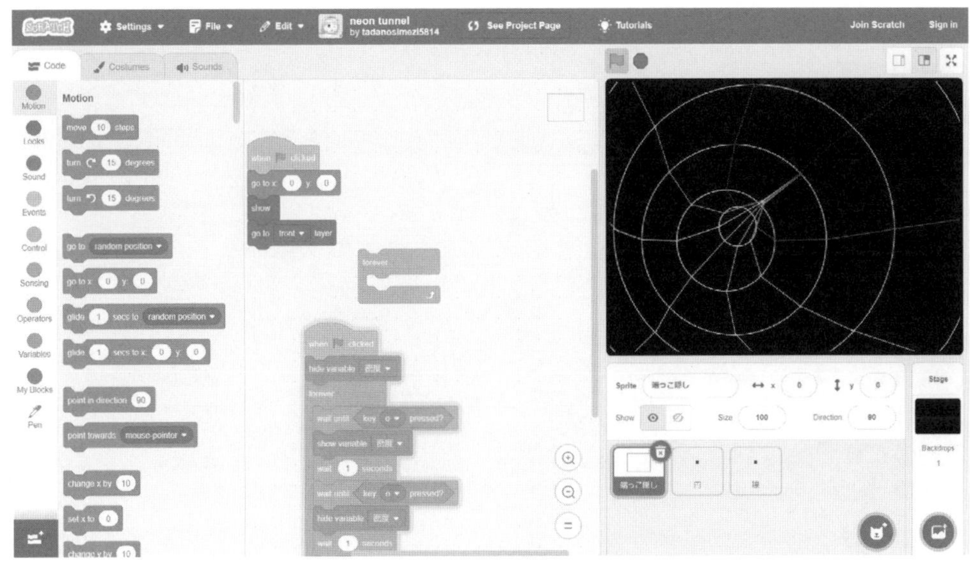

図 7-18 Scratch に紹介されるアプリ「neon tunnel」の画面例

（2）プログラムの論理構造の発見

次に、（1）の Scratch で扱ったプログラムの論理を、フローチャートにより表現します。個人が作成したプログラムの論理は、組み立てられた記述やブロックそのままでは、他人が見ても論理を理解しにくいことがあります。フローチャートを用いることにより、処理の流れを一般化します。使用する流れ図記号は、端子、準備、入出力、選択・判断、ループ端、処理の 6 種です。（1）で作成した、例として障害物を避けて目標に到達するゲームの流れ図を表現してみます。フローチャート作成ツールは、オンラインサービスの draw.io を用います。登録不要の無料、日本語で使うことができます。フローチャート用のパーツがあらかじめ用意されているので、簡単に使い始めることができます。完成した図をファイルとして保存できます。

この手法を理解した後、実際に新たなシナリオを作成して、フローチャートに表現します。ここでは、（1）の障害物を避けて目標に到達するゲームのシナリオに、初期化とゲーム停止を追加します（図 7-19）。初期化はアプリケーション実行時の状態を、ゲーム停止はシナリオ終了の状態を定めるもので、いずれも重要な命令です。受講生はフローチャートを完成した後、Scratch によりプログラムを作成します。

この後は、テキストエディタを用いたプログラミング言語の学習に進みます。プログラムの論理構造を把握するには、プログラムの記述に対応した動作の確認も役に立ちます。そのために、受講生はあらかじめ用意された実行ファイルを実行し、プログラムの動作を把握します。次にプログラムのソースファイルを閲覧し、動作と記述の対応を確かめます。このときフローチャートも用いることで、理解を深めます。なお、実行ファイルを作成する場合は、コンパイルの機能も理解します。ここでは、次章の学習への橋渡しのため、HTML と JavaScript を用います。

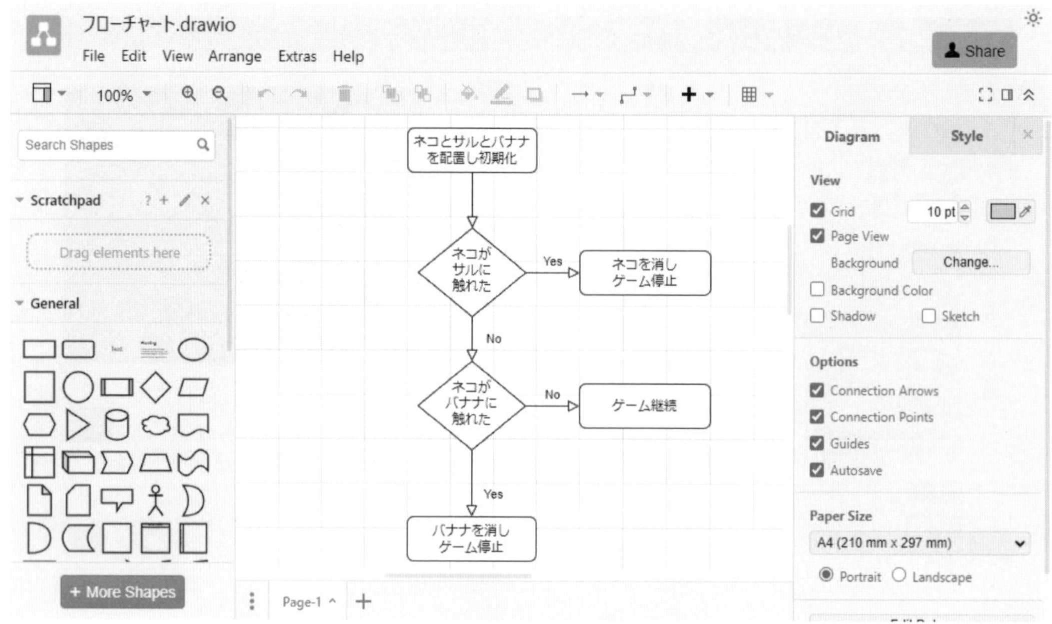

図 7-19　draw.io に表現したフローチャートの例

（３）構造化プログラミングの理解

上記（２）で記述に対応した動作を確かめた後、構造化プログラミングを実施します。パソコンやスマートフォンで利用できるプログラムを作成するには、ブロックを組み立てるだけでなく、より汎用的なプログラミングが必要となります。一般的には、プログラミングのコードを記述することで実現します。

この記述は、どのようなプログラムでも記述できる構造化プログラミングで成り立ちます。プログラミング言語は主に機械語と高水準言語があります。用途に応じてプログラム作成者が選択します。

機械語は０と１で記述され、コンピュータが直接理解します。高水準言語（Java や C 言語など）はコンピュータが直接理解できませんが、人間の日常的な言語で記述できます。機械語に変換して、はじめてプログラムを実行できます。

構造化プログラムは、マークアップ言語の HTML とスクリプト言語の JavaScript を対象に、いずれもオンラインプログラミング環境の Bit Arrow で利用可能です。図 7-20 は Bit Arrow による C 言語のプログラムとその実行画面を示します。受講生が自習できるために、アプリケーションのシナリオを用意します。オフィシャルサイトには学習用のシナリオと、プログラミング方法のわかる使い方が掲載されています。このシナリオに沿ったプログラムを作成し、動作を確認します。Bit Arrow では、HTML と JavaScript とで例題を通して学習もできます。作成したプロジェクトに任意の名前を付けて、Bit Arrow 内に保存できます。

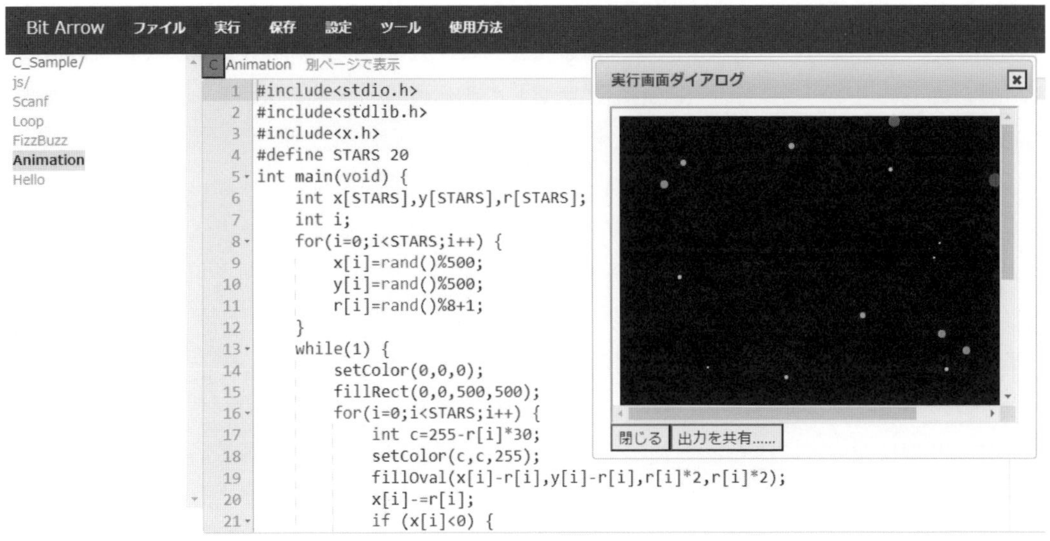

図 7-20 Bit Arrow の画面例

（４）アルゴリズムの発見

処理の手順はアルゴリズムとよばれています。よいプログラムは効率よいアルゴリズムによります。探索と並び替えは身近な問題解決手段であり、アルゴリズムでも大切な方法です。これらの手法を Scratch に実装して、動作確認します。

まず、数を探す問題を扱います。その数は何番目か。この問題は、整列済みのデータ（配列）の片側から順番に、探したい数を調べ、一致したところで調べるのを止め、何番目かを記録します。図 7-21 は、探したい数 7 を調べ、一致した 10 番目を記録します。

図 7-21 各要素に数字を添えて探索

次に、最小値はどれか。この問題は配列で、片側のデータを仮に最小値とし、隣り合う要素の方が小さい値の場合に、そのデータを最小値とします。これを配列の反対側まで順次繰り返します。これら各サーチ手順を Scratch に実装して動作確認します。数が見つからなかった場合の無限ループと、ユーザによる意図しないデータ入力にも対応します。

さらに進んだ学習は、並び替えの問題を扱います。基本的な並び替え手順は、配列の中で不規則に並んでいるデータを大小により整列します。これは、バブルソートとよばれています。プログラムのポイントは、隣り合うデータの交換です。データの退避場所を用意して可能になります。

次に、選択ソートは、一巡ごとに最小値の添え字を書き換えることで、データ交換の回数をバブルソートより少なくします。挿入ソートは、整列済み要素の部分に対して、新たな要素を大小により適切な位置に挿入します。バブルソートや選択ソートよりも比較の回数を少なくできます。

第8章

データ可視化表現の役割とプレゼンテーションの方法

大学生活において、グループ活動の成果を複数の学生の前で発表することや、学会などで研究成果の報告をすることなどがあります。ビジネスの場では、社内での企画の説明、顧客への商品やサービスの売り込み、消費者への新製品の情報提供などの機会があります。

このように、与えられた条件において、話し手が聞き手にわかりやすく正確に情報を提示し、聞き手がそれを理解する情報伝達の行為がプレゼンテーション（presentation）です。略して「プレゼン」ともよばれますが、プレゼンテーションは双方向のコミュニケーションの 1 つといえます（図 8-1）。したがって、同じ発表の手段でも「スピーチ」や「レポート」など一方通行の行為とは主旨が異なります。

聞き手が正確に情報を理解し納得するには、話し手はデータや情報を直感的にわかりやすく説明し情報を伝達することが必要です。この章では、まずデータを説明するために必要なデータ可視化の役割を確認し（8.1 節）、スライドを使ったプレゼンテーション実演までの流れに沿って、プレゼンテーションをするにあたってどのような準備が必要なのか（8.2 節）、次に発表するための資料をどのように作り込んでいくのか（8.3 節）、最後に実際にプレゼンテーションするときの注意点（8.4 節）などを解説していきます。

図 8-1　プレゼンテーションとコミュニケーション

8.1 データ可視化表現の役割

データ可視化とは、数値データだけではわかりにくいデータがもつ特徴をグラフ・図・表など目に見える形で表現することです。単なる数値データを可視化して表現することで、データがもつさまざまな特徴について、ある程度誰もが同じように情報を理解することが可能となります。

話し手が単なる数値のデータだけを提示しても、聞き手は内容の理解に時間がかかったり、間違えた理解をしてしまうなど、話し手が意図するプレゼンテーションにならない可能性があります。データを可視化して表現することは、聞き手にわかりやすく正確に情報を提示し、聞き手がそれを理解することを可能とするため、良質なプレゼンテーションの第一歩なのです。

8.2 プレゼンテーションの準備

成功するプレゼンテーションと失敗するプレゼンテーションは、何が違うのでしょうか。派手な演出のスライドを作り、流暢に話しができるだけでは、プレゼンテーションは成功しないでしょう。何事も準備が大切ですが、プレゼンテーションも同様です。実演前に、どのような内容をどのように展開するのか、事前に検討することが大切です。

この節では、プレゼンテーション前の準備・心がまえとして重要な3つの点を説明します。

8.2.1 聞き手の立場で考える

プレゼンテーションの内容は、自分が言いたいことや伝えたいことを提示するのではなく、聞き手が知りたい、興味関心のある事がらを、わかりやすく提示する必要があります。

なぜなら聞き手は、「話し手は○○の話題を言いたいのかな？」と自分の頭の中で組み立てた「メンタルモデル」を基に、プレゼンテーションを理解しようとします。したがってプレゼンテーションでは、聞き手のわかりやすさを追求する姿勢が大切です。

心理学的ワンポイント・アドバイス

・「メンタルモデル（Norman,1983)」は、プレゼンテーションの内容などを推測する基盤となる、頭の中で想定される枠組み。

話し手と聞き手の「メンタルモデル」はそれぞれ異なる。プレゼンテーションの際は、話し手の意図が聞き手に100%完全には伝わらないこと、間違って伝わる可能性があることに留意しよう。

8.2.2 内容はシンプルに

（1）詰め込み過ぎない

プレゼンテーションでは不要な情報をそぎ落とし、適切な内容量を目指しましょう。聞き手が知りたいであろう情報であっても、膨大な情報を何でもかんでも提示することは不適切です。

聞き手にとってプレゼンテーション環境は、限られた時間、限られた情報から内容を理解しなければならない自分でコントロールできない認知的負荷の高い状況です。認知的負荷は、理解や作業をこなすために、多くの注意を払う心理的な負担のことです。こうした制限のあるなかで、わかりにくい膨大な資料を見せられたとき、見る気や聞く気が失せるのはよくあることでしょう。話し手としては、あれもこれも伝えたいからと、調べたすべてのデータや資料を盛り込み過ぎることがありがちです。しかし、聞き手が「ワーキングメモリ」の処理容量をオーバーすると理解できず、記憶にも残りません。

心理学的ワンポイント・アドバイス

・「ワーキングメモリ(Baddeley,2007)」は、資料を読むときや相手の話しを推理するときなど、頭の中で作業をする際に、一時的な情報の保持やその情報の呼び戻しなどを行う記憶。

記憶容量は限界があり、4つ程度の情報しか処理できない（Cowan,2001）。聞き手の情報処理の負担を考え、聞き手が、見て、聞いて、理解できるプレゼンテーションのボリュームを意識しよう。

（2）要点を明確に

シンプルが一番ですが、情報が不足すれば聞き手は内容を把握できないプレゼンテーションになってしまいます。プレゼンテーションでは、何が聞き手にとって必要な情報なのか、何が不要な情報なのか、使う情報を取捨選択し、伝える要点を明確にしましょう。

図 8-2 ブレインストーミングの様子

そのためには、プレゼンテーションの内容を検討します。この段階では、まだプレゼンテーションの流れ・展開案まで考えません。アイデアを出す作業には、「ブレインストーミング（Brain Storming）」の方法が使われます。ブレインストーミング（図8-2）は、さまざまな考えをもつ複数の人々が集まり、集団で多くのアイデアを出しあう思考法の 1 つです。アイデアを産み出すことが目的のため、アイデアの質より量を重視します。参加者同士がお互いの発言を否定せず、ある参加者が出したアイデアをヒントに、別の参加者が新しいアイデアをどんどん出していきます。出されたアイデアは、ホワイトボードに書いたり、付箋に書いて並べたりしていきます。

このようなブレインストーミングなどの手法を応用し、表 8-1 のように、プレゼンテーションの目的と落としどころを明確にしていきます。

表8-1　プレゼンテーションの目的と落としどころ

項　目		内　容
目的の設定	・聞き手の特徴を把握	年齢、人数、プレゼンテーションを聴講する動機づけの程度、内容に対する興味の範囲など、属性や特徴を押さえる
	・聞き手にとってのプレゼンテーションの目的・背景を把握	内容を全く知らない人々への新規の情報説明の段階なのか、既存の顧客に購買を促す商品説明の段階なのかなど、プレゼンテーションを行う背景を押さえる
落としどころの設定	「目的」に対応する「最終目標」を整理	何のために情報を提示するのか、「何が」「どうなる」ことを最終的な目標とするか、聞き手が抱える課題や悩みを、いかに解決するかを考える

8.2.3 あらかじめ展開を考える

（1）流れを組み立てる

目的と落としどころの方向性が決まったら、次は、内容を関連付けて論理展開を考えましょう。構成の仕方にはさまざまなパターンがありますが、表 8-2 のように「序論・本論・結論」の流れでまとめるのが一般的です。また、聞き手に期待する心理効果も考えて流れを組み立てましょう。

「序論」では、聞き手が何を必要としているのかを吟味し、なぜプレゼンテーションをするのか、その必要性を提示します。そして、聞き手が興味を引くような情報、話題となったニュース、聞き手の身近な問題などを用いながら、「本論」へつなげましょう。

「本論」では、提案される内容（抱える問題の解決策や商品・サービスの目的）が、聞き手にとって「価値」があるように説明していきます。例えば、データを可視化し、問題解決の根拠となるわかりやすく表現した情報を示しながら、聞き手に問題が解決した後の理想像をイメージさせます。ダイエットの効果のように、ビフォー・アフターの変化を具体的な数字や写真などを使って示すのも効果的でしょう。ここでは、提案内容と聞き手の価値が結び付くように論理を組み立て表現します。

「結論」では、プレゼンテーションの落としどころにつながるよう、序論と本論で提示した内容を、簡潔に表現します。聞き手に何らかのアクションを起こさせたい場合は、問題点を解決するための行動を呼びかけましょう。

なお、プレゼンテーションの流れとして「結論」を先に述べる方法も有効です。研究や調査の成果報告において、あらかじめ結論が提示されると、その後に示されるデータや資料の関係がわかりやすくなります。また、聞き手の興味関心を喚起する効果も狙えます。例えば「最近の若者は、非常識なのか？」という問題提起の後「若者は礼儀を知っているし、マナーを守る」と結論を述べます。聞き手としては、「なぜそう言えるのか？　その根拠はあるのか？」と興味を引き付けられるでしょう。

表 8-2　プレゼンテーションの展開と聞き手の心理

展開	聞き手に期待する心理効果	内容
序論 ↓	興味関心 驚き 期待感	【現状の問題を整理】聞き手の現状・背景から、どのような問題点が考えられるか仮説を立てる 【提案の目的を提示】提案する目的や理由を明確に提示する
本論 ↓	共感 納得	【具体的な提案】問題点を解決・改善するための具体的な方法を提示する
結論	アクション	【提案のまとめ】問題点と提案を簡潔に整理する

（2）ストーリーテリング

ストーリーテリングとは、何かを伝えるとき、伝えるテーマに関連する体験談や出来事についての逸話を交えて、1 つの「物語」として話す手法です。「物語」では、何かの目標をもった 1 名以上の登場人物のさまざまな出来事が語られます。例えばテレビコマーシャルでは物語形式の方法をうまく用いて、視聴者の印象に残る広告を打ち出しています。

心理学的ワンポイント・アドバイス

・物語は登場人物に共感しやすく、自分自身との関連付け（自己参照；Debevec & Romeo,1992）をうながす。

プレゼンテーションに物語形式を取り入れるなど、聞き手の印象に残りやすい方法を一工夫してみよう。

8.3 プレゼンテーション資料の作成

プレゼンテーションの事前準備の次は、発表用資料の作成です。資料は、ただデータや情報を表現するだけではなく、わかりやすく、印象的に作成していきましょう。

この節では、おもに PowerPoint を使った資料作成のコツについて説明します。

8.3.1 文章は視覚的に表現する

（1）短文と箇条書き

PowerPoint を起動し、新しいプレゼンテーションを選択すると、新規スライドが表示されます。スライドプレゼンテーションでは、文字情報をもっとも多く使いますが、聞き手にスライドを読ませてはいけません。スライドは見せるものです。文章は長文にせず、キーワードを含めた短文で示しましょう。

キーワードが複数ある場合は、図 8-3 の「箇条書き」を使うのもわかりやすいです。箇条書きの矢印をクリックすると、項目の先頭に置くさまざまな形式の印を選べます。箇条書きの数はワーキングメモリの制約も考え、4 個程度を目安にしましょう。

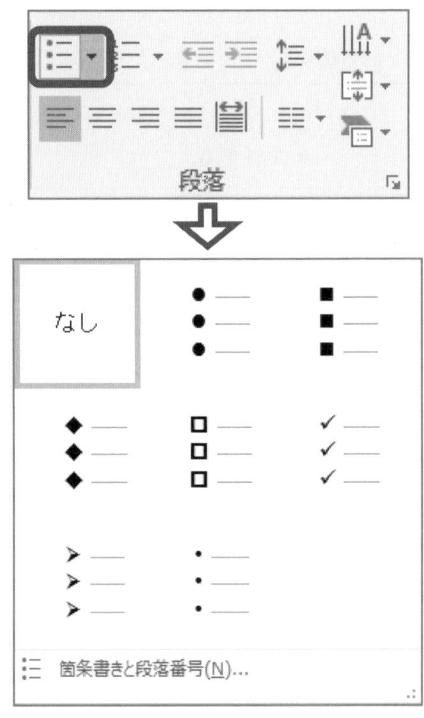

図 8-3　箇条書き

（2）フォントとサイズ

文字の大きさは、会場とモニターの大きさなどで変わりますが、最低でも 24 ポイント以上が望ましいでしょう。明朝体のような飾り文字のフォントは、プレゼンテーションでは見にくく不適切です。PowerPoint で標準装備されているゴシック体のなかでは、太字とのバランスが良く、視認性が高い「メイリオ」、英数字は「Segoe UI」を推奨します。

使用するフォントは、図 8-4 のように[表示]タブの[マスター表示]で[スライドマスター]を選び、[背景]の[フォント] → [フォントのカスタマイズ (C)] → 「新しいテーマのフォント パターンの作成」の手順で、一度設定をしておくと楽です。

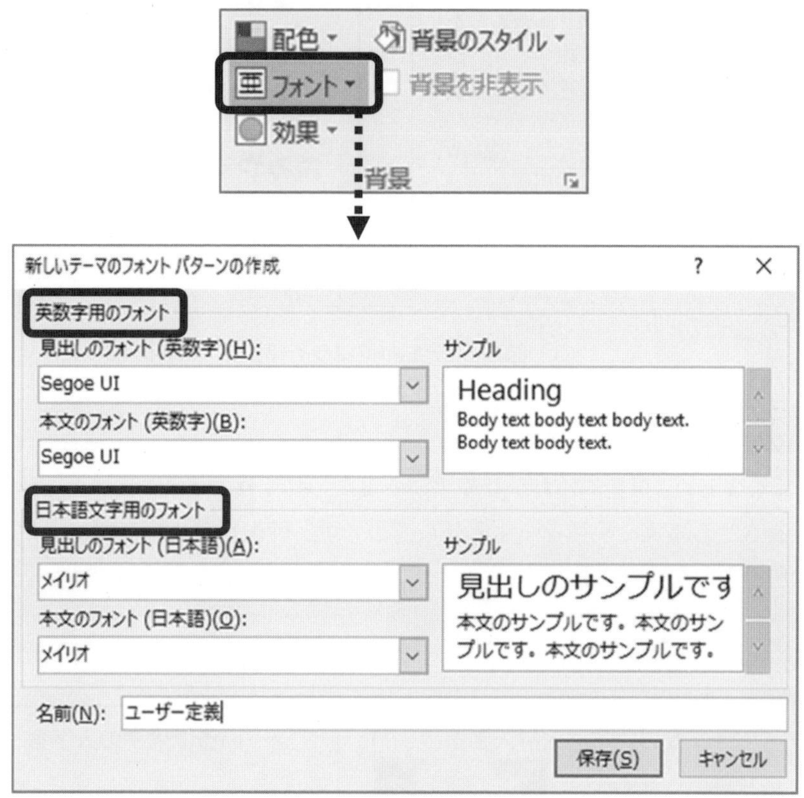

図 8-4 フォントのカスタマイズと設定

8.3.2 スライドはデザインするもの

(1) 1スライド1メッセージ

あなたが伝えたい内容や意図・アイデアなどのメッセージ（伝言）は、1 枚のスライドに 1 つにしましょう。複数のメッセージが盛り込まれたスライドや、原稿のような長い文章は、わかりづらいだけです。複数の事がらを伝えたいときは、メッセージごとにスライドを作りましょう。

図 8-5 のわかりやすいスライド例のように、タイトルの返答としてメッセージを表現すると、読みやすく見やすいデザインになるでしょう。タイトルは、見出しの名前ではなく、1 枚のスライドの中で表現したい内容を、端的にパッと見てわかりやすく表してください。

メッセージは、文章以外に写真や図など視覚情報でも表現できます。インパクトを狙って視覚情報を用いても、意味が伝わらなければ無駄です。メッセージは、できるだけ具体的な内容を扱いましょう。

わかりにくいスライド

スライドの作成

文章は箇条書きにしましょう。長文は好ましくありません。

フォントは読みやすいものを使う事。

文章や図表は、揃えたり、同じ内容のものは近い位置に配置しましょう。

重要な箇所は、太字にする、線で囲む等してメリハリをつけましょう。

わかりやすいスライドにするには，読みやすく，見やすいデザインを心掛けましょう。

タイトル

わかりやすいスライド

わかりやすいスライドとは？

- **箇条書き**でシンプルな文章
- 見やすい**フォント**の使用
- 文章・図表の適切な**配置**
- 効果的な**メリ**と**ハリ**

読みやすく・見やすいデザイン

メッセージ

図 8-5　テキストのスライド例

（2）図・グラフや数字の有効活用

図は、情報をまとめ、視覚的にわかりやすい表現にしてくれます。グラフや統計数値などは、聞き手を納得させる事実や根拠を示す有効な方法です。画像や写真は、聞き手のイメージを補い、重要な箇所を印象付けられます。

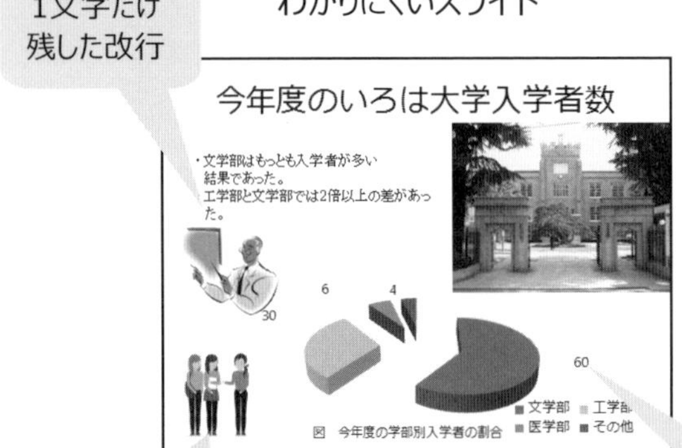

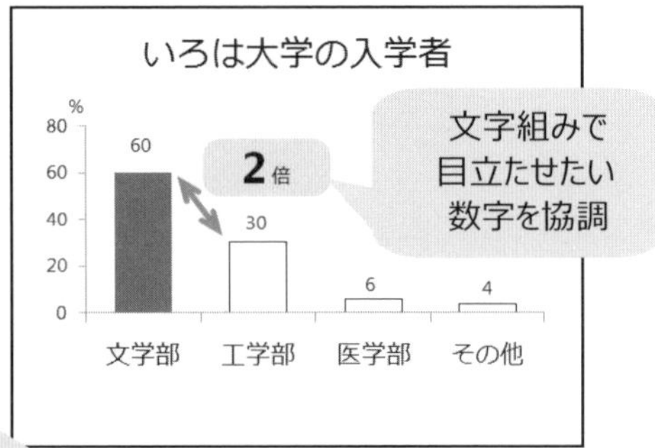

図 8-6　図表のスライド例

図・グラフや数字は、余白を適切に使うことで引き立ちます。図 8-6 のわかりにくいスライド例のように、余計な写真で余白を潰したスライドは、聞き手に不要な情報を与えます。スライド作成では余白はあえて作り、図や画像が目立つように配置しましょう。図 8-6 の 2 枚のスライドの内容は全く同じです。わかりやすいスライド例は、見て情報が伝わるよう工夫しています。

画像・図形・グラフなどは、[挿入]タブの[画像]または[図]で挿入しましょう。図 8-7 の「SmartArt」は、テキスト情報をさまざまな図にして視覚的に表現できます。組織図や作業の流れなど、わかりやすく視覚的に表現したいときに活用しましょう。

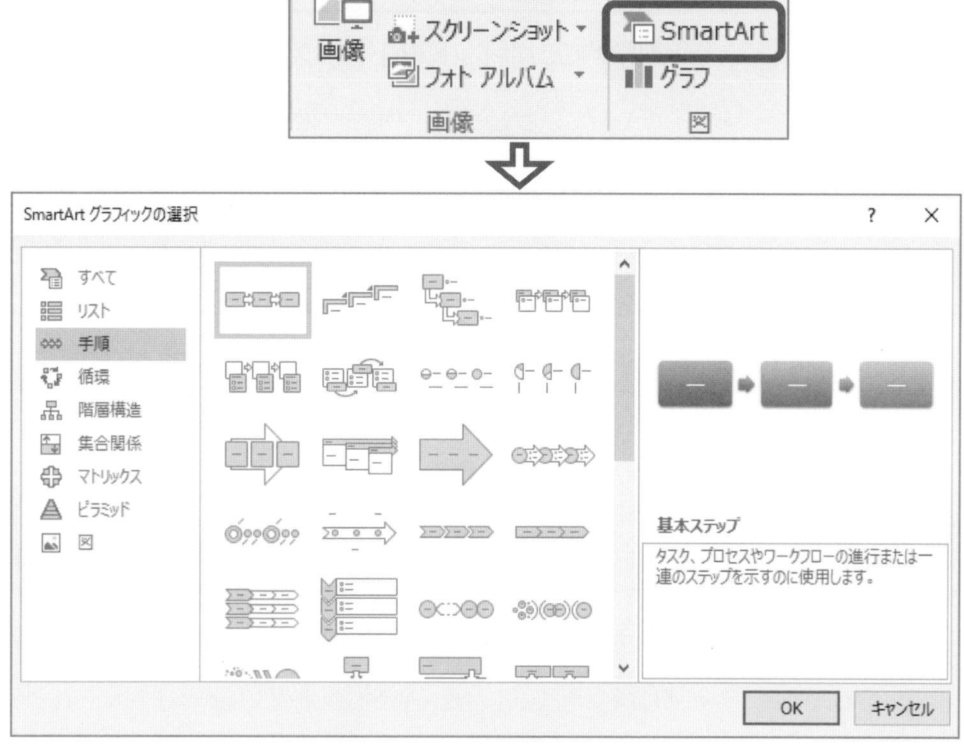

図 8-7 さまざまな視覚的表現の形式

（3）揃えて、まとめて

文章や画像などのオブジェクトは、揃えて配置すると、スライドが見やすく統一感をもちます。内容に関連があるものは、同じ仲間として配置しましょう。図 8-6 のわかりにくいスライド例のように、グラフと数字や項目名が離れてしまうと、数字や項目名がグラフの何を示しているのかわかりにくくなります。また文章を改行して表示するときは、図 8-5 のわかりにくいスライド例のように 1、2 文字だけを残して改行したり、単語の途中で改行したりすると、見栄えが悪くわかりにくくなりますので、注意しましょう。

図 8-8[表示]タブの[表示]にある「ルーラー」「グリッド線」「ガイド」を使い、スライド内の文章や画像などの位置や間隔を、きれいに揃えて配置しましょう。

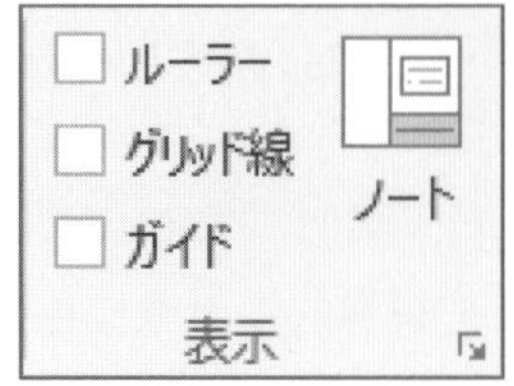

図 8-8　グリッド線などの表示

心理学的ワンポイント・アドバイス

・人は、自然に近くにあるものや似ているものを、グループ化して見る傾向をもつ（プレグナンツの法則；Wertheimer,1923）

まとまりができて見やすくなるように、内容に関連がある情報同士は近くに、異なる情報同士は遠ざけて配置しよう。

（4）メリハリをつける

文章でも、図表でも、何でも目立たせてしまうと、注目するべき箇所がわからず、結局、何も目立ちません。聞き手の注目は、スライド全体の中で、相対的に目立つ箇所に向けられます。聞き手の注目が重要な情報に向くように、目立たせたい個所を強調しましょう。

心理学的ワンポイント・アドバイス

・人の注意を向けられる範囲は限られているため、見るものすべてに注意を向けられない（Posner,1980）。

動き・音などは聞き手の注意を引きつけることができるが、無駄な動きや音は、聞き手の注意を逸らすだけ。使い過ぎには注意しよう。

①　文章を強調する

文章の部分は、サイズ・色・囲み線・太さなどで強調しましょう。図 8-9[ホーム]タブの[フォント]を使い、タイトルや強調したいキーワードに「太字」、文章の中で強調したい箇所がある場合は「下線」をお勧めします。また図表の数字や文章内のキーワードを目立たせたいときは、図 8-6 のわかりやすいスライド例の文字組みのように、全体の文章や数字のサイズに対して、強調したい部分のサイズの比率を大きく示すことも効果的です。数字を強調したい場合は、単位や記号を小さく表示しましょう。

図 8-9 フォントの強調

② 動き・音を使って強調する

コンピュータを使ってプレゼンテーションする場合には、図 8-10[アニメーション]タブの[アニメーション]で文章やオブジェクトを回転させたり、点滅させたりするなどさまざまな動きを付けられます。「アニメーションの軌跡」では動きの方向も設定できます。1 つのオブジェクトに複数の動きを追加する場合は、［アニメーションの追加］を選びましょう。

図 8-10 アニメーションの設定

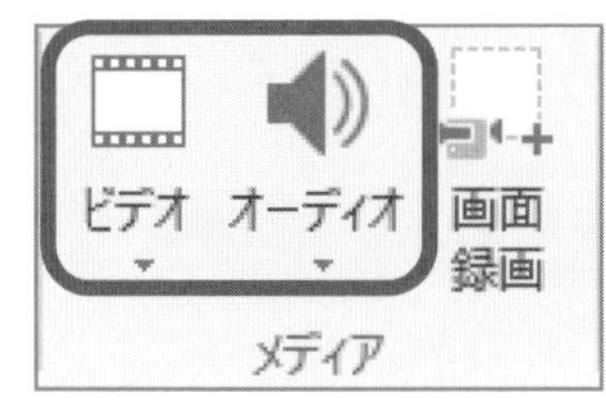

図 8-11　動画や音楽の挿入

また動画や音楽は、図 8-11[挿入]タブの[メディア]を選び、音楽・効果音・BGM や動画を挿入することができます。プレゼンテーションを行う会場が、ネットワーク接続された環境の場合は、図 8-12 のように[挿入]タブの[リンク]でハイパーリンクを選び、スライドから Web サイトに飛ぶことができます。ほかのファイルや、別のスライドへ飛ぶことも可能ですので、目的のリンク先を設定しましょう。

どのような動きを付けるか、どのタイミングで音を出すのかは、プレゼンテーションの流れとあなたの話す内容に沿って決まるものです。動きや音が悪目立ちしないように、スライドを練り直していく作業のなかで、修正・調整していきましょう。

図 8-12　ハイパーリンクの設定

（5）色と色調

色の使用はメリハリを付ける点で有効ですが、プレゼンテーションの中で多くの色を使うことは、好ましくありません。例えば青系を基調としたスライドの中で、赤系のスライドが混ざっている場合、聞き手はちぐはぐな印象を覚えます。スライド全体で統一した印象を与えるには、スライドの色調を揃えます。使用する色は、①背景色、②文字の基本色、③メインカラー、④アクセントカラーの 4 色程度が良いでしょう。彩度の高い色はスクリーンでは非常に見にくいため、彩度は落としましょう。

なお、全体の色調を決めるとき、メインカラーに所属する大学や企業のもつイメージカラーを使うと、全体の雰囲気作りにも役立ちます。

また、背景色と文字の基本色の関係は、プレゼンテーション会場が暗い場合、濃い色の背景に白や薄い色の文字を、また会場が明るい場合、白など薄い色の背景に黒や濃い色の文字を推奨します。ただし、白い背景に真っ黒の文字はコントラストが強く、読みにくい場合がありますので、色のコントラストにも配慮しましょう。

（6）プレゼンテーションの流れをガイドする

プレゼンテーション全体の規模が大きい場合は、プレゼンテーション全体の流れや現在の話題の位置を示すため、図 8-13 のような「目次」や「ルートマップ」を有効に使いましょう。「目次」は話題の区切りに合わせて示すと良いでしょう。「ルートマップ」は、フローチャート形式で、全体のプレゼンテーションの中で、今の話題の位置を示す方法もわかりやすいでしょう。

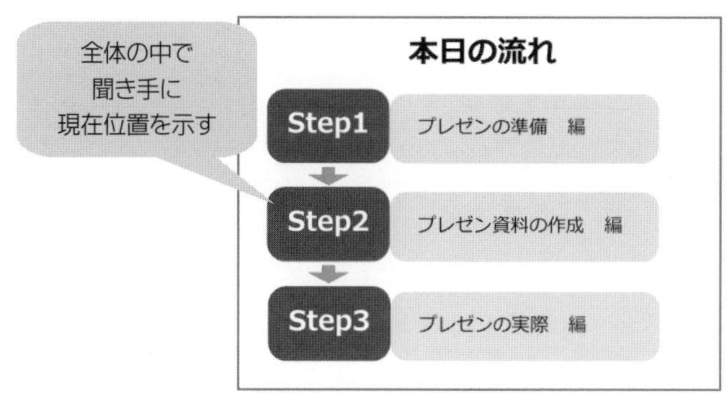

図 8-13　目次の例

心理学的ワンポイント・アドバイス

・情報の提示に先立って、大まかな知識や全体像を把握させると、記憶に残りやすい（先行オーガナイザー；Ausubel,1960）。

あらかじめプレゼンテーション全体の見通しを示して、聞き手が内容を掴みやすい工夫をしよう。

8.3.3 スライドの管理

発表のスライドは、何度も見なおし、修正しながら作成していきます。図 8-14[挿入]タブの[ヘッダーとフッター]を使い、日付やスライド番号をスライドに挿入しておくと、スライドの管理がスムーズになります。

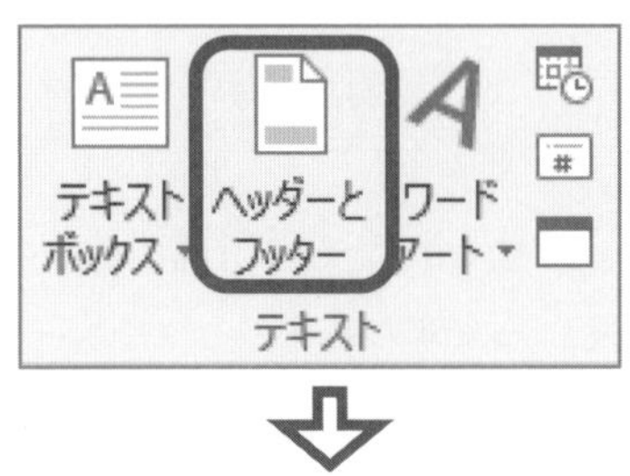

図 8-14　日付や番号をスライドに追加する

8.3.4 配布用資料は別に作る

プレゼンテーション時に、配布用の資料を用意する場合があります。配布用資料は、プレゼンテーションの内容を補足し、持ち帰って“読む”ための資料です。“見る”ための発表用資料とは目的が異なりますので、発表用に作成したスライドをそのまま配布用資料にすることは控えましょう。発表のスライドをわかりやすくシンプルにするために削除した詳細なデータや情報は、配布用資料に盛り込みましょう。

配布用資料において、1枚の用紙に配置するスライドの数は、図 8-15[ファイル]→[印刷]の[設定]で選ぶことができます。

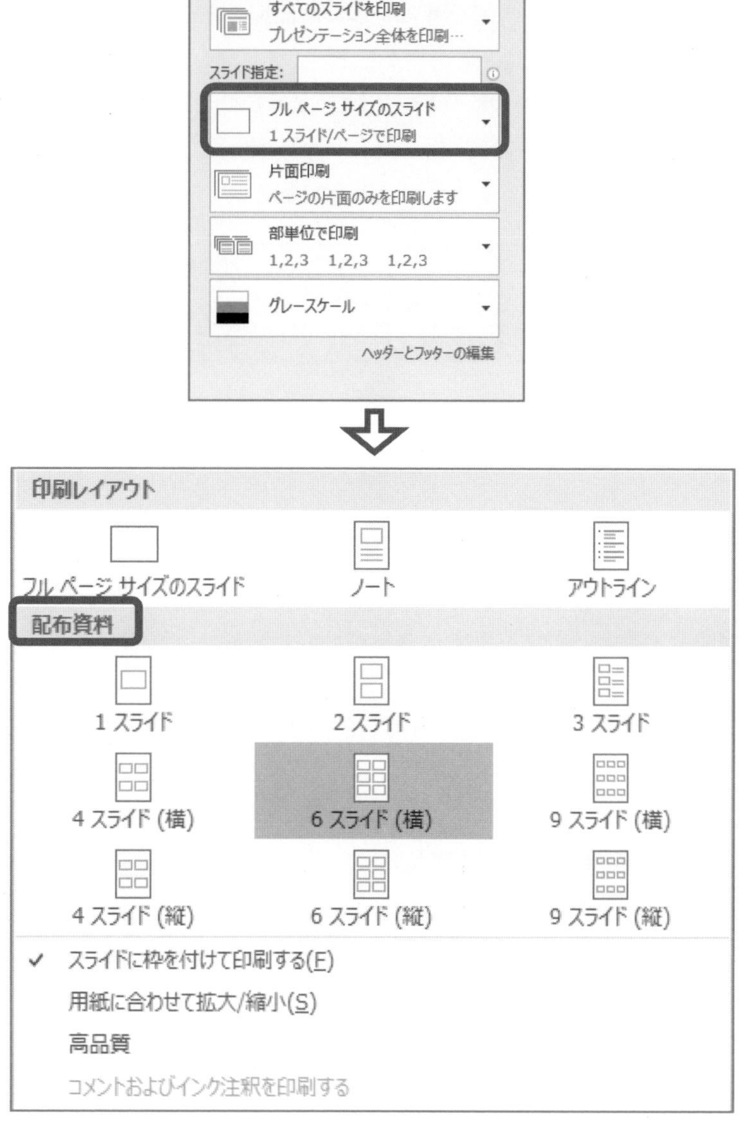

図 8-15 配布用資料のレイアウト

8.4 プレゼンテーションの実際

スライドが完成したら、いよいよ実演です。しかし何の練習もせずに実演したら、「あがってしまい、頭が真っ白になった」「緊張し過ぎて何を話したか覚えていない」などの失敗につながるでしょう。こうした過度な緊張は、繰り返し練習を行い、自信をつけることでほぐれていくものです。この節では、本番前の十分な練習、そして実演時の話し方などについて説明します。

8.4.1 スライドで練習する

（1）時間を意識する

発表用のスライドが完成したら、スライドを使って練習しましょう。話す速さや間の取り方などを確認しながら、実際に話す時間を基に全体の時間配分を確かめます。かかった時間によっては、プレゼンテーションの内容を修正しましょう。プレゼンテーションは、決められた時間内の発表が基本ですので、時間オーバーはご法度です。

図 8-16[スライドショー]タブの[設定]で[リハーサル]を使うと、1 枚のスライドにかかる時間が記録されますので、本番と同じように、声に出して発表してみましょう。

図 8-16 リハーサル機能

（2）質疑応答の準備・内容の確認

プレゼンテーションの練習をする場合、自分が話すだけではなく、聞き手からの質問に答えられるように準備をすることも重要です。あらかじめ想定される質問を考えておくと、内容のより深い理解につながります。

また発表スライドを印刷し、文章の誤字脱字、色、図表の配置、数字の単位などが不適切ではないかなど、内容の確認を忘れずに行いましょう。

8.4.2 会場の事前確認を忘れずに

プレゼンテーションを実際に行う前に、必ず会場の大きさや会場で使用可能な備品などを確認しましょう。実際の会場のスクリーンの大きさと話し手・聞き手との距離はどの程度か、マイクやレーザーポインターなどの機器の有無、インターネット環境などを確認しておきましょう。

スライドを作成したコンピュータと会場で使用するコンピュータが異なるときは、プレゼンテーション用のソフトウェアのバージョンに問題はないか、フォントの文字化けや、動画像などのリンク切れに注意します。アニメーションが正常に動かずフリーズする可能性もありますので、会場のコンピュータのスペックも忘れずに確認しましょう。

8.4.3 発表時の話し方

プレゼンテーションの実演では、あなたの振る舞いも聞き手の印象を左右します。あなたの話し方次第では、せっかく見やすいスライドを準備しても、悪いイメージを与えたり、印象に残らないプレゼンテーションとして低く評価されたりする可能性があります（図 8-17）。

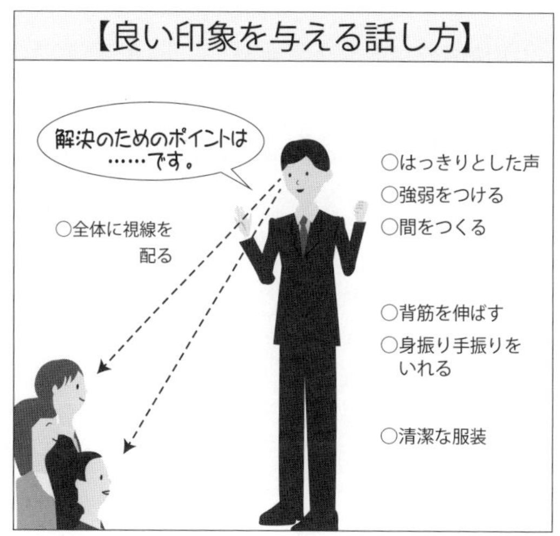

図 8-17 プレゼンテーション実演時の話し方の例

聞き手は、スライドの文字など言語情報だけではなく、あなたの声の大きさ・話す速さ・間の取り方、表情・視線（アイコンタクト）、身振り手振り・姿勢、服装などの非言語情報からプレゼンテーションの印象を決めます。このような言語情報以外のコミュニケーションは、非言語コミュニケーション（Nonverbal Communication）とよばれます。古典的な情報伝達の研究では、メラビアン（Mehrabian,1986）が、話し手が感情や気持ちを伝える際、話の内容と声のトーンや表情がちぐはぐな伝え方をすると、受け手は話の内容よりも声のトーンや表情を頼りにすることを示しています。

表 8-3 プレゼンテーション実演時の注意やポイント

非言語情報	ポイント
話し方	声 … 会場の後ろに座っている方まで聞こえるよう、はっきりとした声。 速度／調子 … 早口で話さない。わかりやすく聞こえるよう、自分自身は“ゆっくり過ぎたかな”と思う程度の速さ。強調したい箇所では通常の話し方より大きな声で話すなど、強弱をつける。 マイクの使い方 … 話しの最中に咳やクシャミをしそうな場合は、音を拾わないようにマイクを口から離すか、マイクを手で覆う。音量にメリハリをつけたい場合は、マイクを口から離したり近づけたりする。
視線	手元の原稿だけを見る、会場の一方向のみを注視する見方は止めること。聞き手に万遍なく向ける。
身振り手振り	ものの動き・大きさなどの情報や、示したい部分などを、身振り手振りを使い表現する。
姿勢	猫背、重心が偏った立ちかた、ふらふらした不安定な姿勢は、自信が無い印象を与える。背筋を伸ばした姿勢で行う。
服装	しわ・汚れのある服装、カジュアルな服装は避ける。プレゼンテーションの場と内容に応じた清潔な服装で行う。

プレゼンテーションは話し手と聞き手の双方向のコミュニケーションですので、表 8-3 の非言語情報のポイントに配慮し、聞き手とアイコンタクトを取りながら、聞き手の表情やうなずくタイミングなど、反応を確かめながら進めましょう。ときには聞き手の注意を引きつけるよう、身振り手振りを加え、聞き手の印象に残る工夫をしてください。

心理学的ワンポイント・アドバイス

・聞き手にいったん悪い印象を与えてしまうと、悪い印象が持続する（Hamilton & Zanna,1972）

悪い印象を与えないよう、非言語情報を有効活用し、聞きたくなるプレゼンテーションの雰囲気を演出しよう。

8.4.4 PowerPoint 以外のプレゼンテーションツール

（1）書画カメラ

コンピュータを使わないプレゼンテーションツールに「書画カメラ（実物投影機）」があります（図 8-18）。手元の資料や作業をカメラで撮影し、プロジェクターからスクリーンやモニターに写して使います。書画カメラの特長は、今、手元で行っている作業や動作をリアルタイムで大きく見せることができる点です。例えば、手先を使う作業を映したり、配布した資料に、その場で図やメモを追加して映したりすることで、すぐにスクリーンなどを通して見ることができます。

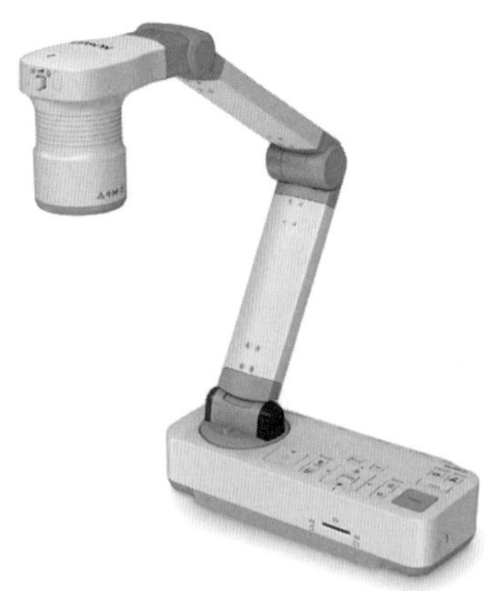

図 8-18　書画カメラ

(ELPDC21 セイコーエプソン株式会社 提供)

（2）タブレット PC

「タブレット PC」とは、タブレット機能を備えたタッチパネルや、ペンで入力ができるモバイルコンピュータです（図 8-19）。タブレット（Tablet）とは「板」を意味します。薄型で軽いため、屋外に持ち運ぶなど携帯性に優れています。小・中・高などの教育現場では、ICT を導入しタブレット PC を活用したプレゼンテーションが実践されています（図 8-20）。例えば授業で使う際、児童・生徒に一人 1 台の生徒用タブレットと、先生用のタブレット、プロジェクターから投影するスクリーンなどを準備します。複数のタブレット端末をつなげ、児童・生徒のプレゼンテーション内容をスクリーンに投影しディスカッションを行う活動に使用します。また、授業で使う教材を先生用タブレットで制御し、スクリーンと生徒用タブレットに転送することで、児童・生徒は、手元のタブレットを使い、教材を拡大するなどして見やすく変えたり、画面に直接回答やメモを書き込むなどして活用することができます。

図 8-19 タブレット PC

(VersaPro タイプ VU 日本電気株式会社 提供)

（3）プレゼンテーションソフト

コンピュータのプレゼンテーションソフトには、Apple 社の「Keynote（キーノート）」があります。アニメーションなど、凝った演出ができることで定評があります。「PowerPoint」のように、スライドに文章やオブジェクトを表示します。スライドプレゼンテーションは順番通りにスライドを示し展開していく紙芝居形式といえます。

一方「Prezi（プレジ）」は、オンライン上で使える Web アプリのプレゼンテーションツールです。プレゼンテーション全体を 1 つのキャンバスとし、その中をカメラが移動するように見せることができます。ページやスライドの概念はなく、キャンバス上に自由に置いたコンテンツ同士をつないで、ズーミングや回転などのカメラワークを作ります。このソフトでは、ズーミングを使い、キャンバス上に作成したテーマ間を自由に行き来しながらプレゼンテーションを展開していくため、映像的形式といえるでしょう。

図 8-20　タブレット端末の導入環境イメージ

（総務省「教育分野における ICT 利活用推進のための情報通信技術面に関するガイドライン」より転載）

第9章

情報セキュリティ

情報社会の進展によって生活の利便性の向上や産業の効率化、生産性の向上などがもたらされた一方で、実際に体験することが乏しくなったり、対人関係が変化したり、ネットワークを悪用したプライバシーや著作権の侵害、盗聴、改ざん、なりすましなどのコンピュータ犯罪が生じる問題があります。

このような情報化の「影」の部分についての正しい理解と対処法を身につけることは、情報社会に生きるすべての人にとって必要なことです。したがって、情報セキュリティとは、私たちがインターネットやコンピュータを安心して使い続けられるように、大切な情報が外部に漏れたり、ウイルスに感染してデータが壊されたり、普段使っているサービスが急に使えなくなったりしないように、必要な対策をすることです。

9.1 情報セキュリティの3要素

機密性だけが情報セキュリティではありません。情報セキュリティという言葉は、一般的には、情報の機密性、完全性、可用性を確保することと定義されています。 表 9-1 に情報セキュリティの 3 要素を示します。

機密性とは、ある情報へのアクセスを認められた人だけが、その情報にアクセスできる状態を確保することです。完全性とは、情報が破壊、改ざんまたは消去されていない状態を確保することです。可用性とは、情報へのアクセスを認められた人が、必要時に中断することなく、情報にアクセスできる状態を確保することをいます。

表 9-1 情報セキュリティの 3 要素

機密性	Confidentiality	認可されたものだけが情報にアクセスできることを確実にすること。
完全性（保全性）	Integrity	正確であることおよび完全であることを保護すること。
可用性	Availavility	認可されたユーザが、必要時に情報および関連財産にアクセスできることを確実にすること。

9.2 脅威

インターネットの脅威にはそれを引き起こす者がいます。悪意をもって攻撃をする者は、お金を稼いだり、請求を逃れたりといった金銭目的や恨みや不満を晴らす目的をもっています。そのために、インターネットを通じて、ウイルスを送りつけたり、政府機関や企業のサーバやシステムに不正アクセスを行ったりします。そのほか、政治目的やいたずらなどで同じような行為をする者もいます。これにより、サーバやシステムが停止したり、ホームページが改ざんされたり、重要情報が盗みとられたりするのです。そのほかにも、コンピュータやソフトウェアの不具合などによる障害、社員や職員の過失などによる事故、火災や台風など自然災害など、インターネットにおける危険性は多くあります。

IPA のコンピュータ・セキュリティ検討会が「10 大脅威」として公開しています。表 9-2 に、情報セキュリティ 10 大脅威 2023 を示します。

表 9-2 情報セキュリティ 10 大脅威 2023

前年順位	個人の脅威	今年の順位	組織の脅威	前年順位
1位	フィッシングによる個人情報等の詐取	1位	ランサムウェアによる被害	1位
2位	ネット上の誹謗・中傷・デマ	2位	サプライチェーンの弱点を悪用した攻撃	3位
3位	メールや SMS 等を使った脅迫・詐欺の手口による金銭要求	3位	標的型攻撃による機密情報の窃取	2位
4位	クレジットカード情報の不正利用	4位	内部不正による情報漏えい	5位
5位	スマホ決済の不正利用	5位	テレワーク等のニューノーマルな働き方を狙った攻撃	4位
7位	不正アプリによるスマートフォン利用者への被害	6位	修正プログラムの公開前を狙う攻撃（ゼロデイ攻撃）	7位
6位	偽警告によるインターネット詐欺	7位	ビジネスメール詐欺による金銭被害	8位
8位	インターネット上のサービスからの個人情報の窃取	8位	脆弱性対策の公開に伴う悪用増加	6位
10位	インターネット上のサービスへの不正ログイン	9位	不注意による情報漏えい等の被害	10位
圏外	ワンクリック請求等の不正請求による金銭被害	10位	犯罪のビジネス化（アンダーグラウンドサービス）	圏外

圏外 ： 昨年はランクインしなかった脅威

個人の順位では、「フィッシング（Phishing）による個人情報等の詐取」が 2 年連続で 1 位となりました。フィッシング詐欺は、実在の公的機関、有名企業を騙るメールやショートメッセージサービス（SMS）を送信し、正規のウェブサイトを模倣したフィッシングサイトへ誘導することで認証情報や個人情報などを入力させ詐取する手口です。フィッシング対策協議会のフィッシング報告状況によると 2022 年の報告件数は約 97 万件と、2021 年の約 53 万件から大幅に増加しており、一層の注意が必要です。

組織の順位では、3 年連続で「ランサムウェア（Ransomware）による被害」が 1 位となりました。2022 年も脆弱性を悪用した事例やリモートデスクトップ経由での不正アクセスによる事例が発生しています。また、情報の暗号化のみならず窃取した情報を公開すると脅す「二重脅迫」に加え、後述の Dos 攻撃よりさらに厄介な攻撃手法 DDoS 攻撃を仕掛ける、被害者の顧客や利害関係者へ連絡するとさらに脅す「四重脅迫」が新たな手口としてあげられています。

9.2.1 ウイルス

ウイルスは人が病気になるときの病原体の 1 つですが、コンピュータの世界のウイルスとは、電子メールやホームページ閲覧などによってコンピュータに侵入する特殊なプログラムです。最近では、マルウェア（“Malicious Software”「悪意のあるソフトウェア」の略称）というよび方もされています。数年前までは記憶媒体を介して感染するタイプのウイルスがほとんどでしたが、最近はインターネットの普及にともない、電子メールをプレビューしただけで感染するものや、ホームページを閲覧しただけで感染するものが増えてきています。また、利用者の増加や常時接続回線が普及したことで、ウイルスの増殖する速度が速くなっています。ウイルスのなかには、何らかのメッセージや画像を表示するだけのものもありますが、危険度が高いもののなかには、ハードディスクに保管されているファイルを消去したり、コンピュータが起動できないようにしたり、パスワードなどのデータを外部に自動的に送信したりするタイプのウイルスもあります。

そして、何よりも大きな特徴としては、「ウイルス」という名前からもわかるように、多くのウイルスは増殖するための仕組みをもっています。例えば、コンピュータ内のファイルに自動的に感染したり、ネットワークに接続しているほかのコンピュータのファイルに自動的に感染したりするなどの方法で自己増殖します。最近はコンピュータに登録されている電子メールのアドレス帳や過去の電子メールの送受信の履歴を利用して、自動的にウイルス付きの電子メールを送信するものや、ホームページを見ただけで感染するものも多く、世界中にウイルスが蔓延する大きな原因となっています。

ウイルスに感染しないようにするためには、ウイルス対策ソフトを導入する必要があります。また、常に最新のウイルスに対応できるように、インターネットなどでウイルス検知用データを更新しておかなければなりません。

ウイルスは、USB メモリなどの記憶媒体や電子メール、ホームページの閲覧など、そのウイルスのタイプによってさまざまな方法で感染します。また、ウイルスに感染すると、コンピュータシステムを破壊したり、ほかのコンピュータに感染したり、そのままコンピュータに残ってバックドアとよばれる不正な侵入口を用意したりするなど、さまざまな活動を行います。

次に、インターネットにおけるウイルスの危険性として具体的に、ホームページの閲覧、電子メールの添付ファイル、USB メモリからの感染、ファイル共有ソフトによる感染、電子メールの HTML スクリプト、ネットワークのファイル共有、マクロプログラムの実行のそれぞれの脅威について説明します。

（1）ホームページの閲覧

現在の Web ブラウザは、ホームページ上でさまざまな処理を実現できるように、各種のプログラムを実行できるようになっています。これらのプログラムの脆弱性（ぜいじゃくせい）を悪用するウイルスが埋め込まれたホームページを閲覧すると、それだけでコンピュータがウイルスに感染してしまう危険があります。最近では、Web ブラウザへ機能を追加するプラグインソフトの脆弱性を利用した感染方法が増加しています。

（2）電子メールの添付ファイル

電子メールの添付ファイルもウイルスの感染経路として一般的です。電子メールに添付されてきたファイルをよく確認せずに開くと、それが悪意のあるプログラムであった場合はウイルスに感染してしまいます。文書形式のファイルであっても、文書を閲覧するソフトウェアの脆弱性を狙った攻撃も増加していることから、メールに添付されてきたファイルを安易に開くのは危険な行為です。

（3）USB メモリからの感染

多くのコンピュータでは、USB メモリをコンピュータに差し込んだだけで自動的にプログラムが実行される仕組みが用意されています。この仕組みを悪用して、コンピュータに感染するウイルスがあります。このようなウイルスのなかには、感染したコンピュータに後から差し込まれた別の USB メモリに感染するなどの方法で、被害を拡大させるものもあります。

（4）ファイル共有ソフトによる感染

ファイル共有ソフトとは、インターネットを利用して他人とファイルをやり取りするソフトウェアのことです。自分が持っているファイルの情報と、相手が持っているファイルの情報を交換し、お互いに欲しいファイルを送り合ったりすることから、ファイル交換ソフトともよばれています。

ファイル共有ソフトでは、不特定多数の利用者が自由にファイルを公開することができるため、別のファイルに偽装するなどの方法で、いつの間にかウイルスを実行させられてしまうことがあります。

（5）電子メールの HTML スクリプト

添付ファイルが付いていなくても、HTML 形式で書かれているメールの場合、ウイルスに感染することがあります。HTML メールはホームページと同様に、メッセージの中にスクリプトとよばれるプログラムを挿入することが可能なため、スクリプトの形でウイルスを侵入させておくことができるのです。電子メールソフトによっては、HTML メールのスクリプトを自動的に実行する設定になっているものがあり、その場合には電子メールをプレビューしただけでウイルスに感染してしまいます。

（6）ネットワークのファイル共有

ウイルスによっては、感染したコンピュータに接続されているファイル共有ディスクを見つけ出し、特定のファイル形式など、ある条件で探し出したファイルに感染していくタイプのものがあります。このようなウイルスは組織内のネットワークを通じて、ほかのコンピュータやサーバにも侵入して感染を拡げる可能性があります。とても危険度が高く、完全に駆除することが難しいのが特徴です。

（7）マクロプログラムの実行

Microsoft 社の Office アプリケーション（Word、Excel、PowerPoint、Access など）には、特定の操作手順をプログラムとして登録できるマクロという機能があります。このマクロ機能を利用して感染するタイプのウイルスが知られており、マクロウイルスとよばれています。Office アプリケーションでは、マクロを作成する際に、高度なプログラム開発言語である VBA（Visual Basic for Applications）を使用できるため、ファイルの書き換えや削除など、コンピュータを自在に操ることが可能です。そのため、マクロウイルスに感染した文書ファイルを開いただけで、VBA で記述されたウイルスが実行されて、自己増殖などの活動が開始されることになります。

9.2.2　不正アクセス

不正アクセスとは、本来アクセス権限をもたない者が、サーバや情報システムの内部へ侵入を行う行為です。その結果、サーバや情報システムが停止してしまったり、重要情報が漏洩（ろうえい）してしまったりと、企業や組織の業務やブランド・イメージなどに大きな影響を及ぼします。インターネットは世界中とつながっているため、不正アクセスは世界中のどこからでも行われる可能性があります。図 9-1 は、不正アクセスのイメージを示します。

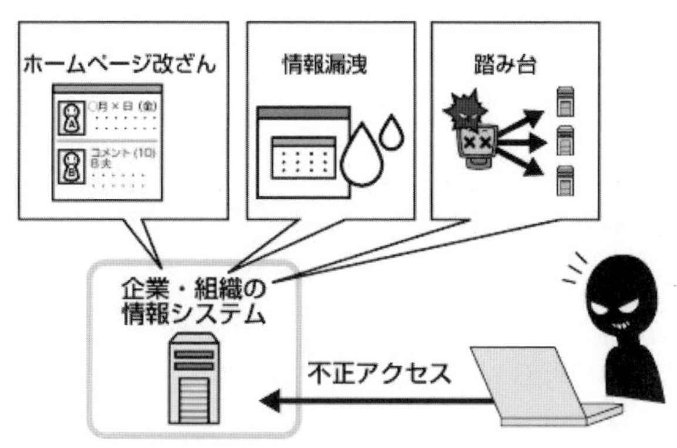

図 9-1　不正アクセス

（出典：総務省「安心してインターネットを使うために」）
http://www.soumu.go.jp/main_sosiki/joho_tsusin/security/basic/privacy/index.html

不正アクセスによって侵入されたシステムは、攻撃者がその後いつでもアクセスできるように、バックドアとよばれる裏口を作られてしまうことが知られています。攻撃者は、そのシステムを踏み台として、さらに組織の内部に侵入しようとしたり、そのシステムからインターネットを通じて外部のほかの組織を攻撃したりすることもあります。

この場合に多く見られる例は、攻撃者によってボットウイルスを送り込まれ、自分がボットネットの一員となってしまうというものです。ボットネットとは、攻撃者によって制御を奪われたコンピュータの集まりで、数千〜数十万というネットワークから構成されていることもあります。攻撃者はボットに一斉に指令を送り、外部のほかの組織に対して大規模なDoS攻撃を行ったり、スパムメールを送信したりすることもあります。DoS攻撃とは、通信ネットワークを通じてコンピュータや通信機器などに行われる攻撃手法の1つで、大量のデータや不正なデータを送りつけて相手方のシステムを正常に稼働できない状態に追い込みます。

このように、不正アクセスの被害に遭うと、知らない間に攻撃者の一員として利用されてしまうこともあります。

9.2.3 詐欺等の犯罪

インターネットでは、詐欺や犯罪行為などが増加しています。それらの詐欺や犯罪の中には、

（1）　偽物のホームページに誘導し個人情報などを窃取するフィッシング詐欺
（2）　電子メールなどで誘導してクリックしたことで架空請求などをするワンクリック詐欺
（3）　商品購入などで架空出品をしてお金をだましとるオークション詐欺
（4）　違法薬物など法令で禁止されている物を販売する犯罪
（5）　公序良俗に反する出会い系サイトなどに関わる犯罪

など多様な手口があります。

インターネットでの犯罪は、主に金銭目的で行われることも増えてきました。そのために、デマなどのウソの情報を流す、他人になりすます、ユーザIDやパスワード、プロフィールなどの個人情報を盗んで悪用するなど、さまざまな手法で行われます。金銭目的以外では、相手への恨みや不満、興味本位などの動機から、攻撃や嫌がらせなどを目的として行われることもあります。

インターネットが広く普及したことにより、これまで現実世界でも存在した詐欺などの犯罪行為でもこの便利な技術が使われるようになってきたのです。インターネットが便利なのは、犯罪者にとっても同じです。これからも、ますます犯罪行為にインターネットが使われ、多様な手口が出現してくることは間違いありません。利用者はよりいっそうの注意が必要になります。

9.3 セキュリティ対策

9.3.1 認証の強化

インターネットでは、通信している相手が本人かどうかを確認する手段として認証とよばれる方法がとられます。なりすましによる侵入を防ぐため、パスワードなどによる認証技術によりコンピュータへの不正アクセスを制限します。

（1）パスワードによる認証

ユーザが本人であることを認証するのに一般的な手段は、ユーザ ID とパスワードによる認証です。しかし、パスワードを解読されてしまうと、ユーザになりすましてシステムに不正アクセスされてしまいます。そのため、パスワードは解読されにくくするための注意が必要です。

・名前などの個人情報からは推測できないこと
・英単語などをそのまま使用していないこと
・アルファベットと数字が混在していること
・適切な長さの文字列であること
・類推しやすい並び方やその安易な組み合わせにしないこと

（2）ワンタイムパスワード

ログインするたびにパスワードを変えることで、盗聴したパスワードを再度使って本人になりすまし、不正に認証されることを防ぎます。ワンタイムパスワードには大きく分けて次の 3 通りの方式があります。

① 時刻同期（タイムシンクロナス）方式

トークン・デバイスとよばれる専用の IC カードや携帯に便利な形状のハードウェア、ソフトウェアなどを用い、クライアント側と認証側で一定時間ごとに 1 回限り有効なパスワードを生成していきます。装置に表示されたコードと暗証番号（PIN）を一緒に入力することで、パスワードが生成されます。認証サーバ側でも同じ処理を行い、パスワードが一致すれば認証します。時刻で同期を取るため、時計がずれてるという問題が発生しますが、認証のたびにお互いの時計を調整して解決しています。

② イベント同期方式

あらかじめ決められた数のパスワードのリストをクライアント、認証側でお互いにもっていて、1 回認証を行う度にパスワードを使い捨てていく方式です。アクセス回数で同期を取ります。

③ チャレンジレスポンス方式

認証サーバから受信したチャレンジコードとよぶ値と PIN をカードなどの生成機に入力することで、レスポンスが表示されます。レスポンスを認証サーバに送付することで認証されます。

（3）バイオメトリクス認証

生体認証（バイオメトリクス認証）とは、IDとパスワードの代わりに、身体的または行動的特徴を用いて個人を識別し認証する技術です。生体認証に用いられる身体的な特徴として、指紋、顔、静脈、虹彩（瞳孔周辺の渦巻き状の文様）などが、行動的特徴として、声紋（音声）、署名（手書きのサイン）などがあります。生体認証は、広く個人認証として用いられているパスワードによる認証やICカードによる認証と比較して、パスワードの記憶やICカードの管理が不要なため利便性が高く、また、記憶忘れや紛失によるトラブルもないという長所があります。

その一方で、生体認証の種類によっては、以下の課題があります。

① 安定性の課題（人の成長、老化などによる身体的特徴の変化によって、認証が正しく行われないなど）
② 秘匿性の課題（サインなどの行動的特徴を盗み見られてなりすまされるなど）
③ 識別性能の課題（双子など身体的特徴が似ている人を誤認識するなど）
④ 認証情報の変更の課題（パスワードやICカードと異なり、身体的特徴は意図的に変更できないなど）

なお、これらの課題に対策を施した製品も出てきています。

9.3.2 ウイルス対策

ウイルス感染を防止するためには、次の3つが基本の対策になります。

① ウイルス対策ソフトをインストールし、最新の定義ファイルに自動で更新されるよう設定する。
② Windows Updateを毎月実施する。
③ 入手経路が不明で不審なファイルは、ダブルクリックしない。
④ 不審なメールの中にあるリンクはクリックしない。
⑤ 不審なサイトは閲覧しない。

9.3.3 不正アクセス対策

インターネットに接続したパソコンには、外部から自分の意図しない攻撃の通信が送られてくる場合があります。こうした不正アクセスをさせないためには、まず外部からの不要な通信を許可しないことが大切です。そのためには、通信の可否を設定できるファイアウォールを導入し、運用することが重要になります。

最近では、ノートPCなどを外部に持ち出すなどの機会が増えたため、利用者のPCが直接不正アクセスの対象になっています。このような被害を防ぐためには、パーソナルファイアウォールを導入し、運用するようにしましょう。図9-2は、ファイアウォールのイメージを示します。

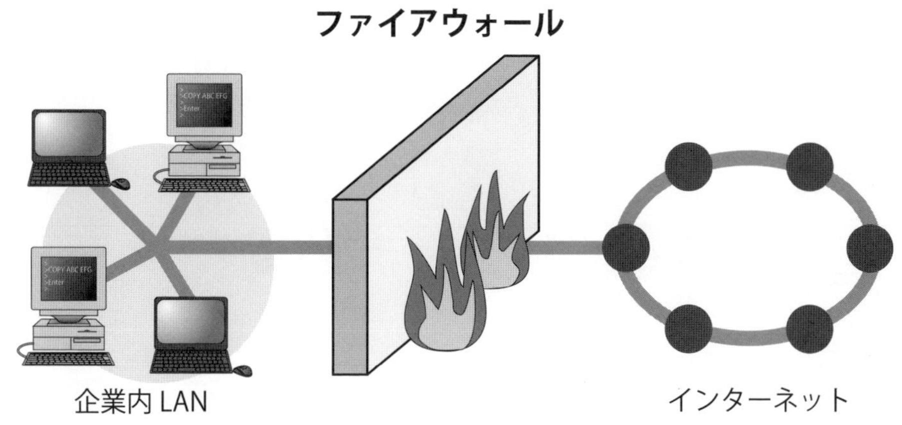

図 9-2　ファイアウォールのイメージ

9.4　情報技術とセキュリティ

私たちがインターネットやコンピュータを安心して使い続けられるように、大切な情報が外部に漏れたり、ウイルスに感染してデータが壊されたり、普段使っているサービスが急に使えなくなったりしないように、必要な対策をすることが情報セキュリティ対策です。

9.4.1 暗号化の必要性と仕組み

暗号化は、データの内容を他人にはわからなくするための方法です。例えば、コンピュータを利用する際に入力するパスワードが、そのままの文字列でコンピュータ内に保存されていたとしたら、そのコンピュータから簡単にパスワードを抜き取られてしまう危険性があります。そのため、通常パスワードのデータは、暗号化された状態でコンピュータに保存するようになっています。

（1）共通鍵暗号方式

共通鍵暗号とは、暗号化と復号に同じ鍵を用いる暗号方式です。この方式は、暗号文の送信者と受信者で同じ鍵を共有する必要があり、暗号文を送受信する前にあらかじめ安全な経路を使って秘密の鍵を共有する必要があります。図 9-3 は、共通鍵暗号方式のイメージを示します。

2 つの鍵を対にして暗号化と復号化に使う公開鍵暗号が発明されるまでは、暗号といえば共通鍵暗号のことでした。代表的な共通鍵暗号としては、アメリカ政府標準になっている DES や、FEAL、MISTY、IDEA などがあります。

（2）公開鍵暗号方式

公開鍵暗号方式は、公開鍵と秘密鍵の対になる 2 つの鍵を使ってデータの暗号化／復号を行う暗号方式です。公開された鍵を公開鍵といい、そうでない鍵を秘密鍵といいます。送信者は、受信者から事前に入手した公開鍵を使ってデータを暗号化します。受信者は、秘密鍵を使って暗号文を復号します。これは、公開鍵から秘密鍵を求めることがきわめて困難であるように構成された方式です。図 9-4 は、公開鍵暗号方式のイメージを示します。

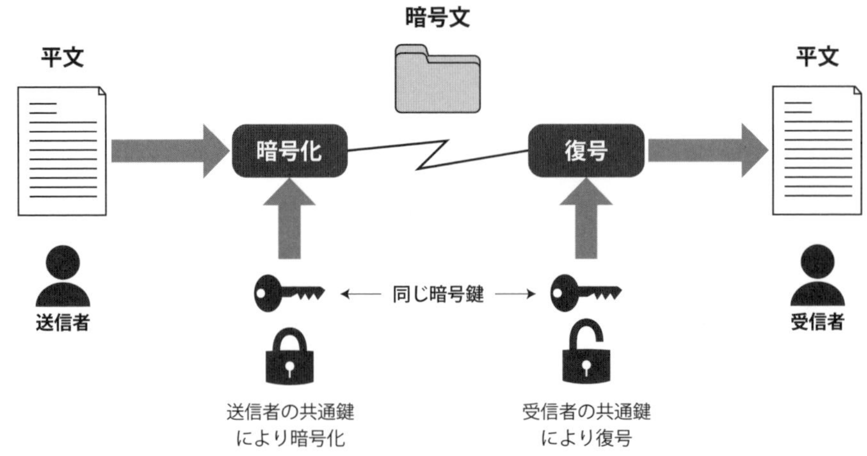

図 9-3 共通鍵暗号方式のイメージ

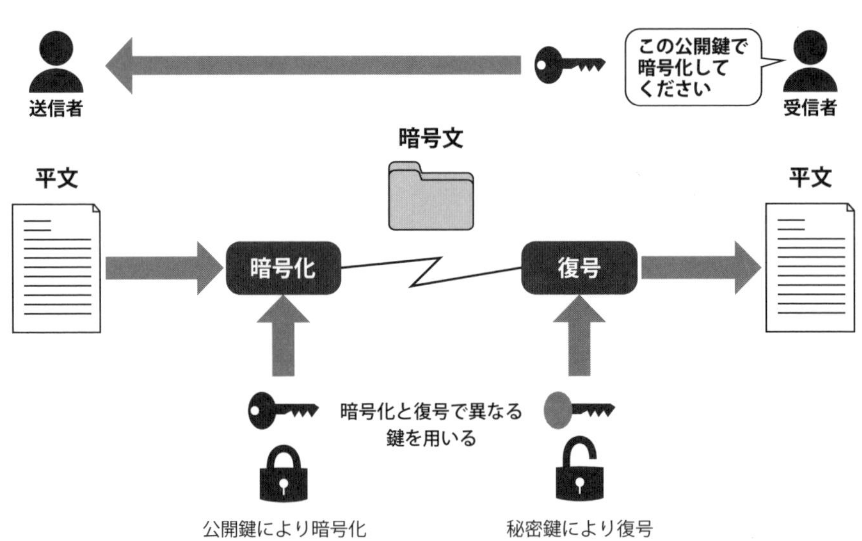

図 9-4 公開鍵暗号方式のイメージ

（3）電子署名

電子署名は、一般に暗号技術の 1 つである公開鍵暗号方式を利用して作成されます。電子署名は、メッセージの作成者が自分の鍵ペアのうちの秘密鍵（プライベート鍵ともよばれる）を使って作成します。メッセージを受信した人は、作成者の鍵ペアのうちの公開鍵（パブリック鍵）を使用して、受信したメッセージを検証します。つまり、作成者本人しか持ち得ない秘密鍵を使ってメッセージが作成されたことを検証することで、作成元の確認ができることになります。電子署名を利用することにより、なりすましやメッセージの改ざんが行われていないことの検証と、否認防止が可能になります。

（4）ファイアウォール

ファイアウォールは、ネットワークの通信において、その通信をさせるかどうかを判断し、許可するまたは拒否する仕組みです。しかし、その通信をどう扱うかの判断は、通信の送信元とあて先の情報を見て決めており、通信の内容は見ていません。これを荷物の配送に例えると、送り主とあて先などの情報は見ているが、その荷物の中身は見ていないということになります。

（5）バックアップシステム

データを別の記憶媒体に保存して、大事なデータの複製を作っておくこと。バックアップを取っておくことで、データが壊れてしまったときに、バックアップ時の状態に復元することができます。

障害への対策としては、例えばクラウドサービスなど、外部業者のサービスを使っていた場合は、その業者側での障害で影響を受けることもあります。こうした障害や自然災害が起こった場合には、情報を保護する対策も必要になります。そのため、利用するサービスを選ぶ際に、なるべく信頼性の高いサービスを選ぶこと、盗難や紛失への備えと同様に、ファイルの保護を行うこと、それでもファイルが失われた場合に備え、重要情報のバックアップを行いましょう。

9.5 情報社会の光と影

9.5.1 情報モラル

（1）情報モラルと日常モラル

情報モラルの具体的な目標を体系的に整理していくと、道徳などで扱われている「日常生活におけるモラル（日常モラル）の育成」と重複する部分が多いことがわかります。道徳で指導する「人に温かい心で接し、親切にする」「友達と仲よくし、助け合う」「ほかの人とのかかわり方を大切にする」「他人を大切にする」などは、情報モラルで指導する「自分の情報や他人の情報を大切にする」「相手への影響を考えて行動する」「自他の個人情報を、第三者にもらさない」などの基盤と考えられます。

道徳においては、そのカリキュラムの軸の１つとして、

① 主として自分自身に関すること
② 主としてほかの人とのかかわりに関すること
③ 主として集団や社会とのかかわりに関すること

などの視点から内容が展開されていきますが、情報モラルではその「集団や社会」が仮想的（バーチャル）な関係も含めた「情報ネットワーク社会」に置き換わるだけと考えてもいいわけです。しかし、日常の社会では、個人、家庭、地域社会と順に経験しながら、ゆっくり時間をか

けてその関係を理解していくことができるのに対し、情報ネットワークでは、端末の前に座ってネットワークに接続した瞬間、あるいは携帯電話を手にし、コミュニケーションを開始した瞬間に、見えない人とのつながりや社会との接点が同時に生じてしまう点が異なります。したがって、一方では、即座に出合うかもしれない危険をうまくさける知恵をさずけることが求められますが、長い目で見れば、情報社会の特性やネットワークの特性の理解をすすめ、自分自身で的確な判断力を育成することが求められるわけです。ここに情報モラル教育を体系的に推進していく必要性があります。

（2）情報モラル教育に含まれる内容

情報モラル教育の内容は、大きく2つに分けられます。まずその1つは、情報社会における正しい判断や望ましい態度を育てることです。「心を磨く領域」といってよいでしょう。この中には、情報発信に対する責任や情報を扱ううえでの義務、さらには情報社会への貢献や創造的なネットワークへの参画などの領域があります。情報社会での規範意識を高めるためには心の教育が必要です。相手の立場に立って思いやりのある行動を取ることはこれまでも道徳教育として行われてきましたが、ネットワークでのコミュニケーションでも相手を思いやる気持ちの大切さは同じです。また、決まりや約束を守る態度も大切です。ネットワーク社会におけるルールとして著作権の尊重や個人情報の保護などがあります。これらのルールを守る態度も育てていかなければなりません。さらに、ネット社会をよりよいものにしていこうとする態度も大切です。ネットワークからの恩恵を受け取るだけでなく、積極的に情報発信をしたり、ネットワークに貢献したりする態度は、よりよいネットワークを構築するうえで大切です。つまり、「心を磨く領域」は、自分を律し適切に行動できる正しい判断力と、相手を思いやる豊かな心情、さらに積極的にネットワークをよりよくしようとする公共心を育てることが求められているといえるでしょう。

もう1つは、情報社会で安全に生活するための危険回避の方法の理解や、セキュリティの知識・技術、健康への意識があげられます。「知恵を磨く領域」といってよいでしょう。情報化が進展し生活が便利になればなるほど、危険に遭遇する機会も増大します。情報社会で安全に生活するための知識や態度を学ばせる必要があります。健康への意識は情報モラルというよりは、生活習慣の面が強いですが、ネットワークの使いすぎによる健康被害やネット依存など健全な生活への悪影響を受けないように、適切な指導が求められます。

「心」と「知恵」の育成は常に表裏一体で、切り離すことができません。情報モラルの指導に当たっては、「心」も「知恵」もともに意識しながら、日常的に一体的に指導することが求められます。すなわち、すべての教員がかかわり、学校をあげて取り組むことが必要になるのです。

9.5.2 プライバシー

プライバシーとは、一般に、“他人の干渉を許さない、各個人の私生活上の自由”をいうと考えられています。言い換えると自分が他人に知られたくない情報のことで、インターネットにおいても、個人のプライバシーは保護されなければなりません。特にインターネットは不特定多数の人が利用するため、本人に断りなく、個人の氏名や住所、写真、私生活上の事実や秘密など、他人のプライバシーにかかわる情報を公開してしまうと、取り返しのつかない事態を引き起こすことがあります。

例えば、ある電子掲示板に写真を公開しただけであっても、ほかの利用者によって別の複数の電子掲示板などにどんどん転載されてしまえば、そのデータがどこにあるのか追跡が困難になり、消去することは現実的に不可能になってしまいます。このような行為は、その人に精神的苦痛を与えることがあり、その結果、プライバシーや肖像権の侵害、名誉毀損などによって訴えられる可能性もあります。

また、手紙と同様に、電子メールも個人の重要なプライバシーです。そのため、家族であっても、本人の許可なしに、人の電子メールを覗き見ることはプライバシーの侵害になります。

9.5.3 知的財産権

知的財産権とは、論文や小説、新しい物の発明など、知的創造活動によって生み出されたものを、捜索した人の財産として保護するための制度です。知的財産権には、特許権や著作権などの創作意欲の促進を目的とした「知的創造物についての権利」と、商標権や商号などの使用者の信用維持を目的とした「営業上の標識についての権利」に大別されます。図 9-5 に特許庁が示している知的財産権の種類を示します。

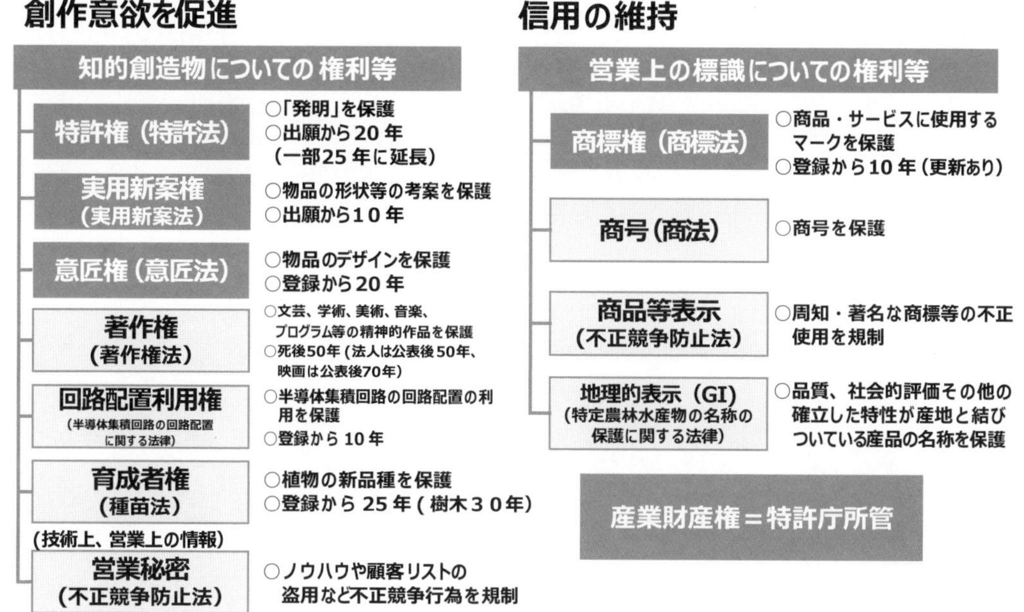

図 9-5 知的財産の種類

出典：特許庁「2023 年度知的財産権制度入門テキスト」

9.5.4 情報発信の心得

インターネットで情報発信をする際には、掲示板、SNS などに機密情報・個人情報を書き込まない、誹謗中傷しないことが重要です。これは自分のものだけでなく、家族や友達などの情報も同様です。インターネットに書かれた情報は広く公開されるため、その情報が悪用され思わぬ被害を受けたり、プライバシーの侵害が起こったりするためです。

そのほか、不注意な発言により、多くの人から非難を受けたり、自分や所属する組織の評判を失墜させたりする事態を招くこともあります。

書き込む内容や情報を公開する範囲、その結果どのような影響が起こりえるか、常に意識をしながら、情報発信をするよう心がけましょう。

第10章

ビッグデータとデータサイエンス

10.1 ビッグデータとは

第6章では、コンピュータを使ってデータを意味ある「情報」にする方法の1つとして「基本統計量」など統計によるデータの解釈について学んできました。近年は、インターネットの環境などの通信技術や、計測技術の発展により、大量かつ多様な“データ”がネットワークに集積されています。また、例えばSNSなどのデータも同様に、ネットワーク上に蓄積されており、そのデータに触れることもできますし、さらに深くデータを解析することも可能な状況となっています。

この章では、“大量”かつ“多様”なビッグデータを有用なもの、有用な情報とするためのアプローチである『データサイエンス』そして、近年私たち生活者に対しても身近な存在となりつつある「AI」や「機械学習、ニューラルネットワーク、ディープラーニング」について、学んでいきましょう。

このように多様なデータがあふれる時代の代名詞としてあげられるのが「スマートフォン」といえます。Apple社の「iPhone」が2007年に発売され、その機能は携帯電話のみならず、デジタルカメラ、音楽プレーヤー、メッセージ機能に拡大し、単なる電話機からコンパクトなPCとなり、我々生活者にあっという間に浸透していきました。そして、スマートフォンの特に大きな要素としてインターネットへの常時接続があげられるでしょう。

「iPhone」の初代発売から約16年の時間がたち、スマートフォン（以下スマホ）のスペックは、30年前のスーパーコンピュータと同じくらいの能力を備えるといわれています。

このスマホの普及により、さまざまのアプリケーションも開発され、スマホを起点にブラウザを使って情報の収集や、SNS等へのアクセスが簡単になりました。さまざまなアプリケーションソフトは、ウォレット機能も搭載され「スマートフォン」が財布代わりになりました。スマホの普及は、2020年に80%を超え、スマホを使った大量の人の多様なデータがネットワーク上にあふれています。

私たちは、スマートフォンだけでなく、スーパーマーケットなどのポイントカード、交通機関のICカードなどを利用することで、利便性が得られ、企業側は利用状況（何を買った？ いくら使った？ どこからどこまで移動した？ などの価値ある情報）を収集することができます。

また、情報の収集は屋外だけではありません。自宅のPCからインターネットを接続し、インターネットでの情報の検索、それ自体も貴重な情報となりますし、最近のテレビはインターネットに接続することで、動画配信を手軽に視聴することができるというベネフィットがあります。そして、それらの履歴（インターネットの検索履歴やテレビの視聴履歴など）は、ログデータとして企業側で収集することができます。

また、最近の家電は、タブレットと連携したり、インターネットに接続することができ、スマートフォンからタイマーやスケジュールを設定できたり、インターネットに接続していれば、外出先から、遠隔操作をすることが可能な機種も購入することができます。このようにして蓄積された大量かつ多様なデータ群は“ビッグデータ”とよばれています。ビッグデータとは、人間では全体把握が難しい膨大なデータ群を指します。情報通信技術や、コンピュータの高速処理、大容量処理などの計測技術の発展により「超大量（Volume）」、「多様データ（Variety）」「高速度処理（Velocity）」という 3 つの「V」の頭文字の特性で表されるようなデータ群が、高レベルでネットワーク上に蓄積されうる環境となっているのです。

私たちは、日常的にインターネットによる「検索」を利用しています。この「検索結果」から、私たちがどのリストを検索・閲読したか、という遷移が捕捉でき、このクリックされた情報を大量に集めれば、学習データとして利用することもできます。実際にこれらのデータは、マーケティング活動などにもすでに利用されています。

また、ビッグデータは、「大量の人」のデータだけではありません。スマホによって、個人のさまざまなデータが毎日収集・蓄積することができます。例えば「歩数」「心拍」という健康情報から「クレジットカードによる購買情報」「SNS の閲覧、投稿」や、毎日の交通機関による移動情報など、例え“シングルソース（個人）”であっても膨大なデータがビッグデータとなって蓄積されています。もちろんスマホだけではありません。コンビニエンスストアのポイントカードや、交通機関の IC カードによって、移動区間もデータ化して蓄積されていきます。このような、個人ではあっても、365 日、730 日と蓄積されたら、これもビッグデータといえましょう。これらのデータの取得蓄積のうえで、繰り返しになりますが、スマートフォンというデバイスの存在は大きいものとなっているのです。

10.2 Society5.0

Society 5.0 とは、日本が目指すべき未来社会の姿として、2016 年に内閣府が提唱した概念です。ここではインターネットによる「サイバー空間（仮想空間）と現実空間（Society5.0 ではフィジカル空間と表現しています）を融合させたシステムにより、経済発展と社会的課題の解決を両立する、人間中心の社会（Society）」を築くことを意図しています。

Society5.0 では、過去の人類の社会の発展レベルでとらえ、

・Society1.0 … 狩猟社会　・Society2.0 … 農耕社会　・Society3.0 … 工業社会

そして、情報社会を「Society 4.0」と位置付けています。

生活者にとって、例えば年代などによる、そもそもの知識、リテラシーの格差があり、結果的にさまざまな情報についての重要さを認識する能力にたけた人、そうでない人の差も大きい、という課題がありました。特に現状では、子供のときから PC やインターネット、スマホが身近にあった世代に対して、現在 60 歳後半の生活者は社会人になって PC に触れた、という人も

多く、職業の内容によって、PC を使う必要性が低い場合、初歩的な操作だけしかわからない人も多いようです。時代環境によるリテラシーの格差を埋めることは、社会にとっても、重要なことといえましょう。また、少子高齢化や地方の過疎化などによる労働力不足の問題も大きくなり、フィジカル空間における対応の難易度が高まることが予想されます。

一方、情報の技術進化により、センサー機器や電子機器などがインターネットを介して大量のデータを相互に交換をすることができ、工場などの大規模な装置でもセンサーとインターネットが連携し、さまざまな環境の管理、装置・機器の動作の管理などを離れたモノ同士で行うことができるようになりました。これらのことを『IoT（Internet of things；モノのインターネット）』といいます。

図 10-1 のイラストは、Society5.0 を示したものです。Society 5.0 で実現する社会は、IoT によって、全ての人とモノがつながることにより、知識や情報を共有します。その結果として、生活者に存在する格差を埋め、課題の克服することを目指すのです。

そして、IoT や人工知能（AI）などのテクノロジーの進歩、普及による知識、情報の共有が、少子高齢化、地方の過疎化などの課題を克服し、希望の持てる、ひとりひとりが活躍できる社会を目指すこと、それが Society 5.0 です。

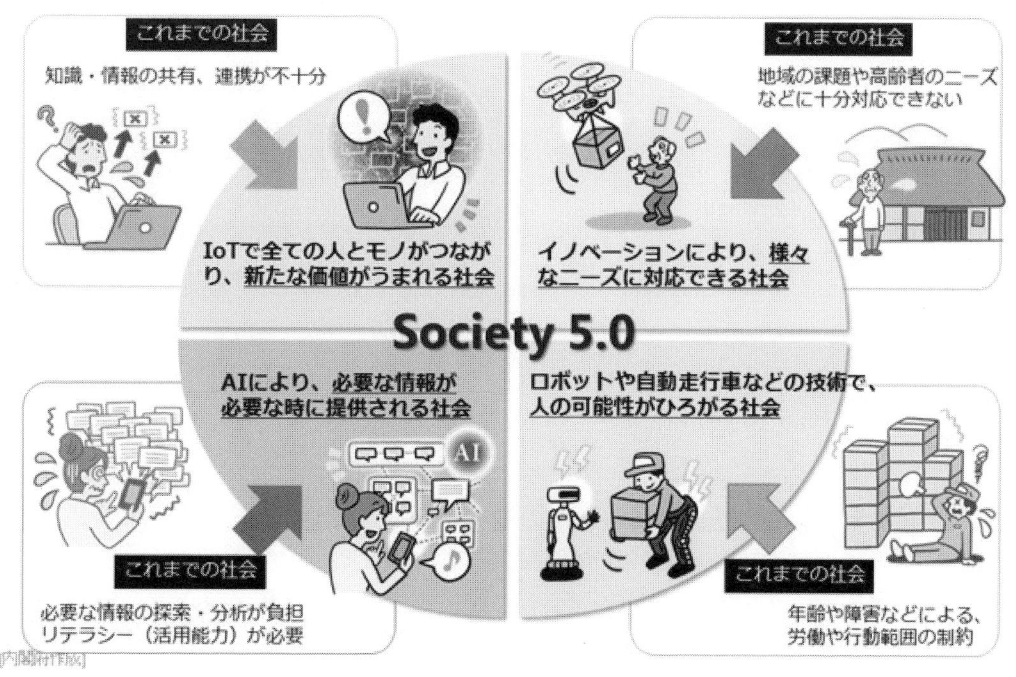

図 10-1 Society5.0 イメージ

Society 5.0 – 科学技術政策 – 内閣府（cao.go.jp）

10.3 データサイエンス

10.3.1 データサイエンスの必要性

「ビッグデータ」や「Society5.0」が目指す時代では「超大量（Volume）」、「多様データ（Variety）」のデータにあふれ、コンピュータのパフォーマンスは「高速度処理（Velocity）」となりました。超大量・多様なデータを高速で処理できるようになり、これらの多様かつ豊富なデータから、さらに有意義な情報を導き出すことを目指した研究分野がデータサイエンスです。

データサイエンスは、統計学、情報工学など、さまざまな領域の手法を応用して、多種多様なデータ群を解析して、有意義な情報を見つけ出そうとするもので、近年、注目される研究分野となっています。データサイエンスに注目が集まる大きな要因として、次のようなポイントがあげられます。

（1）ビッグデータが蓄積できるようになった

10.1節でもふれたとおり、インターネットとセンサー、そして個人情報を含むカードが普及したことで、ビッグデータ（膨大な量のデータ）が蓄積できるようになりました。超大量なビッグデータを解析することは、例えばビジネスのうえでも、「生活者」の行動把握から、予測を立てるうえで、とても大きな可能性を秘めており、データサイエンスが注目される大きな要素としてあげられます。

（2）コンピュータおよび解析ソフトのパフォーマンスが高まった

現代は、コンピュータや分析ツール、クラウド技術が目まぐるしいスピードで発達しています。そのため、情報を高速で収集できるようになり、さらに扱いやすくなったことがあげられます。そして、さまざまなデータ分析ソフトが広がり、オープンソースの解析ソフトも手軽に触れることができるようになりました。また、有料ソフトのコストも購入しやすい価格帯になってきており、また「Python」などで作った解析ソフトが無償でさわれるような環境になっていることもポイントとしてあげられます。

（3）豊富なデータにより、課題解決への期待が高まっている

ネットワークの進展にともない、社会的な課題を見つけることができるようになりました。多様かつ超大量なデータ群から、有効なパターンを引き出すため、データサイエンスでは方針を立て、課題を整理・定義し、アルゴリズムを使ってデータを処理することができるようになりました。10.4節のデータマイニングでも詳細しますが、例えば「データを分類する」ことから“行動や嗜好”の似たグループ（クラスター）を導くアプローチがあります。マーケティングでは「顧客セグメンテーション」として、自社顧客の分析やリサーチデータを活用しています。また「データ間の影響関係を解釈しようとする」アプローチで、クロスセリングのパターンの抽出、活用を目指しています。これらのパターン抽出というアプローチ自体は、新しいものではなく以前から手作業で分析を行ってきました。しかし、データが膨大になることで、抽

出するパターンも複雑になると、手作業ではとても非効率になってしまうときに、上記2のコンピュータ自体、また解析ソフトのパフォーマンスの向上により、課題解決への期待度、実現性が高まっているといえましょう。

10. 3. 2 データサイエンスによる課題解決のサイクル

先にも述べたように、ビッグデータを解析することにより、さまざまな課題解決のための糸口となるパターンの抽出が可能となります。ただし、むやみに手あたり次第に解析を行っても、非効率ですし、課題を解決することはできないでしょう。ここで、課題解決のためのサイクルを整理してみます。

長らく、生産管理や品質管理などの管理業務を継続的に改善していく手法として「PDCA」サイクルがあります。「Plan（計画）・Do（実行）・Check（確認評価）・Action（改善）」を繰り返しながら、生産・品質の管理を進める考え方です。

同様に、データ分析では、「PPDAC」サイクルが1990年代から一般的な工程モデルとして活用されています。データ分析におけるPPDACサイクルとは「P：課題の把握（Problem）」「P：計画（Plan）」「D：データの収集（Data）」「A：データの分析（Analysis）」「C：結論（Conclusion）」というデータ分析のサイクルです。まさにデータサイエンスにおける課題解決のための管理サイクルといえます。例えば、データを収集して、分析、提案までを担うマーケティングリサーチという方法もまさに重要なポイントはこの一連のサイクルにあります。では、この「PPDAC」について、リサーチのチェックポイントを織り交ぜながら、見てみましょう。

P：課題の把握（Problem）

解決するべき課題を最初に設定することで、最終的に課題達成ができるかについて把握することが可能となりますので、課題の把握と設定は大切です。

例えば、顧客あるいは社内であっても「どうありたいのか：市場でシェアアップするには何が障害なのか」「競合ブランドとの差別化が浸透していないのはなぜか」など、課題を明確に整理することは、とても重要なことになります。

P：調査の計画（Plan）

最初に設定した課題に対して課題をクリアするために、どのようなデータ収集・分析をするべきかについて計画を立てます。ここでの計画が本来の目的とずれていると課題を解決するためのデータ収集・分析ができなくなるので、調査の計画に関しては慎重に行うことが重要です。

例えば、リサーチの場合でも、課題解決のために有用なリサーチ計画（母集団の設定、リサーチ手法、課題解決にふさわしい、質問と分析手法、それに耐えうるサンプルサイズなど）を明確に立てておくことは重要です。

D：データの収集（Data）

課題を解決するためにどのようなデータが必要かを計画していたものに沿って、収集する段階です。データの収集で気をつけなければならない点としては、データの収集方法や正確性などには十分な注意が必要です。

リサーチの場合、6.2.1項でも触れましたが、リサーチのターゲット層となりうる「母集団」の設定は重要です。ある企業のユーザー層をターゲットにするのか、一般生活者層をターゲットとするのか、つまり「母集団」が課題解決の目標となるターゲットになっているのか、この母集団設定にブレがあると、結果となるデータにバイアスが発生してしまいますので、十分注意が必要です。

A：データの分析（Analysis）

データの収集で手に入れたデータを元にしてデータの分析を行います。データの中から課題解決に繋がるデータを見つけ出す必要があるので、分析のアプローチは多面的・探索的であり、作業難易度自体は高いといえます。分析の目的によって、分析手法も異なります。目的に応じた分析手法を利用するべきです。そのためにも分析手法の知識は重要といえます。

C：結論を考える（Conclusion）

データの分析によって出た分析結果をもとにして、最初に設定した課題に対しての推論を行い、解決策などを考えます。分析結果を十分に活用することで課題に対する有効的な対策を講じることができるようになります。また、チームへの結果をプレゼン等で伝達、共有を行います。他者への伝達を行うことにより、他者のリアクションから新たな結果に関しての気づきを得られることもあるのです。

そして「把握した課題」について、回答たる“解”を導き出せたのか、客観的な裏付け（分析データ）を基に結論に達したか、もう一度冷静に確認してみることが大切です。

これらのステップそれぞれの頭文字を取ったものが「PPDAC」ですが、このサイクルは「PDCA」もそうですが、一度やったら終わりではありません。図10-2の「PPDACのサイクル」でも示す通り「PPDAC」⇒「PPDAC」⇒・・・というようにサイクルを繰り返していくことが重要です。「課題解決の方策」が効果を上げているのか。結果として例えばシェアに変化があったのかを確認し、さらなる課題解決のための「PPDAC」サイクルを実践することが大切なのです。

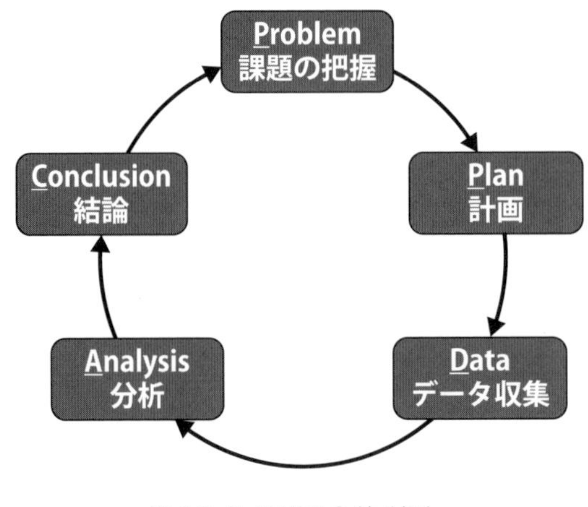

図10-2　PPDACサイクル

10.4 データマイニング

10.4.1 データマイニングとは

データマイニング（Data Mining）とは、大量のデータ（複数のデータ群）を解析することにより、有用な知識・知見を見つけ出すこと、その技術をいいます。社会には「買い物データ」や「メディア接触データ」などさまざまなデータが収集されています。インターネットをはじめ、情報通信技術（ICT）の進歩により、ネットワーク社会におけるデータを収集することが容易になってくるとともに、コンピュータの演算スペックが大幅に進化したことにより、この大量のデータを活用する（知識・知見を導き出す）ニーズも多くなりました。このような“大量のデータ（ビッグデータ）”をそのまま解析する手法・技術の進歩が“マイニング”の拡大の大きな要因といえます。

データマイニングのおもな目的として、『データの傾向をポジショニング』『パターンの分類』『データの影響関係を解釈』することなどがあげられます。さらに、これらの結果として『過去から現在のデータ傾向から＜将来を予測する＞』ということも、データ量が豊富になることにより、精度も高まってきました。図 10-3「統計分析の目的と手法」に示す通り、分析の目的に応じた分析手法があります。ここで、目的と主だった手法について整理してみます。

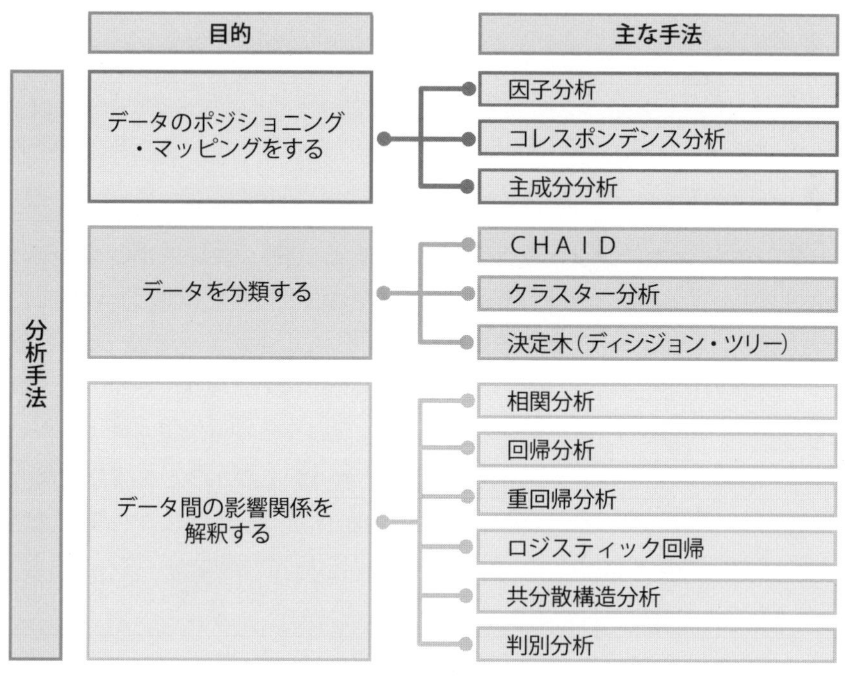

図 10-3 統計分析の目的と手法

[分析の目的 ー再整理ー]

『データのポジショニング』とは … 変数間のデータについて、それぞれがどのようなところに存在するのか、を解釈する場合。

『パターンの分類』とは … 複数（大量）のデータから、データのグループ化（例えば、心理学の類型論など）や行動の傾向を把握すること。

『データ間の影響関係を解釈する』とは … いくつかの変数間に影響関係があるのか、「ある」場合は強い影響なのか、弱い影響なのかを把握すること。

『将来を予測』とは … 「過去」から「現在」の時系列の流れから、将来の変化を予測するということです。

例えば『データのポジショニング』とは、2 つの缶コーヒーブランド各種について、販売量とイメージの 2つの変数についてどこに位置しているのか、を把握することにより、競合との位置関係（近しいのか、離れているのか）を把握することができます。

また『パターンの分類』とは、「日々の買い物データ」や「クレーム情報」「顧客満足度」などのリサーチデータから「顧客の購買傾向とパターン」「クレームのパターン」を分類するものであり、それらの大量データをマイニングすることにより、傾向とパターンを類推することを可能とするのです。

『将来を予測』とは、販売量とブランド認知率の関係から、認知率がこのまま伸びていくとどこまで販売量が伸びるのか、を予測することといえます。もちろん、実際の販売量というのは、認知率だけで伸びるわけではなく「営業力」であったり「競合ブランド」の関係（ブランド数・競合ブランドの売価などさまざまな要因）が影響しあうものですが、あえて、認知率に限定しての伸び率を予測したりすることもあります。

（1）データのポジショニング・マッピングをする（例：コレスポンデンス分析）

データの結果から、ある事象、例えば製品・サービスの位置づけを確認したい場合に利用します。企業であれば、自社製品やサービスを他社と差別化するための、市場での戦略的位置づけを考えています。今後の自社のポジショニングを「どこにおくか」「現在、理想とするポジションに位置しているのか」を確認することはマーケティングにおいて非常に重要なことなのです。

まず、現在の市場での位置づけ（ポジション）がされているのか？を確認し、次の戦略を立てていく際に、このようなポジショニングに関する分析は効力を発揮します。例えば「商品 A」～「商品 G」という 7 つの商品について、10 個のイメージワードを基にポジショニングをみる、という場合もこのような分析を行います

（2）データを分類する（例：クラスター分析）

母集団を、特性によって分類・グループ化する場合に利用します。

例えば、大学生を意識・態度を基に分類・グループ化することにより、それぞれのグループが大学について、どのような設備、あるいは大学のイメージを重視しているかを確認したい場合などに、このような分析を利用します。

	イメージ項目①	イメージ項目②	イメージ項目③	イメージ項目④	イメージ項目⑤	イメージ項目⑥	イメージ項目⑦	イメージ項目⑧	イメージ項目⑨	イメージ項目⑩
商品【A】	1.2	15.3	19.8	20.1	0.3	42.3	55.4	18.8	19.2	70.8
商品【B】	38.1	84.5	10.1	26.5	9.5	33.2	38.2	88.2	90.1	40.1
商品【C】	29.0	80.3	1.6	24.5	1.8	57.3	40.5	80.0	73.1	68.3
商品【D】	39.4	2.7	84.5	37.1	82.7	45.2	48.2	2.8	7.2	50.1
商品【E】	77.2	30.1	34.8	89.3	40.1	12.5	15.8	41.2	50.3	2.5
商品【F】	36.3	9.3	71.2	34.7	68.9	42.3	43.5	9.4	12.4	40.5
商品【G】	8.2	29.4	37.2	1.7	44.3	53.7	71.2	30.6	59.0	61.5

(%)

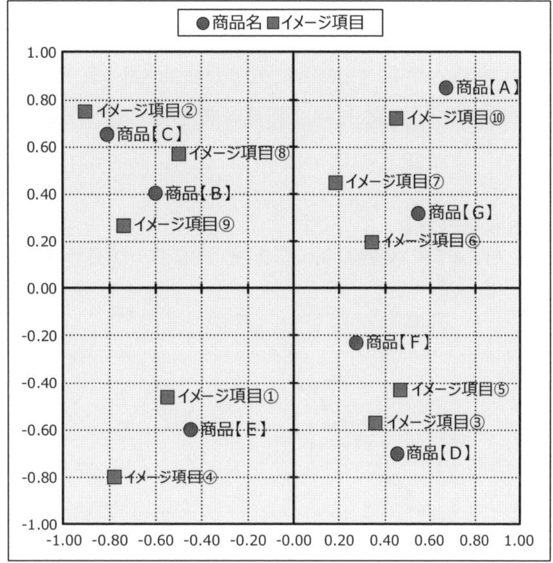

図 10-4　コレスポンデンス分析

	調査項目①	調査項目②	調査項目③	調査項目④	調査項目⑤	調査項目⑥	調査項目⑦
サンプル01	4	3	4	4	3	3	2
サンプル02	3	4	4	3	3	4	4
サンプル03	4	5	4	5	5	5	4
サンプル04	2	3	4	3	2	3	3
サンプル05	2	2	2	1	2	1	2
サンプル06	4	4	4	5	5	4	4
サンプル07	1	1	2	1	1	2	1
サンプル08	5	5	4	5	5	5	4
サンプル09	5	4	4	5	5	5	4
サンプル10	3	3	4	3	2	3	3
サンプル11	5	4	4	4	4	5	5
サンプル12	1	2	3	1	1	2	2
サンプル13	2	2	2	2	2	1	1
サンプル14	5	5	4	5	5	4	4
サンプル15	2	2	2	1	1	2	1
サンプル16	3	3	4	4	3	3	4
サンプル17	4	3	4	3	3	2	2
サンプル18	1	2	2	2	1	1	2
サンプル19	3	3	3	4	4	4	3
サンプル20	3	4	4	4	2	2	3

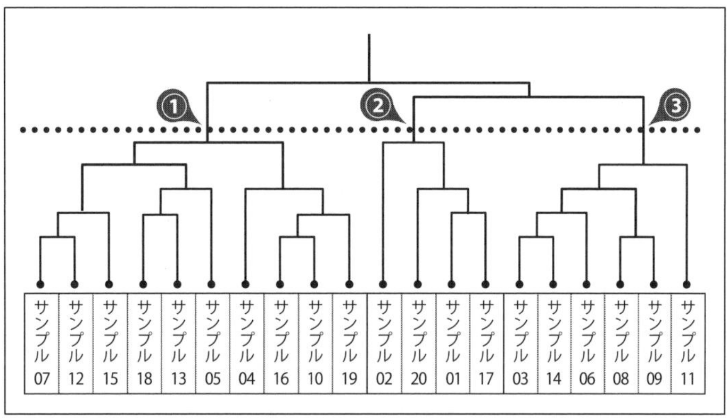

図 10-5　クラスター分析

（3）データ間の影響関係を解釈する（例：相関分析）

いくつかの変数間に影響関係があるのか、「ある」場合は強い影響なのか、弱い影響なのかを解釈するときに、次のような分析を行います。

例えば、「気温」と「製品・サービス」の利用という 2 つの変数間に関係があるのか、ないのか、を確認し製造・販売をコントロールしたいときに利用します。

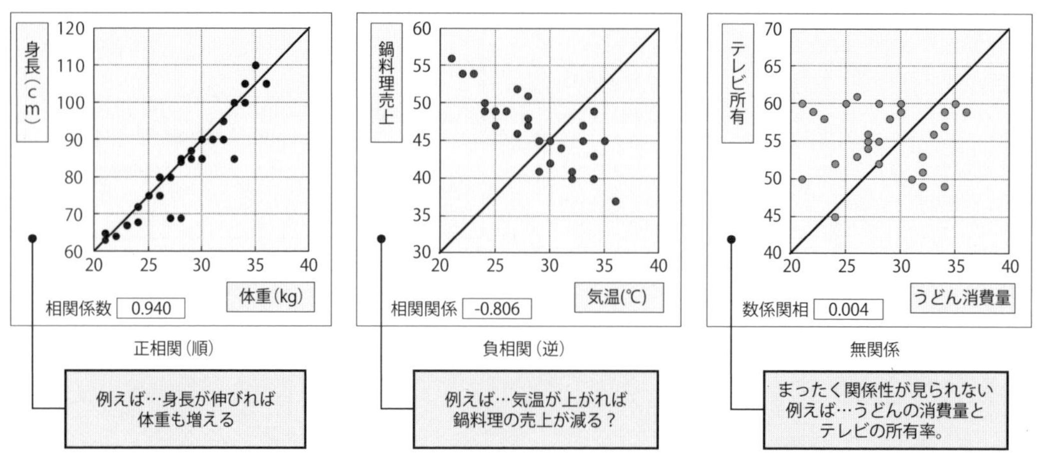

図 10-6　相関分析（図 6-18 再掲）

10.4.2　回帰分析

前節では、分析の目的と分析手法を紹介してきました。ここでは、将来を予測することに活用できる分析手法である「回帰分析」について、Excel を使って実践してみます。第 6 章では「相関分析」という手法について Excel を使って実践してみました。相関分析は、ふたつの変数間に影響関係があるのか、を確認することができる手法です。ただし、影響関係の有無は確認できますが、影響の度合いは考慮しません。

つまり「2 つの値の間に、一方の値が変化するともう一方の値も変化する」という関連性があれば、相関関係があるといえるのです。このとき、2 つの変数の間に、原因 → 結果の関係は必要ありません。相関分析では、疑似相関の関係（別の変数が影響していたり、全くの偶然）である可能性もあるのです。

この節で紹介する「回帰分析」は、求めたい要素（目的変数）に対して他の要素（説明変数）がどの程度影響を与えているか、を推測する手法です。例えばある商品の売り上げに対して、他の要素がどの程度影響を与えているか、を把握することにより、商品の売り上げ予測をすることも可能となるのです。

回帰分析とは、関数をデータに当てはめることによって、ある変数 y の推移を別の変数 x の推移により**説明・予測・影響関係を検討するための手法**なのです。

ここで紹介する回帰分析は、説明変数がひとつのモデルであり、単回帰分析といいます。

説明変数が二変数以上になる回帰分析を「重回帰分析」といい、より高度な分析が可能となります。単回帰分析だけでは因果関係の特定はできませんが、その推論の手がかりにはなります。

ではさっそく、回帰分析をやってみましょう。表 10-1 は、ある大型スーパーマーケットの 8 月の 20 日間のビールの売り上げと、日別の最高気温を表したものです。ビールの売上金額と最高気温の表を見ると、何となく 30℃を超えると 100 万円近い売り上げに達していそうです。でも 13 日は、31℃なのに 100 万円に達していないですね。

表 10-1 A 店の日別ビールの売り上げ金額

	最高気温	ビール販売量（千円）
1日	25	720
2日	32	990
3日	28	730
4日	31	800
5日	30	790
6日	34	1020
7日	31	800
8日	34	1080
9日	28	720
10日	24	695
11日	28	720
12日	30	810
13日	31	830
14日	33	1000
15日	27	700
16日	30	900
17日	29	810
18日	26	700
19日	22	680
20日	23	680

では、このビールの売り上げを目的変数として、最高気温という要素がどの程度影響するのか（説明変数）を分析してみます。回帰分析の数式は以下の通りです。目的変数が複数の場合（例えば、気温・来店客数・店頭の通行人数など）は「B」の数式を使いますが、今回はシンプルに説明変数は「最高気温」ひとつですので「A」の数式になります。

数式 A)　y=a+bx(説明変数が 1 つの場合)

数式 B)　y=a+b1x1+b2x2+…+bnxn(説明変数が 2 つ以上の場合)

では、図 10-7 からの Excel の方法にならって、分析してみましょう。

＜ステップ＞

①「データ」タブをクリック

②「データ分析」をクリック

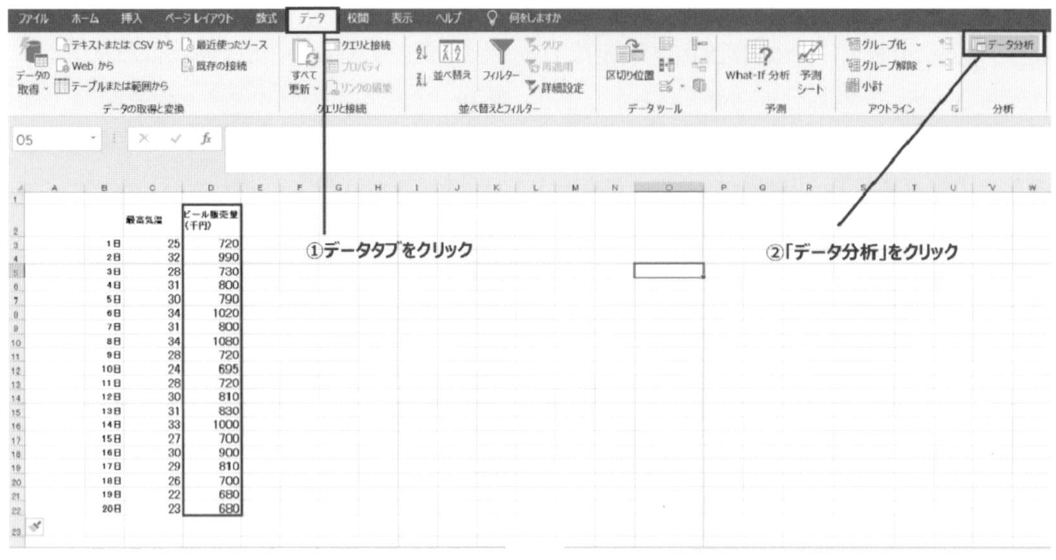

図10-7　Excelで回帰分析(1)

③「データ分析」のポップアップから「回帰分析」を選択して「OK」ボタンをクリック

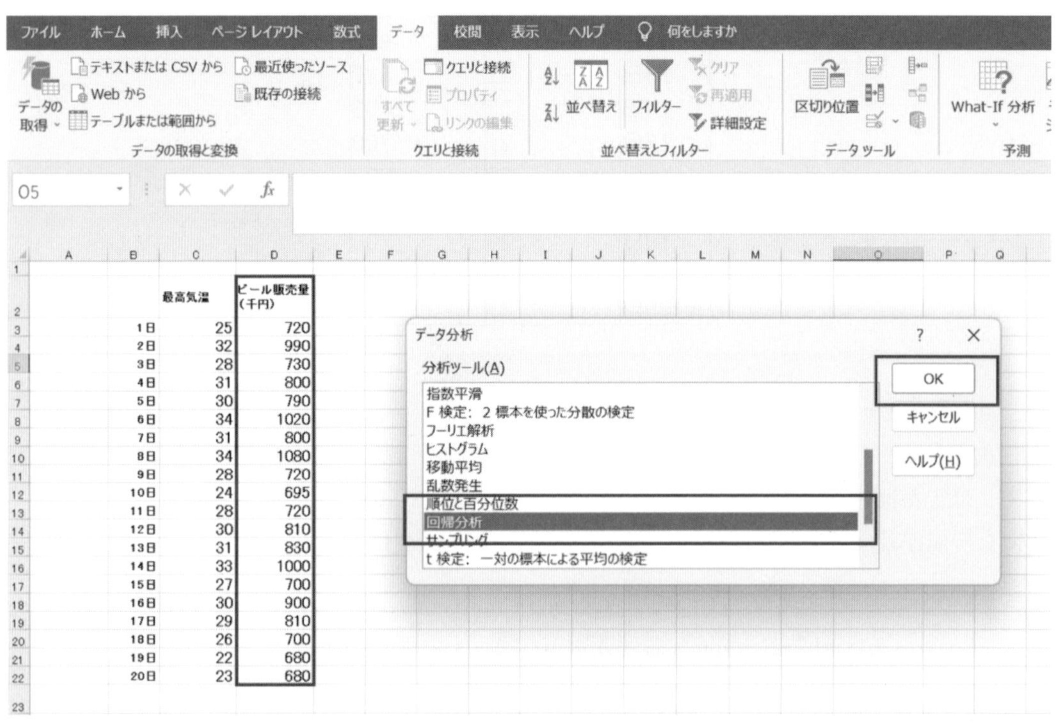

図10-8　Excelで回帰分析(2)

④「入力Ｙ範囲（Y）」に「目的変数」、今回は「D 列のビール販売量」を入力。「入力Ｘ範囲（X）」に「説明変数」、今回は「C 列の最高気温」を入力。「ラベル」にチェック「一覧の出力先（S）」に、今回は「O 列３行目」を指定し「OK」ボタンをクリック。

図 10-9　Excel で回帰分析(3)

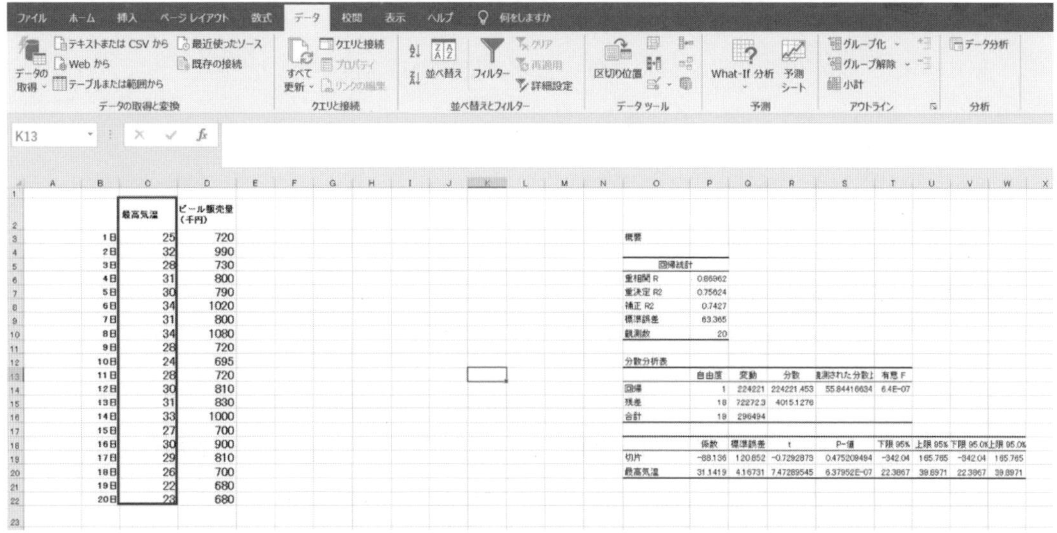

図 10-10　Excel で回帰分析(4)

O 列 3 行に「概要」と表示され、その下に分析結果が表示されました。

10.4.3 回帰分析の結果の見方

では、図 10-11 回帰分析の結果を見てみましょう。

概要

回帰統計	
重相関 R	0.86962
重決定 R2	0.75624
補正 R2	0.7427
標準誤差	63.365
観測数	20

③

分散分析表

	自由度	変動	分散	則された分散	有意 F
回帰	1	224221	224221.45	55.844166	6.4E-07
残差	18	72272.3	4015.1276		
合計	19	296494			

	係数	標準誤差	t	P-値	下限 95%	上限 95%	下限 95.0%	上限 95.0%
切片	-88.136	120.852	-0.729287	0.4752095	-342.04	165.765	-342.04	165.765
最高気温	31.1419	4.16731	7.4728954	6.38E-07	22.3867	39.8971	22.3867	39.8971

② ① ⑤ ④

図 10-11　回帰分析　結果概要

【結果の考察】

図 10-11 が「回帰分析の結果」です。この結果から、下記のように考察を行います。

①、② 回帰式の係数

売上高（千円）＝31.142×最高気温-88.136（千円）

③「重決定 R2」: 決定係数 R2 は「1」に近いほど評価式の適合度が高い。

「0.75624」≧0.7 であり、高い適合度と判断。

④「P-値」: 説明変数が、目的変数と関係があるかを判断する。

今回の結果は、説明変数である「最高気温」の P-値＝0.00000064

0.05 未満の値なので、「説明変数である最高気温は目的変数である年間売上高と関係がある」と判断。

⑤「t 値」: 説明変数の影響度を判断する。「2.0」未満であれば、影響度はないと判定。

7.473≧2.0 であり、目的変数に影響を与えている、と判断。

今回の分析では「ビールの売上」に「最高気温」は、影響を与える、という判断ができます。気温が高くなることが予測されるのであれば、ビールの仕入れを多く設定する必要がありそうだということが、推察できます。

今回の分析はシンプルな「目的変数」「説明変数」であり、単回帰（説明変数がひとつ）ですが、説明変数が複数の場合など、分析結果は重要な判断材料になるのです。

10. 5 テキストマイニング

10. 5. 1 テキストマイニングとは

ここまでは、基本的に数値のデータについて述べてきました。しかし、データとは必ずしも「数値」データだけではありません。例えば企業の「お客様センター」などに入ってくる「顧客からの問い合わせ」データは、その内容をカテゴリ分類して数値化することもできますが、もともとは言語データであるわけです。アンケートの「オープンアンサー（自由記述）」回答も言語による回答、言語データです。

テキストマイニング（text mining）とは、このような言語・テキスト（文章）情報を対象としたデータをマイニングすることです。通常の文章からなるテキストデータを単語や文節で区切り、単語の出現頻度や共出現の相関、出現傾向などを解析することで、データを定量化し、解釈しようとする技術をいいます。

テキストマイニングの例としては、顧客からのアンケートの回答やお客様センターに寄せられる質問や意見、調査における「オープンアンサー」回答の分析などがあります。また、最近は、電子掲示板やメーリングリストに蓄積されたテキストデータはもちろん、インターネット上での個人ブログやいわゆる口コミサイトへのユーザーの投稿などがあふれており、それらテキストデータを分析することがあげられます。

10. 5. 2 テキストマイニングの特徴と処理

（1）テキストマイニングに対する位置づけ

データマイニングは調査、統計、データベースなどから得られるような整えられた数値データを、統計解析手法やマイニング手法を用いて分析します。データマイニングが顧客個人の購買傾向を分析するなどの目的で行われるのに対して、テキストマイニングは顧客個人などの実態を把握する面において、威力を発揮します。

テキストマイニングを行うことにより、消費者（データ提供者）が自社製品・サービスについて“今”「何に満足」し、「どこに不満」を感じているか、を解釈することにも利用できます。例えば、「掃除機」のメーカーの顧客用コールセンターへの問い合わせや、場合によっては、感謝の連絡が入ることもあります。その内容を思い浮かべてみてください。

・製品が軽くて楽

・長時間の掃除も楽

・説明書が読みづらい

・ノズルがすぐ外れる

・コンセントケーブルがすぐ絡まる

などの情報がある場合（実際にはもっと膨大なテキストデータが収集されますが）

「楽」⇒ 製品満足 2 件

「読みづらい・ノズルが外れる・ケーブルが絡まる」⇒ 製品（サービス）不満 3 件

と分類することができるでしょう。

さらに、製品（サービス）の不満については、「ノズル」という部位についての不満（2 件）もありそうです。これは、コールセンターに問い合わせていただいた“今”の消費者の実態といえます。これらを収集・整理・分析することにより、問題点を浮かび上がらせ、課題を解決する糸口を探ることも可能とします。

ここに例示したのは 5 件の文書ですが、実際には、さらに集められた膨大な“消費者の生の声”が集まってくるのであり、その膨大なデータを整理・分析することを容易にするのがテキストマイニングという手法となります。また、その言語データを基に、マーケティングリサーチを行う際の「満足する部分」の選択肢、「不満を感じる部分」の選択肢を作ることにも応用でき、その結果、有用な定量的データの収集とデータマイニングによる統計的な分析・解析を行い、より精緻な解釈をすることにもつなげられるのです。

（2）情報検索とテキストマイニング

テキストデータを考える場合、膨大な言語（テキスト）データの中から必要な情報を効率よく探し出す情報検索という技術があります。インターネットで調べ物をする際に用いられる検索エンジンは情報検索技術の応用の 1 つです。

検索エンジンによって、膨大なテキストデータから必要な（求める）検索結果が求められ、ユーザーがその中身を確認します。探し出したテキストの中身を読み込み、そこから分析者にとって有益な情報を取り出せたときにテキストマイニングは完結します。そのため、情報検索そのものはテキストマイニングの前処理の 1 つであるという見方ができます。

（3）テキストマイニングの処理 ＜形態素解析＞

テキストマイニングでの重要な処理工程に「形態素解析」という処理があります。これは自然言語で書かれた文章を、意味をもつ最小の“語（形態素）”に分割する処理のことです。前例で「楽」⇒ 満足 2 件、と述べましたが、この「楽」という単語に分解した処理を、形態素解析といいます。

「文章」を「語」に分解することにより

① 単語の頻度を確認（どのような単語の出現が多いのか）
② 単純な「ポジティブな単語」「ネガティブな単語」の出現を確認
③ 単語と単語の関係により、文章（発言）自体が「ポジティブ/ネガティブ」を解釈
④ 単語あるいは、単語と単語の関係をまとめた文章を数値化（前例の＝満足 2 件/不満 3 件のように）することにより、データマイニングとして、統計解析への展開も可能です。

10.5.3 テキストマイニングツールで形態素解析

インターネット上ではユーザーからのさまざまなレビュー、口コミ情報のサイトが存在しています。化粧品、家電品、書籍などの商品のレビューや、音楽、映画などの作品の感想、飲食店やホテルなどの口コミ情報など多岐にわたります。前述のように、解析するテキストが少数であれば、目で見、読むことによって、解釈は可能ですが、インターネット上のレビューなど

膨大なテキストデータをすべて見、読むことは現実的ではありません。

テキストマイニング専用の解析ソフトも市販されており、それぞれのソフトがもつ特性を認識して利用することにより、解析を簡便なものとし、解釈を可能とします。市販のソフト以外にも、フリーのテキストマイニングツールを用いて形態素解析を行うことによって、テキストデータを分析することもできます。形態素分析を行った結果は、単純に出現頻度で並べてみても、分析の目的とは関係のない単語が多々出現し、解釈を難しくするケースは多いものです。

分析をする場合には、分析の目的とする内容に「特徴的」な単語をいかに抽出するか、が重要な作業となります。その単語が特徴的なものか、否か、という点では分析結果を俯瞰し、何度も分析を行うことにより（トライ&エラー）、特徴語を整理することができ、膨大な言語情報を分析することができるのです。

10.6 AIと機械学習、そしてディープラーニングへ

10.6.1 人工知能の総称としての「AI」

ここ数年、特に注目される手法として「AI、ニューラルネットワークなどの人工知能」があげられます。新しい先端的な技術・手法と思われますが、実はその歴史は古く 1950 年代に"Artificial Intelligence"という言葉が使われ始めた、といわれています。AI が飛躍的に前進したのは 2000 年に入り、ディープラーニングが提案されたタイミングといわれていますが、その間にもニューラルネットワークが提唱されたタイミング（1980 年後半）にも AI が話題となっています。

このように、AI という技術研究は実は長い歴史があります。私たち人間は、人間に代わる機械の存在を求めているのかもしれません。それがサイエンスフィクション（SF）の小説の中に出現したロボットやアンドロイド、サイボーグという創造物として表現されているのかもしれません。

AI に話を戻すと、現在、私たちの生活のなかでも、例えばエアコンの自動制御機能や、企業の HP に掲載されている商品・サービスについての「FAQ（Frequently Asked Questions＝よくある質問）やチャットボット」などに利用されています。また、ディープラーニングは、自動車の自動運転技術や、医薬の開発などに欠かせない技術となっているのです（表 10-2 参照）。

そして、2022 年末、AI がより私たちの身近な存在となるニュースがありました。ニューラルネットワークで構成される大規模言語モデル（LLM：Large Language Model）を利用した「ChatGPT」がリリースされ、AI に関する話題が今までの研究者の間での議論ではなく、我々生活者にも急激に広がるようになったのです。LLM を活用した AI サービスでは、私たち利用者の質問に回答する、という形式であり、誰もが直接的な AI とのコミュニケーションをとることができるようになり、今までの AI の機能以上に、より身近に感じられるようになりました。

今後もさまざまな分野での利用が期待されるこの AI について、概要を学んでいきましょう。AI、機械学習、ニューラルネットワーク、ディープラーニングについて整理します。

表 10-2　AI の難易度レベルによる分類

難易度　低 ──────────→ 高

難易度の段階	Phase1	Phase2	Phase3	Phase4
要素	単純な制御	法則に則った人口知能	機械学習による人工知能	Deep Learning による人工知能
例	エアコンの自動制御機能など	FAQ の自動化など	検索ワードによるリコメンドなど	画像認識・自動同時翻訳など

「人工知能」を表現する言葉として「AI、機械学習、ニューラルネットワーク、ディープラーニング」というような単語があります。これらは、別々にあるものではなく図 10-12 のような関係にあります。つまり「人間と同等の知能の実現を目指す技術」の大分類が“AI”であり、機械学習、ニューラルネットワーク、ディープラーニングなどは、この AI に含まれる技術として整理しています。では、それぞれについて学んでいきましょう。

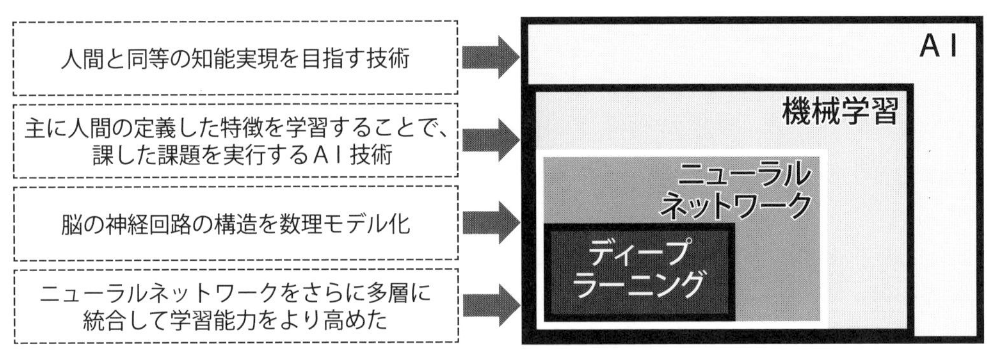

図 10-12　人工知能領域の分類

① AI

「人間と同じ知能を機械で作る」という発想が AI の源流です。というと乱暴に聞こえますが、「AI の A」とは「artificial＝人工の」という意味であり、コンピュータという機械を使って「人工の知能」を作ろうとするものが“AI”なのです。AI の分野領域は、明確な定義があるわけではありませんが、以下にあげる「機械学習」さらには「ニューラルネットワーク」「ディープラーニング」はこの AI に含まれるものであり、AI とは、その概念的には、図 10-12 に示す通り「人工知能」の総称であり、広い領域を表現するもの、と位置づけられます。この領域は日々目まぐるしく進化を遂げています。

② 機械学習

機械学習とは人工知能（AI）の手法の 1 つであり、大量な学習データをもとに法則やパターンを見出すことであり、コンピュータが学習することで、課題を実行していくことを定義したものです。

この機械学習の目指すところは「機械＝コンピュータ」が自ら“学習”して課題を実行するものですが、初期段階としては、いったん人間が特徴を定義した学習を繰り返しながら課題を実行する、というレベルをここでは「機械学習」と定義します。

″コンピュータが自ら学習する″とは、コンピュータに大量のデータから指定したアルゴリズムを元に特徴を発見させ（モデル化）その特徴に基づいて、コンピュータが最適化や推論、判断などを自動的に行う、という仕組みを意味します。コンピュータは、人間の目や脳と異なりデジタルな情報しか扱えません。そこで詳細なルールを与える代わりに、大量のデータと分析・解析ができるアルゴリズムを与えることにより、コンピュータが人間の学習能力と似たような判断作業を行えるようにするのが機械学習です。

③ ニューラルネットワーク

ニューラルネットワーク（Neural Network）とは機械学習の一種であり、人間の脳の神経回路の構造を原型として、脳機能の特性の一部をコンピュータで表現するように作られた数理モデルです。人間の脳内ネットワークのように、ある刺激について、閾値を超えると出力信号を出して次の細胞に引き継ぎ、引き継いだ細胞はまた同じように、出力信号を出して次の細胞に引き継ぐ、この機能が繰り返されて複雑なネットワークを形成しています。ニューラルネットワークとは、この働きを模したパーセプトロン（入力層、中間層、出力層）からなるネットワークの形成をいいます。

ニューラルネットワークのパーセプトロンは、ユニットとシナプス（ユニット同士を結ぶ線）で、構成されています（図 10-13A）。ユニットは 1 つの値をもっており、シナプスを通過して次のユニットに移るのですが、シナプスでも「重み」という値をもっており（図 10-13B）、ユニットの値とシナプスの重みが計算されて、その計算値が次のユニットの値となっていきます。

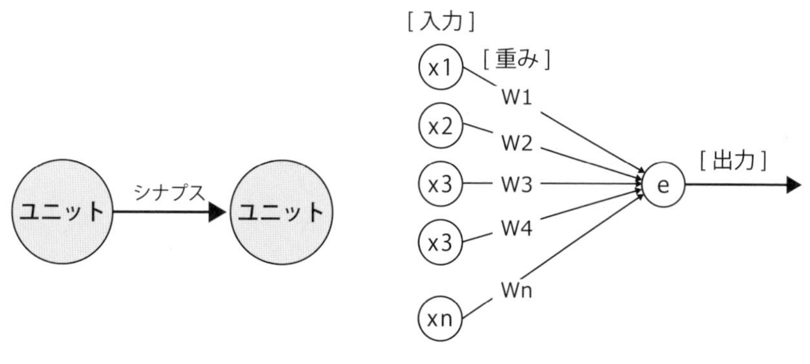

図 10-13　ニューラルネットワークを構成するユニットとシナプス

ニューラルネットワークは、ユニットの数を増やすことによって、より複雑な関数の処理もでき、2 次関数や 3 次関数、三角関数などの複雑な関数を再現できますが、一方で 1 次関数的な「非線形」ではない場合、初期値やパラメータをほんの少し動かすだけでも、結果が大きく変わることが発生しやすい（バタフライ効果）という難しさがありますので、注意が必要です。

④ ディープラーニング

ニューラルネットワークのパーセプトロンの中で、中間層を複数もたせる多層ニューラルネットワークを用いた学習方法をディープラーニングといいます（図 10-14A）。つまり、ニューラルネットワークという大きな枠組みの中にディープラーニングが含まれる位置づけともいえます。

中間層を複数もつことにより、図 10-14B のようなユニット・重み・バイアスの計算を何層も計算を繰り返すことができるようになります。つまり、ディープラーニングにより、より高度な計算を行うことができるようになるのです。

そして、ディープラーニングの大きなポイントとして何を基準とするべきかをディープラーニングが自動的に学習できるようになり、人間が考えた特徴量よりも認識精度が高くなったことです。ディープラーニングでは、特徴量を人間が判断するのではなく、機械（コンピュータ）自体が判断し自動学習するのです。コンピュータが自動学習することにより、複雑な判断を高速判断することができるようになり、その結果、人間が判断する時間が短縮され、全体の工程もスピーディに進めることが可能となります。ただし、ロジックが可視化されずに『ブラックボックス』化してしまう、というデメリットも発生します。

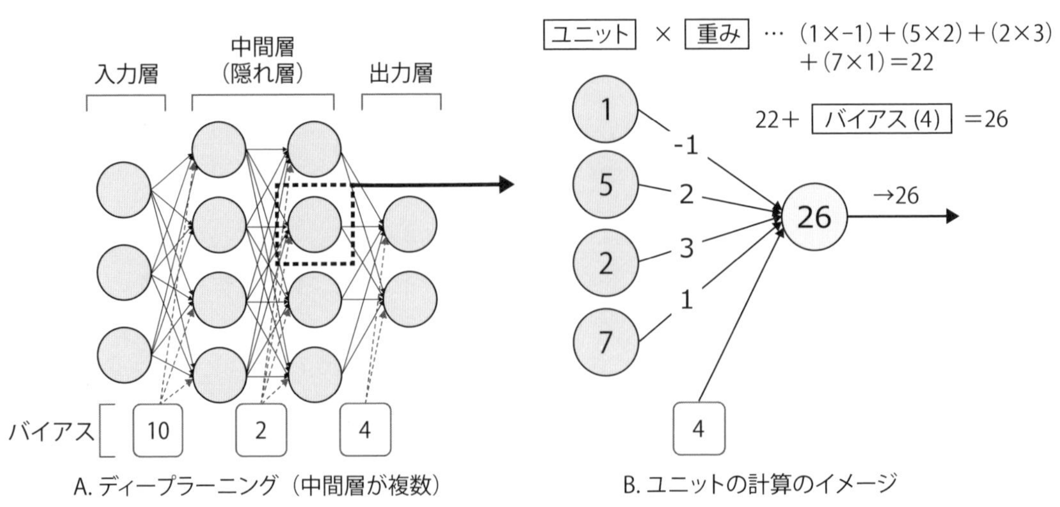

図 10-14　ディープラーニングのイメージ

10.6.2 機械学習における『学習』方法とは

機械学習とはその表現通り、機械（コンピュータ）が“学習”をしながら“解”を導き出そうとするものです。図 10-14 でも表記しましたが、ニューラルネットワークの「入力層」に数字を入れると、ユニットとシナプスを通っていろいろな計算がされ、結果が「出力層」に出てくる、その際の「重み」と「バイアス」を更新していく（変えていく）事を、「学習」といいます。機械学習では大きく 3 つ、図 10-15 に示す通り「教師あり」「教師なし」「強化学習」があります。

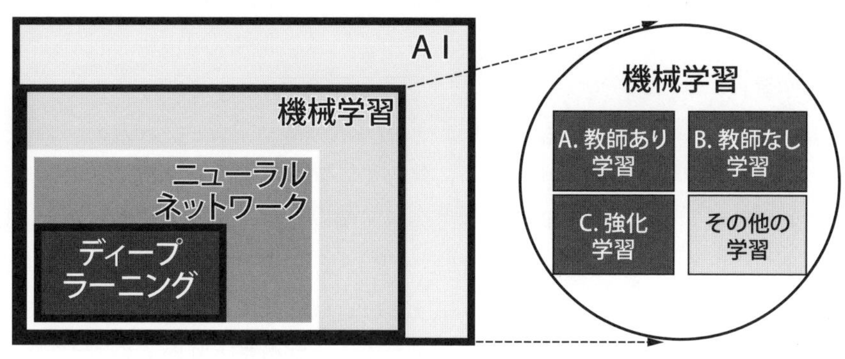

図 10-15 機械学習における学習手法

3 つの学習、それぞれのポイントは

・「教師あり」…「課題に対する正解」があり、その正解を学習
・「教師なし」…「課題に対する正解」がなく、機械が入力で情報から学習
・「強化学習」…「シミュレーションなどで行動」し、良い結果の場合に報酬を与えることを繰り返すことにより、良い結果を学習する

というものです。では、表 10-3 の整理を基にもう少し詳しく見てみましょう。

表 10-3 機械学習の手法

学習の手法	教師あり学習	教師なし学習	強化学習
キーワード	未知のデータの予測	データに潜在する法則・パターンの発見	目的に合った動作や思考を獲得する
内容	学習用データの中の規則を探索 規則性から、未知のデータを予測	データの特徴を解析し、類似性・近似のものをまとめていく	シミュレーションなどから、動作・思考の良い状態を記憶し、次の行動に反映。
データ	入力データと、その正解となる出力データのセット	入力データのみ	入力データとなる行動と、その行動の評価

①「教師あり学習」

「教師あり学習」とは、入力データがあり、かつその“正解”となる出力データを、セットで学習することです。「分類」や「回帰」という学習があげられます。学習データの中から“規則性を見つける”さらにその規則性から“未知のデータを予測する”ことです。

「分類」という学習は、あらかじめ基準・区分の、どこに入るのか？を推定する学習です。そして「回帰」は、例えば、前節でも実際に Excel で分析をしてみたように「ある日の売上高・販売個数」といった数値を推定する学習といえます。表 10-1 のような 20 日間の事実（正解）を学習させて、将来の予測を立てる（あるいは予測はできないもの）ことができるかを判定します。

②「教師なし学習」

「教師なし学習」とはどのようなものでしょうか。「教師あり学習」が入力データとその正解となる出力データのセットを学習することに対して、「教師なし学習」は、学習する入力データに潜在する“特徴”を機械が自動学習して分析・解析し、その結果、特徴の近しいパターンを見つけ出していく、という方法です。活用例として「クラスタリング」があげられます。クラスタリングでは、入力したデータ群から、類似・近似なグループを見つけることであり、入力したデータ群を機械が学習、解釈し、最適なグループを作っていくのです。

③「強化学習」

「強化学習」は、シミュレーションなどで選択、動作を行い、その選択、動作が良い結果を得た場合に報酬を与える、これを繰り返すことで“良い結果になる選択、動作”を学習する、というものです。「強化学習」はロボットの制御、囲碁やチェスなどのゲームで利用されています。

10. 6. 3 『学習』と『特徴量』

機械学習とは人工知能（AI）の手法の 1 つであり、大量な学習データをもとに法則やパターンを見出すことであることはすでに何度か述べましたが、その人工知能に学習させようとするデータセットの特徴を表現したものを「特徴量」といい、学習においては特徴量設計がモデルの精度向上の重要な要素になります。機械学習の活用にとって大変重要な概念である「特徴量」とは、一言で表すと、分析対象データの中の予測の手掛かりとなる変数のことです。

例えば、図 10-16 にあるようなペットの特徴を示すデータから『犬』と『鳥』を分類するという学習を行う場合を考えてみます。表頭 A〜Z に特徴を示す要素が表記されています。これが『特徴量』です。では学習課題である、犬と鳥の分類を考えてみます。分類に使えそうな特徴量はどれでしょうか。「A・B・C」は犬と鳥それぞれの独自の特徴がありそうで、分類に「使えそうな特徴量」です。一方「D や Z」は、犬も鳥も同様のものがあり、分類に「使えない特徴量」といえそうです。そして、機械学習では、この「使える特徴量」などのモデルを構築するためには、特徴量を人が指定していく必要があります。

「ABC 地区ペット」分類データベース（仮称）

サンプル No.	A. 足数	B. 羽根	C. 重量	D. 目の色	Z. 体毛色	正解
0001	4	0（無）	3.5kg	黒	オレンジ	ポメラニアン
0002	4	0（無）	5kg	黒	グレー	イタリアン・グレイハウンド
9999	2	1（有）	16g	黒	オレンジ	カナリア
n	2	1（有）	19g	黒	ダークグレー	文鳥

モノの特徴を表す「情報」＝「特徴量」

図 10-16　特徴量の例

また、例であげた「犬と鳥の分類」ですが、犬も鳥も身長や体重は幅広く、場合によっては「犬の中に猫」が混ざってしまうかもしれません。人にとって判断の難しい題材になれば、特徴量選択の難しさはさらに増します。例えば人間の表情分析では、表情や仕草からその人がどんな感情を抱いているのかを予測していますが、私たちは直感的に相手の感情を判断していることが多いため、数値化することは難しいでしょう。顔面画像のユークリッド距離から、口角挙筋、鼻筋、眼輪筋など「顔の筋肉の変化と、そのときの感情」のデータを保有しそれを特徴量として利用しますが、大量のデータが必要となるでしょう。私たちが直感的に、感じ、予測していることも機械学習の領域では、膨大なデータからの学習を要するのです。

そして、2000 年以降の AI 研究が飛躍的に進化したきっかけとして、ディープラーニングがあげられます。ディープラーニングは、前述の通り、人間の神経回路を参考にした「ニューラルネットワーク」をベースにした機械学習技術の 1 つであり、その最大の特徴は、「そのデータからどんな特徴量を参考に学習したら良いか」をコンピュータ自身が自動学習して抽出できる点にあります。

ディープラーニングでは、その他の機械学習技術に比べても大量のデータが必要であることや、膨大な計算量に耐えられるマシンが必要という面もありますが、特徴量の選択をコンピュータ自身が行えることは、特徴量を人が指定して学習することに比べて大きな技術的進歩であり、さまざまな領域での利用が進められています。

10. 7 データサイエンスの展開

例えば RFID（Radio Frequency Identification ; 無線周波数識別）などの電子タグの普及や、センサー技術の発展により、今後もデータは、さらに「超大量（Volume)」かつ「多様データ（Variety)」となっていくでしょう。そして、コンピュータのパフォーマンスも進化し、さらなる「高速度処理（Velocity)」を可能とするのではないでしょうか。企業は、その活動のうえで、さらにデータサイエンスの活用を進めていくでしょう。

すでに私たち生活者のデータはさまざまな活用がなされています。例えば、医療機関では、レントゲン・MRI の画像検査に AI 技術やデータサイエンスが利用されています。今まで集めた画像データを機械学習によって取り込むことで病巣の異常を医師と機械の 2 段階で確認できるようになり、従来では見落としてしまっていたものも減少し、病因の早期発見に貢献しています。

マーケティングの領域では、

・商品の自動判別
・HP などへの商品情報の自動作成
・商品に関する「FAQ」の作成
・見込み顧客の予測、推定など

機械学習を活用し、購買見込みのある客層の推定から、広告配信などのマーケティング施策を展開しながら、顧客へのアプローチまでを行っています。具体的なマーケティング施策にも直結する要素のため、活用の幅は非常に広いといえます。

今後さらに多様なデータが大量にあふれても、学習に「使えるデータ」「使えないデータ」があるわけで、このようなデータを有効に活用するためにも、データサイエンスという学問が重要ですし、また「AI」による人工知能の活用も必須となっていくことでしょう。特定のタスクに特化した AI は、急激に進歩しており、医療機関での「画像解析」や、過去の事例、判例の検索、分析の領域でははるかに高速で、大量の情報を処理することができます。

しかしながら、まずデータを整備し、適切なアルゴリズムによる分析を考えるのは人間です。そして、AI が実施した過去のデータからの課題、タスクについての分析結果を基に最終的な判断をするのも“人間”なのです。人工知能をもったロボットにより、単純作業は機械に置き換わることがあるかもしれませんが、その管理をするのは人間であり、また、先述のように、ますます膨大なデータ群、ビッグデータが存在するようになれば、それを活用するという欲求は、企業として考えるのは必然なことです。そして、そこに新たな業務・仕事が発生することは充分考えられます。そのためにも、大学生の皆さんはデータサイエンスの領域について臆することなく、使いこなせる人になっていただきたいと思います。

参考文献

第1章

[1] 岡本敏雄監修『改訂新版　よくわかる情報リテラシー』技術評論社、2017.

[2] インテル® Core™ i7-8559U プロセッサー、Intel社のHP、http://www.intel.co.jp/（2018年8月21日現在）

[3] メモリ、Corsair社のHP、https://www.corsair.com（2018年8月21日現在）

[4] ハードディスクドライブ、Western Digital社のHP、http://www.wdc.com（2018年8月21日現在）

[5] ワイヤレス キーボード、ロジクール社のHP、https://www.logicool.co.jp（2018年8月21日現在）

[6] ワイヤレス マウス、ロジクール社のHP、https://www.logicool.co.jp（2018年8月21日現在）

[7] ディスプレイ、Apple社のHP、https://www.apple.com/jp/mac/（2023年8月21日現在）

[8] インクジェットプリンタ、Canon社のHP、http://cweb.canon.jp/（2023年8月21日現在）

[9] アンプ内蔵スピーカー、BOSE社のHP、https://www.bose.co.jp/ （2018年8月21日現在）

[10] USBコネクタの形状一覧、パソコン工房NEXMAG(ネクスマグ)のHP、https://www.pc-koubou.jp/magazine/55745（2023年8月21日現在）

第2章

[1] Microsoft社のWindows11の画面、Microsoft社のHP、https://www.microsoft.com/（2023年8月21日現在）

[2] Apple社のMac OS Xの画面、Apple社のHP、https://www.apple.com/jp/mac/（2019年2月8日現在）

[3] Vine Linuxの画面、Vine LinuxのHP、https://vinelinux.org/index.html（2023年8月21日現在）

[4] スマートフォン（Galaxy）に搭載されたAndroid OS、Samsung社のHP、http://www.galaxymobile.jp/（2023年8月21日現在）

[5] スマートフォン（iPhone8）に搭載しているiOS、Apple社のHP、https://www.apple.com/jp/iphone/（2019年2月8日現在）

[6] Webサイトから購入できるアプリケーションソフトウェアの例、Microsoft社のOffice 365、https://www.microsoft.com/（2023年8月21日現在）

[7] Webサイトから無料で使用できるアプリの例、Google Playのアプリ、https://play.google.com/store/apps（2023年8月21日現在）

[8] Microsoft OfficeのWebアプリケーション例、Microsoft社のOffice 365、https://www.microsoft.com/（2023年8月21日現在）

[9] PC 用のソフトウェアキーボード、Microsoft社のHP、https://www.microsoft.com/（2018年8月16日現在）

第3章

[1] 岡市直人、渡邉隼人、佐々木久幸、洗井　淳、河北真宏、三科智之、“複数の直視型ディスプレーパネルを用いたインテグラル立体表示”情報処理学会研究報告、Vol.2016-AVM-93 No.1, pp. 1-4, 2016.

[2] 御手洗光祐、“量子計算は機械学習に使えるか － 近未来／誤り耐性量子計算のための量子アルゴリズム －”情報処理 Vol.62 No.4, pp. e35-e40, 2021.

[3] 田中穂積、“第6章　コーパスベースの技術”自然言語処理－基礎と応用－、社団法人電子情報通信学会、2001, pp. 186-222.

[4] 厚生労働省 大臣官房厚生科学課、“医薬品開発におけるAI活用について”2019.

[5] 岡本敏雄、安齋公士、安間文彦、香山瑞恵、小泉力一、佐々木整、永田奈央美、西端律子、平田謙次、松下孝太郎、夜久竹夫、渡辺博芳“第2章 情報の形態と収集の方法”『改訂新版 よくわかる情報リテラシー』株式会社技術評論社、2017, pp. 45-72.

[6] 学術情報探索マニュアル編集委員会、“第2章 電子ジャーナル”『理・工・医・薬系学生のための学術情報探索マニュアル －電子ジャーナルから特許・会議録までー』丸善株式会社、2009, pp. 13-30.

[7] 佐藤真一、“画像・映像の認識と理解のこれまでとこれから”情報処理、Vol.56 No.7, 一般社団

法人情報処理学会、2015, pp. 628-633.
[8] 佐藤　敦、福島俊一、“「社会に浸透する画像認識」特集号について”情報処理学会デジタルプラクティス、Vol.8 No.2, 一般社団法人情報処理学会、2017, pp. 101-102.
[9] 大西正輝、“混雑環境における群衆計測－シミュレーションとの融合を目指して－” 情報処理、Vol.58 No.7, 一般社団法人情報処理学会、2017, pp. 594-597.
[10] 畑中裕司、“眼底写真（光学系）の診断支援－眼底AIの開発状況と期待－”情報処理 Vol.62 No.2, pp. e19-e24, 2021.
[11] 岡田　正、高橋参吉、藤原正敏、“1.2 情報の収集・整理”『ネットワーク社会における 情報の活用と技術 改訂版』実教出版株式会社、2009, pp. 19-30.

第4章

[1] 岡本敏雄監修『改訂新版　よくわかる情報リテラシー』技術評論社、2017.
[2] 板村健他著『高等学校 社会と情報』数研出版、2016.
[3] 本郷健・松原伸一編著『社会と情報』開隆堂、2016.
[4] NHK「IT ホワイトボックス」プロジェクト編『世界一やさしいネット力養成講座「ネットに弱い」が治る本』講談社、2009.
[5] 小関祐二『大学生のための基礎情報処理』共立出版、2012.
[6] 日本イーラーニングコンソシアム編『ｅラーニング白書』東京電機大学出版局、2006.
[7] 山下富美代、櫻井広幸、山村豊、井上隆二『認知・行動のパースペクティブズ』おうふう、2010.
[8] 独立行政法人情報処理推進機構 AI 白書編集委員会『ＡＩ白書』独立行政法人情報処理推進機構、2019.
[9] 野口竜司『文系 AI 人材になる』東洋経済新報社、2019.
[10] 斎藤創、 佐野典秀、 酒井麻里子『メタバース＆ＮＦＴ』インプレス、2022.
[11] 杉本雅彦、庄内慶一、櫻井広幸、佐久本功達、國吉正章、小菅英恵『学生のための情報学概論テキスト』ムイスリ出版、2019.

第 5 章

[1] 安部朋世、福嶋健伸、橋本修『大学生のため日本語表現トレーニングスキルアップ編』三省堂、2008.
[2] 石井一成『ゼロからわかる大学生のためのレポート・論文の書き方』ナツメ社、2011.
[3] 石黒圭『この一冊できちんと書ける！ 論文・レポートの基本』日本実業出版社、2012.
[4] 石村貞夫、桃井保子、今福恵子、劉晨『よくわかる医療・看護のための統計入門　第 2 版』東京図書、2009.
[5] 泉忠司『90 分間でコツがわかる！論文&レポートの書き方』青春出版社、2009.
[6] 市古みどり編著『アカデミック・スキルズ　資料検索入門　レポートを書くために』慶應義塾大学出版会、2014.
[7] 一般財団法人テクニカルコミュニケータ協会『日本語スタイルガイド（第 2 版）』一般財団法人テクニカルコミュニケータ協会出版事業部会、2009.
[8] 岡田寿彦『論文って、どんなもんだい―考える受験生のための論文入門―』駿台文庫、1991.
[9] 遠藤郁子、神田由美子、羽矢みずき、与那覇恵子『マスター日本語表現』双文社出版、2009.
[10] 苅谷剛彦『知的複眼思考法―誰でも持っている創造力のスイッチ』講談社、2002.
[11] 北原保雄編『明鏡国語辞典 第二版（電子辞書版）』大修館書店、2010.
[12] 慶應義塾教養教育センター監修『アカデミック・スキルズ、学生による学生のためのレポート脱出法』慶應義塾大学出版会、2014.
[13] 児玉英明『大学における成績評価の多元化と授業改善―期末テスト一発による評価をやめることで生まれる学生との対話―』名桜大学リベラルアーツ機構平成 27 年度第 1 回 FD 研修会資料、2015 年 7 月 30 日.
[14] 佐久本功達、天願健、アラスーン・ピーター、中里 収、アリ・ファテヘルアリム、清水則之「高等教育における SNS 活用方法についての検討」『名桜大学紀要』16（2011）、29-46.
[15] 佐藤喜久雄『国際化・情報社会へ向けての表現技術 1　「伝える」「考える」ための演習ノート』双文社、1994.
[16] 佐渡島紗織、坂本麻裕子、大野真澄 編著『レポート・論文をさらによくする「書き直し」ガイ

ド―大学生・大学院生のための自己点検法 29』大修館書店、2015.

[17] 佐渡島紗織、吉野亜矢子『これから研究を書くひとのためのガイドブック―ライティングの挑戦 15 週間』ひつじ書房、2008.

[18] 鈴木昇、榎本立雄、佐久本功達、倉持浩司、杉本雅彦、石原学『基礎から学ぶパソコンリテラシー』東京教学社、1999.

[19] クリフォード・ストール（Stoll, Clifford）『カッコウはコンピュータに卵を産む（上）』池央耿訳、草思社、1991a.

[20] クリフォード・ストール（Stoll, Clifford）『カッコウはコンピュータに卵を産む（下）』池央耿訳、草思社、1991b.

[21] 西田みどり『型で書く文章論　誰でも書けるレポート講座』知玄社、2014.

[22] 野矢茂樹『論理トレーニング 101 題』産業図書、2001.

[23] 橋本修、安部朋世、福嶋健伸『大学生のための日本語表現トレーニング ドリル編』三省堂、2010.

[24] 福澤一吉『論理的に説明する技術』SB クリエイティブ、2010.

[25] 福澤一吉『論理的に読む技術』SB クリエイティブ、2010.

[26] 名桜大学リベラルアーツ機構ライティングセンター『名桜生が身につけておきたいレポート作成の心得』名桜大学リベラルアーツ機構ライティングセンター、2016.

[27] ビクター・マイヤー＝ショーンベルガー（Mayer-Schongerger, Viktor）、ケネス・キクエ（Cukier, Kenneth）『ビッグデータの正体　情報産業革命が世界のすべてを変える』斎藤栄一郎訳、講談社、2013.

[28] 山内博之『誰よりもキミが好き　日本語力を磨く二義文クイズ』アルク、2008.

[29] 髙橋祥吾『引用の作法について』〈https://www.google.com/url?sa=t&rct=j&q=&esrc=s&source=web&cd=2&ved=2ahUKEwjBlPXJ7OzfAhVSF4gKHcGtAykQFjABegQIARAC&url=https%3A%2F%2Fresearchmap.jp%2Fmuvad5cb1-1849043%2F%3Faction%3Dmultidatabase_action_main_filedownload%26download_flag%3D1%26upload_id%3D71068%26metadata_id%3D73369&usg=AOvVaw1XMKTx4vnzDdUjW6ZQYgwP〉［2019 年 1 月 14 日閲覧］

[30] 柴田由紀子「情報検索の基本とデータベース はじめてのアカデミック・スキルズ－10 分講義シリーズ－」『慶應義塾大学教養教育センター』、〈http://lib-arts.hc.keio.ac.jp/education/culture/academic.php〉［2019 年 1 月 12 日閲覧］

[31]「情報検索の手引き」『名桜大学附属図書館ホームページ』、〈https://www.meio-u.ac.jp/library/guide/〉［2019 年 1 月 12 日閲覧］

[32]「役立つ情報　アカデミックライティング」、『名桜大学ライティングセンターホームページ』〈https://www.meio-u.ac.jp/support/mwc/〉［2019 年 1 月 12 日閲覧］

[33] エビスコム『HTML5 & CSS3 レッスンブック』ソシム、2013.

[34]『IT 用語辞典 e-Words』、〈https://e-words.jp/〉［2023 年 9 月 11 日閲覧］

[35] 杉本雅彦、庄内慶一、櫻井広幸、佐久本功達、國吉正章、小菅英恵『学生のための情報学概論テキスト』ムイスリ出版、2019.

第6章

[1] 松原望、美添泰人『統計応用の百科事典』丸善出版

[2] 岡本敏雄監修『よくわかる情報リテラシー』技術評論社

[3] 関正行『ビジネス統計入門』プレジデント社

[4] 杉山明子編著『社会調査入門』朝倉書店

[5] 西内啓『統計学が最強の学問である』ダイヤモンド社

第7章

[1] 岡本敏雄、香山瑞恵、安濟公士、夜久竹夫、渡辺博芳、松下孝太郎、平田謙次、安間文彦、佐々木整、西端律子、永田奈央美、小泉力一“第10章 ICT活用の問題解決”『改訂版 よくわかる情報リテラシー』 技術評論社、2017、pp. 237-251.

[2] 庄内慶一“社会科学系学生がサポートする地域住民のための情報活用力向上プロジェクト”平成29年度教育改革ICT戦略大会予稿集、公益社団法人私立大学情報教育協会、2017、pp. 268-269.

[3] 庄内慶一“情報活用能力向上を目的とした公開講座の効果”拓殖大学北海道短期大学研究紀要(創立50周年記念号)、拓殖大学北海道短期大学、2018、pp. 110-123.

[4] 岡田　正、高橋参吉、藤原正敏“2.1 問題解決の方法論”『ネットワーク社会における 情報の活用と技術 改訂版』実教出版株式会社、2009、pp. 75-92.
[5] 孫　英英、矢守克也、鈴木進吾、李　勇昕、杉山高志、千々和詩織、西野隆博、卜部兼慎“スマホ・アプリで津波避難の促進対策を考える：「逃げトレ」の開発と実装の試み”情報処理学会論文誌, Vol.58, No.1, pp. 205-214, 1 2017.
[6] 赤堀侃司“シミュレーション”『教育工学への招待 新版』株式会社ジャムハウス、2013、pp. 60-66.
[7] 高山草二“4章 仮想環境との対話,”『学習と情報メディア―認知心理学からの接近』株式会社三恵社、2008、pp. 49-68.
[8] 赤堀侃司“情報教育の内容と方法,”『教育工学への招待 新版』株式会社ジャムハウス、2013、pp. 113-146.
[9] 鈴木健司“2章 データモデル,”『データベースがわかる本』株式会社オーム社、2006、pp. 16-36.

第8章

[1] アルバート・マレービアン（西田司、津田幸男、岡本輝人、山口常夫共訳）、『非言語コミュニケーション』聖文社、1986.
[2] Ausubel, D. P. (1960). The use of advance organizers in the learning and retention of meaningful verbal material. Journal of educational psychology, 51(5), 267.
[3] Baddeley, A. (2007). Working memory, thought, and action (Vol.45). OUP Oxford.
[4] Cowan, N. (2001).Metatheory of storage capacity limits. Behavioral and brain sciences,24(01), 154-176.
[5] Debevec, K., & Romeo, J. B. (1992). Self-referent processing in perceptions of verbal and visual commercial information. Journal of Consumer Psychology, J (l), 83-102.
[6] Hamilton, D. L., & Zanna, M, P. (1972). Differential weighting of favorable and unfavorable attributes in impressions of personality. Journal of Experimental Research in Personality, 6, 204-212.
[7] Norman, D. A. (1983). Some observations on mental models. Mental models, 7(112), 7- 14.
[8] Posner, M. I. (1980). Orienting of attention. Quarterly journal of experimental psychology,32(1), 3-25.
[9] Wertheimer, M. (1923). Laws of organization in perceptual forms. A source book of Gestalt Psychology.

第9章

[1] 岡本敏雄監修『改訂新版　よくわかる情報リテラシー』技術評論社、2017.
[2] 総務省 安心してインターネットを使うために
http://www.soumu.go.jp/main_sosiki/joho_tsusin/security/index.html（2018年8月16日現在）
[3] 情報処理推進機構　http://www.ipa.go.jp/index.html（2018年8月16日現在）
[4] 情報セキュリティ 10 大脅威 2023、https://www.ipa.go.jp/security/vuln/10threats2023.html（2023年8月21日現在）
[5] 相戸浩志『図解入門良くわかる最新　情報セキュリティの基本と仕組み[第3版]』秀和システム、2010.
[6] 特許庁、「2023年度知的財産権制度入門テキスト」
https://www.jpo.go.jp/news/shinchaku/event/seminer/text/2023_nyumon.html（2023年8月21日現在）

第10章

[1] ジョン・D・ケレハー＆ブレンダン・ティアニー（久島総子訳）『データサイエンス』NEWTON PRESS
[2] 武村彰通、姫野哲人、高田聖治『データサイエンス入門』学術図書出版
[3] メラニーミッチェル　尼丁千津子『教養としてのAI講義』日経BP社
[4] AI白書2020　独立行政法人情報処理推進機構　ASCII

索引

数字・アルファベット

あ

か

ま

や

ら

わ

編著者紹介

杉本雅彦（すぎもと　まさひこ）　第 1 章、第 2 章、第 9 章 執筆

東京未来大学モチベーション行動科学部　教授・情報教育センター長

著者紹介

庄内慶一（しょうない　けいいち）第 3 章、第 7 章 執筆

神奈川県立平塚工科高等学校　実習指導員

櫻井広幸（さくらい　ひろゆき）　第 4 章 執筆

立正大学心理学部　准教授

佐久本功達（さくもと　こうたつ）第 5 章 執筆

名桜大学人間健康学部　教授・リベラルアーツ機構長

國吉正章（くによし　まさあき）　第 6 章、第 10 章 執筆

東京未来大学　非常勤講師

株式会社ビデオリサーチ企画推進ユニット企画推進グループ

小菅英恵（こすげ　はなえ）　第 8 章 執筆

東京未来大学　非常勤講師

公益財団法人交通事故総合分析センター研究部研究第一課　主任研究員

2024 年 3 月 13 日　初　版　第 1 刷発行

学生のためのコンピュータサイエンス

編著者　杉本雅彦　©2024
著　者　庄内慶一／櫻井広幸／佐久本功達
　　　　國吉正章／小菅英恵
発行者　橋本豪夫
発行所　ムイスリ出版株式会社

〒169-0075
東京都新宿区高田馬場 4-2-9
Tel.(03)3362-9241(代表)　Fax.(03)3362-9145　振替 00110-2-102907

カット：山手澄香　ISBN978-4-89641-326-7　C3055